300MW级火力发电厂培训丛书

电气设备及系统

山西漳泽电力股份有限公司　编

U0300105

中国电力出版社
CHINA ELECTRIC POWER PRESS

内 容 提 要

20 世纪 80 年代开始，国产和引进的 300MW 级火力发电机组就陆续成为我国电力生产中的主力机组。由于已投入运行 30 多年，涉及机组运行、检修、技术改造和节能减排、脱硫脱硝等要求越来越严，以及急需提高实际运行、检修人员的操作技能水平，组织编写了一套《300MW 级火力发电厂培训丛书》，分为《汽轮机设备及系统》《锅炉设备及系统》《热控设备及系统》《电气设备及系统》《电气控制及保护》《集控运行》《化学设备及系统》《输煤设备及系统》《环保设备及系统》9 册。

本书为《300MW 级火力发电厂培训丛书　电气设备及系统》，共四篇十一章，主要内容包括电气系统、电机、变压器、配电装置的分类、结构、检修及故障处理、试验方法。

本书既可作为全国 300MW 级火力发电机组电气设备系统运行、检修、维护及管理等生产人员、技术人员和管理人员等的培训用书，也可作为高等院校相关专业师生的参考用书。

图书在版编目(CIP)数据

电气设备及系统/山西漳泽电力股份有限公司编. —北京：中国电力出版社，2015.7
（300MW 级火力发电厂培训丛书）
ISBN 978-7-5123-7534-5

Ⅰ.①电…　Ⅱ.①山…　Ⅲ.①火电厂-电气设备　Ⅳ.①TM621.3

中国版本图书馆 CIP 数据核字(2015)第 069298 号

中国电力出版社出版、发行
（北京市东城区北京站西街 19 号　100005　http://www.cepp.sgcc.com.cn）
汇鑫印务有限公司印刷
各地新华书店经售

*

2015 年 7 月第一版　　2015 年 7 月北京第一次印刷
787 毫米×1092 毫米　16 开本　21.75 印张　507 千字
印数 0001—3000 册　　定价 **67.00** 元

前 言

随着我国国民经济的飞速发展，电力需求也急速增长，电力工业进入了快速发展的新时期，电源建设和技术装备水平都有了较大的提高。

由于引进型 300MW 级火力发电机组具有调峰性能好、安全可靠性高、经济性能好、负荷适应性广及自动化水平高等特点，早已成为我国火力发电机组中的主力机型。国产300MW 级火力发电机组在我国也得到广泛使用和发展，对我国电力发展起到了积极的作用。

为了帮助有关工程技术人员、现场生产人员更好地了解和掌握机组的结构、性能和操作程序等，提高员工的业务水平，满足电力行业对人才技能、安全运行以及改革发展之所需，河津发电分公司按照山西漳泽电力股份有限公司的要求，在总结多年工作经验的基础上，组织专业技术人员编写了本套培训丛书。

《300MW 级火力发电厂培训丛书》分为《汽轮机设备及系统》《锅炉设备及系统》《热控设备及系统》《电气设备及系统》《电气控制及保护》《集控运行》《化学设备及系统》《输煤设备及系统》《环保设备及系统》9 册。

本书为《300MW 级火力发电厂培训丛书 电气设备及系统》，共四篇十一章，主要内容包括电气系统、电机、变压器、配电装置的分类、结构、检修及故障处理、试验方法。

本书由山西漳泽电力股份有限公司文生元主编，其中，第一章由翟利宏编写，第二章由郭海宇编写，第三章由董小录编写，第四章由张磊、畅康清编写，第五章由翟利宏、董国编写，第六章由温杰、毛磊杰、史彩芳编写，第七章由郭海宇、陈力编写，第八章由张鹏编写，第九章由靳建龙、宋文科编写，第十章由宋文科、张鹏编写，第十一章由张鹏、武军杰编写。

由于编者的水平、经验所限，且编写时间仓促，书中难免有疏漏和不足之处，恳请读者批评指正。

编 者

2015 年 4 月

300MW 级火力发电厂培训丛书
——电气设备及系统

目 录

前言

第一篇　　电气系统 ··· 1

第一章　电气主接线 ·· 3

第一节　发电机—主变压器组接线 ······························ 3

第二节　220kV 配电装置接线 ····································· 4

第二章　厂用电系统 ·· 8

第一节　厂用电及厂用电负荷分类 ······························ 8

第二节　厂用电接线方式 ··· 9

第二篇　　电机 ·· 13

第三章　汽轮发电机 ··· 15

第一节　概述 ·· 15

第二节　汽轮发电机结构 ··· 18

第三节　汽轮发电机检修 ··· 52

第四节　汽轮发电机试验 ··· 75

第四章　电动机 ··· 98

第一节　概述 ·· 98

第二节　电动机结构 ·· 101

第三节　电动机检修 ·· 107

第四节　电动机运行中的检查及故障处理 ···················· 112

第五章　柴油发电机组 ·· 118

第一节　概述 ··· 119

第二节　柴油发电机组维护 ·· 126

第三篇　　变压器 ·· 129

第六章　变压器结构 ··· 131

第一节　铁芯 ··· 131

第二节　绕组 ··· 136

第三节　变压器内绝缘 ·· 140

第四节　变压器附件 ··· 143

第五节　主变压器介绍 ··· 162

第六节　高压厂用变压器 ··· 167

第七章　变压器检修 ··· 173

第一节　油浸式变压器检修 ····································· 173

第二节　干式变压器检修 ··· 186

第八章　变压器试验 ··· 189

第一节　变压器试验项目及分类 ······························ 189

第二节　变压器试验方法 ··· 191

第四篇　配电装置 ·· 207

第九章　220kV 配电装置 ··· 209

第一节　六氟化硫断路器 ··· 209

第二节　隔离开关 ··· 256

第三节　互感器 ·· 264

第四节　穿墙套管 ··· 273

第五节　避雷器 ·· 275

第十章　6kV 配电装置 ··· 282

第一节　概述 ··· 282

第二节　6kV 配电装置（一） ··································· 286

第三节　6kV 配电装置（二） ··································· 298

第四节　6kV 配电装置（三） ··································· 309

第五节　6kV 配电装置（四） ··································· 321

第六节　真空断路器试验 ··· 328

第十一章　封闭母线 ··· 331

第一节　概述 ··· 331

第二节　封闭母线类型及特点 ··································· 332

第三节　封闭母线结构 ··· 334

第四节　封闭母线介绍 ··· 336

第一篇

电 气 系 统

第一章

电 气 主 接 线

发电厂电气主接线是电力系统接线组成的一部分，是指发电机、变压器、断路器、隔离开关、母线和输电线路等之间的连接方式。按照它们在系统中位置的不同，可以分为发电机—主变压器组接线和接入系统配电装置接线两部分。

本章以某电厂 350MW 机组（1、2 号机组）和 300MW 机组（3、4 号机组）为例，对电气主接线进行说明。

第一节 发电机—主变压器组接线

本节主要介绍发电机—主变压器单元制接线方式与 220kV 输电系统连接时的接线情况。

单元制接线方式是指每台机组的发电机、变压器作为一个整体与电力系统相连，厂用电由本台机组的高压厂用变压器接带，该单元内设备与其他机组间相互不发生连接。这种接线方式在发电机出口不设断路器，而是通过封闭母线将发电机与主变压器相连接后接入电力系统。发电机出口不装设断路器的优点是：投资小，而且在发电机出口至主变压器之间采用封闭母线后，这段线路范围的故障率将大幅度降低。在发电机出口也不装隔离开关，只设有可拆的连接片，以供发电机测试时用。以 300MW 发电机—主变压器组为例进行介绍，见图 1-1。

300MW 发电机出口经自冷全连式离相封闭母线与主变压器连接，主变压器高压侧经导线与 203 断路器相连，203 断路器通过 203-C、203-D 隔离开关分别与 220kV C、D 母线相连接，从发电机出口封闭母线引出分支为高压厂用变压器提供电源。

发电机中性点采用高阻接地方式，经中性点接地的变压器与地相连，中性点接地的变压器二次侧接电阻，阻值仅有零点几欧姆，该电阻经过中性点接地的变压器反映到一次侧后达到数百欧姆，这样可以将过电压限制在 2.6 倍额定相电压以下，故障电流限制在 1A 以内，同时为定子接地保护装置提供监测信号。

发电机与主变压器之间的离相封闭母线上除高压厂用变压器分支母线外，还有两条分支母线，一条接励磁变压器，另一条接发电机出口电压互感器及避雷器。励磁变压器降压后通过晶闸管整流装置将交流电变为直流电后经励磁开关、直流励磁母线流入发电机转子。电压互感器是为了给保护、测量装置提供发电机出口电压信号专门设置的电器设备，避雷器是为了防止过电压影响发电机、主变压器低压侧绝缘的电器设备。350MW 发电机

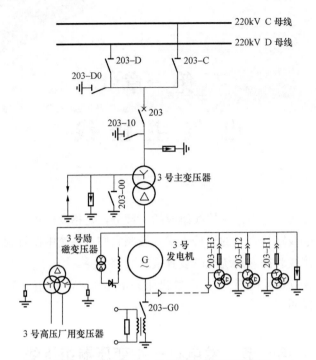

图 1-1 发电机—主变压器组单元制接线图

出线端配置 2 组电压互感器和 1 组避雷器，300MW 发电机出线端配置 3 组电压互感器和 1 组避雷器。

　　主变压器高压侧中性点直接接地，中性点接地处设置了接地开关、放电间隙及无间隙金属氧化物避雷器。为了不改变系统中的零序阻抗，根据继电保护整定运行需要，两台主变压器中性点在运行中保持一台接地，另一台不接地。

　　主变压器高压侧经穿墙套管与 203 断路器相连，主变压器高压侧与穿墙套管间装有 1 组避雷器。在升压站内还装有电流互感器、接地开关、断路器、隔离开关等设备。

第二节　220kV 配电装置接线

　　电厂常用的主接线方式有双母线接线、双母线带旁路接线、3/2 断路器接线方式等，以下对 220kV 双母线接线方式室内配电装置进行介绍，其接线方式见图 1-2。母线之间通过母线联络断路器（以下简称母联）连接，每条线路都经一台断路器和两组隔离开关分别接至两组母线。

　　有两组母线后，使运行的可靠性和灵活性大大提高，其特点如下：

　　（1）检修任一组母线时，不会停止对用户连续供电。例如，检修母线Ⅰ时，可把全部电源和负荷线路切换到母线Ⅱ上。

　　（2）运行调度灵活，通过倒换操作可以形成不同的运行方式。当母联断路器闭合，进出线适当分配到两组母线上，形成双母线同时运行的状态，两组母线同时运行的供电可靠性比仅用一组母线运行时高。有时为了系统的需要，也可将母联断路器断开（处于热备用状态），两组母线独立运行。

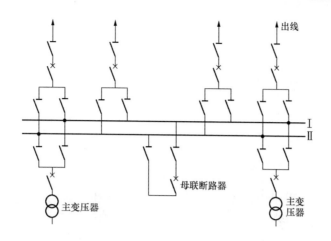

图 1-2 典型的双母线接线方式图

（3）在特殊需要时，可以用母联与系统进行同期或解列操作。当个别回路需要独立工作或进行试验（如发电机或线路检修后需要试验）时，可将该回路单独接到备用母线上运行。

350MW 机组 220kV 双母线为 A 母线、B 母线，300MW 机组 220kV 双母线为 C 母线、D 母线。正常运行方式：双母线并列运行，母联断路器在合位。

350MW 机组：211、213、201 断路器上 A 母线，212、214、202、260 断路器上 B 母线。

300MW 机组：204、218、270 断路器上 C 母线，203、219 断路器上 D 母线。

一、350MW 机组 220kV 配电装置的接线方式

350MW 机组 220kV 配电装置有 2 条进线、4 条出线和 1 条启动/备用出线。2 台主变压器高压侧经双分裂钢芯铝导线（2×LGJ-630/45）通过穿墙套管接入室内 220kV 系统，启动/备用变压器高压侧经单根钢芯铝导线（LGJ-400/25）通过穿墙套管接入室内 220kV 系统。架空线路中部装有金属氧化锌避雷器，并在构架顶部装有避雷针防止直击雷。启动/备用变压器作为厂用备用变压器，当单元厂用变压器停运时，厂用电系统由启动/备用变压器供电。4 条出线经双分裂钢芯铝导线（2×LGJ-400/25）通过穿墙套管接入电网，接线方式见图 1-3。

220kV 升压站房顶进线侧设有 2 根避雷针。室内配电装置采用上、下分层布置，下层为 A 母线，上层为 B 母线。母线为铝锰合金管形母线，其规格为 φ130/116，由支柱绝缘子支撑，为了消除热胀冷缩产生的应力，在每组母线中部设有伸缩节。

二、300MW 机组 220kV 配电装置的接线方式

300MW 机组 220kV 配电装置有 2 条进线、2 条出线和 1 条启动/备用出线。2 台主变压器高压侧经双分裂钢芯铝导线（2×LGJ-500/45）通过穿墙套管接入室内 220kV 系统；启动/备用变压器高压侧经单根钢芯铝导线（LGJ-300/50）通过穿墙套管接入室内 220kV 系统。2 条出线经双分裂钢芯铝导线（2×LGJ-500/45）通过穿墙套管接入电网，见图 1-4。

220kV 升压站房顶进线侧设有 2 根避雷针。室内配电装置采用上、下分层布置，下层为 C 母线，上层为 D 母线。母线为铝锰合金管形母线，其规格为 φ130/116，由支柱绝缘子支撑，为了消除热胀冷缩产生的应力，在每组母线中部设有伸缩节。

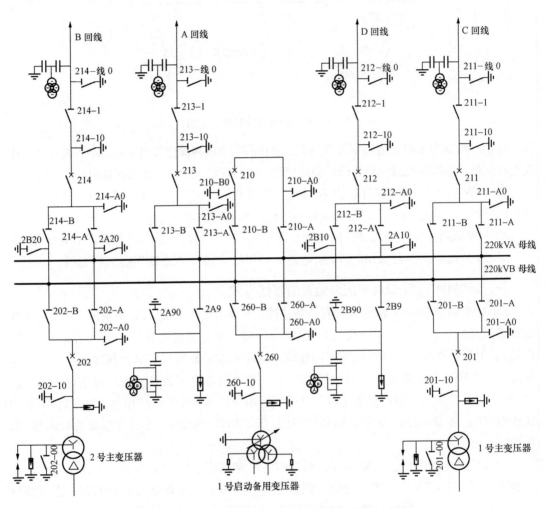

图 1-3 350MW 机组 220kV 配电装置的接线方式图

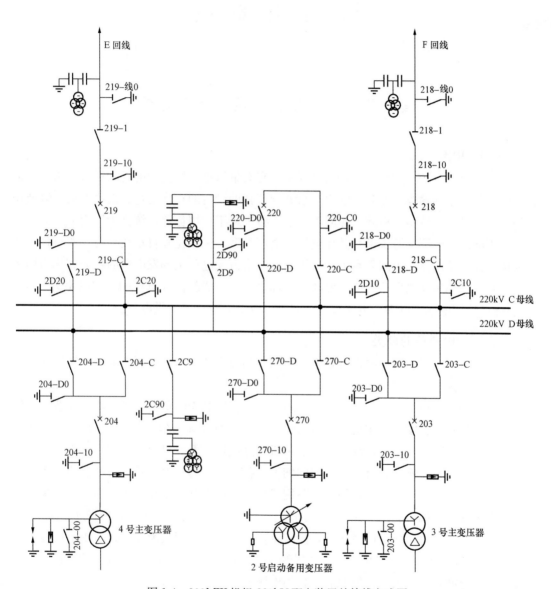

图 1-4　300MW 机组 220kV 配电装置的接线方式图

第二章

厂用电系统

第一节　厂用电及厂用电负荷分类

一、厂用电

发电机组在启动、运转、检修的过程中，有大量用电动机拖动的机械设备，用以保证机组的主要设备和输煤、除灰、除尘及水处理等辅助设备的正常运行。这些电动机以及全厂的运行、操作、试验、检修、照明等用电设备都属于厂用负荷，统称为厂用电。

厂用电由发电厂本身供给，其耗电量与电厂类型、机械化和自动化程度、燃料种类及其燃烧方式、蒸汽参数等因素有关。厂用电耗电量占发电厂全部发电量的百分数称为厂用电率。厂用电率是发电厂运行的主要经济指标之一，一般凝汽式电厂的厂用电率为 $5\%\sim8\%$。降低厂用电率可以降低电能成本，同时可以增大对系统的供电量。

二、厂用电负荷的分类

厂用电负荷，根据其用电设备在生产中的作用和突然中断供电所造成的危害程度，按其重要性可分为以下四类。

(1) Ⅰ类厂用负荷。凡是属于单元机组本身运行所必需的负荷，短时停电会造成主辅设备损坏、危及人身安全、主机停运及影响大量出力的负荷，都属于Ⅰ类厂用负荷。如火电厂的给水泵、凝结水泵、循环水泵、引风机、送风机、磨煤机等。通常，它们设有两套或多套相同的设备。例如：有两套相同的辅助设备，每一套辅助设备运行就能使主机带满负荷，正常运行时，一套运行，另一套备用或检修，可以互相联锁切换，如凝结水泵、辅机冷却水泵等。又如：有两套相同的辅助设备，每一套辅助设备运行就能使主机带 50% 的负荷；正常运行时，两套同时运行，没有备用，其中一套因故障停运时，则主机降低出力到 50%，如引风机、送风机、一次风机等。这些负荷分别接到两条独立电源的母线上，并设有备用电源，当失去工作电源后，备用电源就立即自动投入。

(2) Ⅱ类厂用负荷。允许短时停电（几分钟至几个小时），恢复供电后，不致造成生产紊乱的厂用负荷，属于Ⅱ类厂用负荷。此类负荷一般属于公用性质负荷，不需要 24h 连续运行，而是间断性运行，如上煤、除灰、水处理系统等的负荷。一般它们也有备用电源，常用手动切换。

(3) Ⅲ类厂用负荷。较长时间停电，不会直接影响生产，仅造成生产上不方便者，都属于Ⅲ类厂用负荷，如检修车间、试验室、油处理室等负荷。通常由一个电源供电，在大型电厂中，也常采用两路电源供电。

（4）事故保安负荷。在200MW及以上机组的大容量电厂中，自动化程度较高，要求在事故停机过程中及停机后的一段时间内，仍必须保证供电，否则可能引起主要设备损坏、重要的自动控制失灵或危及人身安全的负荷，称为事故保安负荷。事故保安负荷按对电源要求的不同又可分为：①直流保安负荷，如发电机的直流润滑油泵、氢侧直流密封油泵等；②交流保安负荷，如发电机的交流润滑油泵、氢侧交流密封油泵；③UPS负荷，如实时控制用的计算机等。为满足事故保安负荷的供电要求，对大容量机组应设置事故保安电源。通常，事故保安负荷是由蓄电池组、柴油发电机组或可靠的外部独立电源作为其备用电源。

第二节 厂用电接线方式

本节以某电厂350MW机组（1、2号机组）和300MW机组（3、4号机组）为例，对厂用电接线方式进行说明。

一、概述

汽轮发电机组厂用电系统有两种常用供电方案，一种为不设公用负荷母线，另一种为设置公用负荷母线。6.3kV厂用电系统全部采用第一种供电方案，不设公用负荷母线，将全厂公用负荷（如输煤、除灰、化水等）分别接在各机组两段母线上，见图2-1。

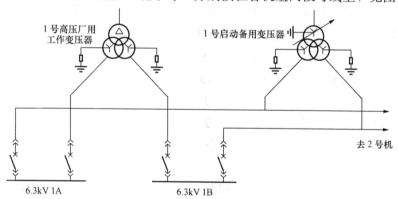

图 2-1 厂用电系统接线方式图

不设公用负荷母线的优点是公用负荷分接于不同机组变压器上，供电可靠性高、投资少。但由于公用负荷分接于各机组工作母线上，机组工作母线清扫时，将影响公用负荷的备用。

二、350MW机组厂用电接线方式

（一）6.3kV厂用电系统

每台机组设一台容量为50/25-25MVA的高压厂用工作变压器，电源通过厂用分支母线由各自发电机出口T接。高压厂用工作变压器为分裂变压器，通过低压侧的共箱母线引到6.3kV系统。6.3kV系统为单母线，每台机组设两段，每台机组的工作负荷均匀地接在两段上，而全厂的公用负荷则分摊接在两台机组的6.3kV母线段上。两台机组公用一台启动/备用变压器，启动/备用变压器引至厂内 220kV 系统，作为每台机组的启动备用电源。

6.3kV 系统为中电阻接地系统，变压器的低压侧中性点采用中值电阻接地方式，接地电阻按单相短路电流 100A 选取，接地电阻值为 38Ω。

（二）0.4kV 厂用电系统

0.4kV 厂用电系统的设计原则有两种，一种是采用暗备用动力中心（PC）和电动机控制中心（MCC）的供电方式，另一种是采用明备用动力中心（PC）和电动机控制中心（MCC）的供电方式。采用暗备用动力中心（PC）和电动机控制中心（MCC）的供电方式，其动力中心和电动机控制中心成对设置。动力中心采用单母线分段，每段母线由一台干式变压器供电，两台低压变压器间互为备用，手动切换。电动机控制中心和容量为 75kW 及以上的电动机由动力中心供电，75kW 以下的电动机由电动机控制中心供电。成对的电动机分别由对应的动力中心和电动机控制中心供电。MCC 采用单母线接线，一般为单电源供电，对接有非成对电动机的 MCC，根据工艺需要，可采用双电源供电或由保安 MCC 供电。

每台机组在主厂房设两台低压工作变压器给单元机组的工作动力中心供电，两台低压工作变压器互为备用、手动切换。每台机组分别设置照明变压器和检修变压器各一台，两台机组设置照明备用变压器一台，两台检修变压器互为备用，照明及检修电源采用 0.4/0.23kV，电源从公用动力中心引接。两台机组设置两台低压公用变压器给主厂房内的公用负荷供电，这些负荷包括集控楼空调、煤仓层负荷、空气压缩机等，公用动力中心为单母线分段配置，两台公用变压器互为备用、手动切换。工作变压器和公用变压器的电源均引至厂用 6.3kV 段，主厂房低压动力电源系统采用高阻接地方式，接地电阻取 70Ω，照明、检修低压系统采用中性点直接接地方式。

辅助厂房均选用油浸式变压器为其动力中心供电，电源均引至厂用 6.3kV 段，中性点直接接地，采用动力、照明、检修合并的供电方式，供电电压为 0.4/0.23kV。辅助厂房变压器的设置原则按区域分片在负荷中心设置。

（三）事故保安电源

每台机组设一台 800kW 柴油发电机组作为本机保安电源。每台机组设置两段 380V 交流事故保安段，正常运行时分别由主厂房工作 PC 段供电，事故时由柴油发电机组供电，以确保机组安全停机。

三、300MW 机组厂用电接线方式

（一）6.3kV 厂用电系统

每台机组设一台容量为 50/31.5-31.5MVA 的高压厂用工作变压器，其接线方式与 350MW 机组类同。

（二）0.4kV 厂用电系统

主厂房低压工作厂用电系统、包括汽机段、锅炉段、公用段、保安段、空冷段，其母线电压为 0.4kV。主厂房内每台机组成对设置为锅炉变压器、汽机变压器及电除尘变压器，每对变压器互为备用。每台机组设四台空冷变压器，每两台互为备用。每台机组设一

台公用变压器及一台照明变压器，两台机公用变压器、照明变压器互为备用。正常时互为备用的变压器分列运行，一台变压器故障时，采用手动切换，另一台变压器带全部负荷运行。

低压厂用电设动力中心（PC）和电动机控制中心（MCC）两级供电方式，75kW 及以上的电动机和 200kW 及以上的静止负荷在 PC 上接，75kW 以下的电动机和 200kW 以下的静止负荷由 MCC 供电。重要负荷容量在 75kW 以下的可视情况由 PC 供电。电动机控制中心（MCC）根据负荷分散成对设置，成对的电动机分别由相应的两段 MCC 供电。

Ⅰ期各个辅助车间所设低压变压器容量已考虑Ⅱ期扩建容量，开关柜已预留有Ⅱ期扩建回路，根据各个工艺专业负荷清单对辅助车间变压器容量进行了校验。因灰库及回收水处理以及新建化水反渗透室新增负荷较多，新增设废水动力中心，动力中心设两段母线，以联络断路器连接，灰库气化风机房、回收水处理、化水反渗透室及其附近负荷由该动力中心供电。

0.4kV 厂用电系统采用高值电阻接地方式。汽机段、锅炉段、公用段、保安段、空冷段均采用中性点高阻接地方式，接地电阻为 70Ω。其余主厂房低压系统包括照明、检修、电除尘以及辅助厂房采用直接接地方式。

（三）事故保安电源

每台机组设一台快速启动的柴油发电机组，作为本机组的事故保安电源，柴油发电机容量为 500kW。柴油发电机组中性点高阻接地。每台机组设置两段 0.4kV 交流事故保安段，正常运行时分别由主厂房 0.4kV 锅炉段供电，事故时由柴油发电机组供电。

第二篇

电　　机

第三章

汽 轮 发 电 机

第一节 概 述

汽轮发电机是将机械能转换成电能的设备，是火力发电厂的主要设备之一。汽轮发电机的单机容量一般在 300～1350MW 之间，我国目前以 300、600MW 为主，单机1000MW 发电机已批量投入运行。发电机的冷却方式主要有全氢内冷、水氢氢冷和双水内冷，不同型号发电机的冷却介质流动路径也有很大的差异。励磁方式主要有同轴交流励磁机励磁和自并励励磁两种，其中交流励磁机励磁方式又可分为静止晶闸管整流和旋转硅整流（无刷励磁）两种方式。此外，每台发电机还配有冷却水系统、密封油系统、氢气系统、测量监控系统（温度监控、绝缘过热、射频监测、氢气湿度、纯度监测等）等配套装置来保证发电机正常运行。

发电机的主要技术参数有视在功率（MVA）、额定功率（MW）、额定最大连续输出功率（MW）、功率因数、定子电压（V）、定子电流（A）、励磁电压（V）、励磁电流（A）、额定频率（Hz）、转速（r/min）、相数、定子绕组接线方式、定子绕组绝缘等级、转子绕组绝缘等级等。

由于汽轮发电机运行中需要许多的附属系统来保证发电机的安全稳定运行，所以除主要技术参数外，发电机的技术参数还包括许多附属系统的参数，包括氢气系统、定子绕组内冷水系统、氢冷器循环水系统及轴承润滑油、密封油系统等。

氢气系统参数有额定氢压及允许偏差（MPa）、冷却器出口冷氢温度及允许偏差（℃）、氢气纯度（％）、氢气湿度等。

定子绕组内冷水系统参数有额定进水压力及最大允许进水压力（MPa）、进水温度（℃）、额定流量及允许偏差（m³/h）、20℃时的电导率（μS/cm）等。

氢冷器循环水系统参数有入口水的最高温度（℃）、入口水的最低温度（℃）、额定进水压力及最大允许进水压力（MPa）、氢冷器的水压降（MPa）、单个额定流量（m³/h）、冷却器数量等。

轴承润滑油、密封油系统参数有一个轴承油流量（L/min）、一个密封瓦空侧油流量（L/min）、一个密封瓦氢侧油流量（L/min）、轴承进油压力（MPa）、密封油进油压力（MPa）、氢油压差（油压高于氢压，MPa）、轴承和密封油进油温度（℃）、轴承出油温度（℃）等。

某电厂装有两台 350MW 汽轮发电机和两台 300MW 汽轮发电机，其中 350MW 发电机采用全氢内冷冷却方式，300MW 发电机采用水氢氢冷冷却方式，均采用静止晶闸管整流的励磁方式。

(1) 350MW 汽轮发电机的技术参数如下所示:

1) 发电机主要技术参数见表 3-1。

表 3-1 发电机主要技术参数

项目	参数	项目	参数	项目	参数
型号	MB-J-350	额定功率	350MW	视在功率	415MVA
额定定子电压	23kV	额定定子电流	10 417A	额定转速	3000r/min
功率因数	0.85（滞后）	相数	3	频率	50Hz
励磁电压	490V	励磁电流	2995A	效率	98.84%
定子绕组连接方式	Y	定子绕组绝缘等级	F	转子绕组绝缘等级	F

2) 冷却介质基本参数。定子机内的氢气基本参数见表 3-2。

表 3-2 定子机内的氢气基本参数

项目	参数	项目	参数
额定压力	0.4MPa	压力范围	0.38~0.435MPa
氢气纯度	98%	最小纯度	95%

氢气冷却器循环水基本参数见表 3-3。

表 3-3 氢气冷却器循环水基本参数

项目	参数	项目	参数
入口处水的最高温度	33℃	出水温度	42℃
额定入口压力	0.2MPa	最大入口压力	0.25MPa
氢气冷却器额定水流量（全部）	490t/h	氢气冷却器的数量	2组，共4个
冷却器停运一个可输出功率百分比	90%		

3) 其他技术参数见表 3-4。

表 3-4 其他技术参数

项目	参数	项目	参数
定子绕组每相直流电阻（25℃）	0.001 55Ω	转子绕组电阻（75℃）	0.115Ω
定子绕组每相对地电容	0.24μF	横轴同步电抗 X_q	203%
纵轴同步电抗 X_d	210%	横轴瞬变电抗 X'_q（非饱和值/饱和值）	40.4%/45.9%
纵轴瞬变电抗 X'_d（非饱和值/饱和值）	23.4%/26.6%	横轴超瞬变电抗 X''_q（非饱和值/饱和值）	20.3%/23.1%
纵轴超瞬变电抗 X''_d（非饱和值/饱和值）	20.5%/23.2%	零序电抗 X_0（非饱和值/饱和值）	10.7%/10.7%
负序电抗 X_2（非饱和值/饱和值）	20.4%/23.2%	负序承载能力 $I_2^2 t$（暂态值）	10s
负序承载能力 I_2（稳态值）	8%	发电机转子的临界转速（未与汽轮机连接）：二阶	2540r/min
发电机转子的临界转速（未与汽轮机连接）：一阶	900r/min	转子飞轮力矩	25 500kg · m²

(2) 300MW 发电机的技术参数如下所示:

1) 发电机主要技术参数见表 3-5。

表3-5　　　　　　　　　　　　　　　　　发电机主要技术参数

项目	参数	项目	参数	项目	参数
型号	QFSN-300-2	额定功率	300MW	视在功率	353MVA
额定定子电压	20kV	额定定子电流	10 190A	额定转速	3000r/min
功率因数	0.85（滞后）	相数	3	频率	50Hz
励磁电压	365V	励磁电流	2642A	效率	99.02%
定子绕组连接方式	Yy	定子绕组绝缘等级	F	转子绕组绝缘等级	F

2）冷却介质基本参数。定子机内的氢气基本参数见表3-6。

表3-6　　　　　　　　　　　　　　　定子机内的氢气基本参数

项目	参数	项目	参数	项目	参数
额定压力	0.3MPa	允许偏差	±0.02MPa	氢气纯度	98%
冷却器出口的冷氢温度	45℃	允许偏差	±1℃	最小纯度	95%
机内氢气湿度（以露点温度表示）	10～−25℃	氧气含量	≤1.0%		

定子绕组内冷水基本参数见表3-7。

表3-7　　　　　　　　　　　　　　　定子绕组内冷水基本参数

项目	参数	项目	参数
额定进水压力	0.2MPa	最大进水压力	0.25MPa
额定流量	30m³/h	允许偏差	±3m³/h
进水温度	40～50℃	20℃时的导电率	0.5～1.5μS/cm
20℃时的含氨量（NH_3）	微量	20℃时的pH值	7～8
铜化合物最大允许含量	100mg/L	20℃时的硬度	<2μg/L

氢气冷却器循环水基本参数见表3-8。

表3-8　　　　　　　　　　　　　　氢气冷却器循环水基本参数

项目	参数	项目	参数
入口处水的最高温度	38℃	入口处水的最低温度	20℃
额定入口压力	0.2MPa	最大入口压力	0.25MPa
氢气冷却器的水压降	0.04MPa	氢气冷却器的数量	2组，共4个
一个氢气冷却器额定水流量	100m³/h		

轴承润滑油、油密封油基本参数见表3-9。

表3-9　　　　　　　　　　　　　　轴承润滑油、油密封油基本参数

项目	参数	项目	参数
发电机一个轴承油流量	430L/min	发电机一个密封瓦空侧油流量	100L/min
轴承进油压力	0.05～0.08MPa	发电机一个密封瓦氢侧油流量	57L/min
密封油进油压力	（0.385±0.01）MPa	氢油压差（油压高于氢压）	（0.085±0.01）MPa
轴承和密封油进油温度	43～52℃	轴承出油温度	≤70℃

3）其他技术参数见表3-10。

表 3-10 其他技术参数

项目	参数	项目	参数
定子绕组每相直流电阻（75℃）	0.002 28Ω	转子绕组电阻（75℃）	0.125 3Ω
定子绕组每相对地电容	0.232μF	转子绕组电感	0.87H
纵轴同步电抗 X_d	186.1%	横轴同步电抗 X_q	181.4%
纵轴瞬变电抗 X'_d（非饱和值/饱和值）	22.7%/20%	横轴瞬变电抗 X'_q（非饱和值/饱和值）	37.8%/33.3%
纵轴超瞬变电抗 X''_d（非饱和值/饱和值）	16.8%/15.5%	横轴超瞬变电抗 X''_q（非饱和值/饱和值）	16.6%/15.2%
正序电阻	0.323%	负序电阻	2.622%
零序电阻	0.262%	短路比	0.6
负序电抗 X_2（非饱和值/饱和值）	16.7%/15.3%	零序电抗 X_0（非饱和值/饱和值）	7.7%/7.3%
定子绕组漏抗 X_s	12.4%	转子绕组漏抗 X_r	11%
静过载能力（标幺值）	1.87	定子机壳内充气容积（未插转子时/插转子后）	78m³/73m³
定子绕组开路时转子绕组瞬变时间常数 T_{d0}	8.47s	三相、两相或单相短路超瞬变时间常数 T''_d	0.035s
三相短路超瞬变时间常数 T'_{d3}	0.97s	两相短路超瞬变时间常数 T'_{d2}	1.68s
单相短路时电流瞬变分量时间常数 T'_{d1}	2.0s	非周量短路时间常数 T_a	0.24s
负序承载能力 I_2（稳态值）	10%	负序承载能力 $I_2^2 t$（暂态值）	10s
发电机转子的临界转速（未与汽轮机连接）：一阶	1290r/min	发电机转子的临界转速（未与汽轮机连接）：一阶	3453r/min
转子飞轮力矩	3.0×10⁴kg·m²	发电机转子的惯量常数 H	1.05kW·s/kVA
噪声水平（距发电机外罩1m处）	≤90dB（A）	定子槽数 Z	54
极数 $2p$	2	绕组节距 y	1～23
并联支路数 a	2	绕组连接方式	Yy
每极每相槽数 q	9	每槽有效导体数 S	2

第二节 汽轮发电机结构

汽轮发电机一般为卧式结构，主要由定子（包括定子机座及其隔振结构、定子铁芯、定子绕组、主引线、出线盒、定子绕组汇水管及定子绕组水路等）、转子（包括转子绕组、转轴、护环、中心环、风扇座及风扇等）、氢气冷却器、端盖、轴承、油密封装置、刷架及滑环室等部件组成，图3-1、图3-2分别为350MW汽轮发电机和300MW汽轮发电机的结构图。

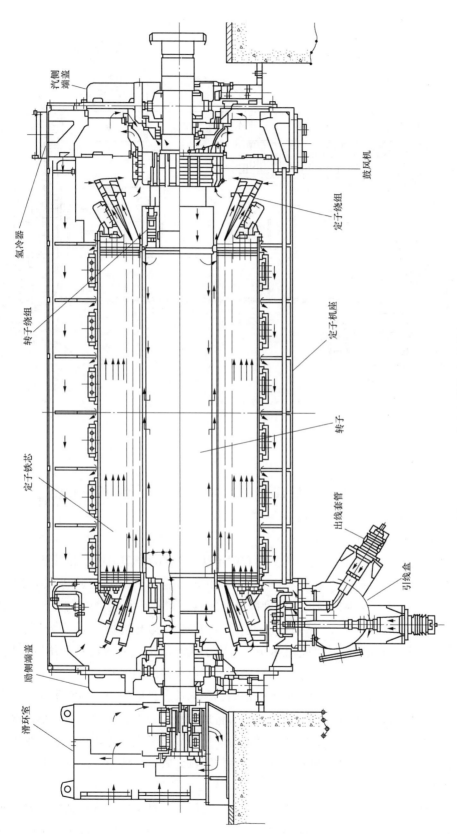

汽侧端盖

氢冷器

转子绕组

定子铁芯

励侧端盖

滑环室

鼓风机

定子绕组

定子机座

转子

出线套管

引线盒

图 3-1 350MW 发电机结构及通风图

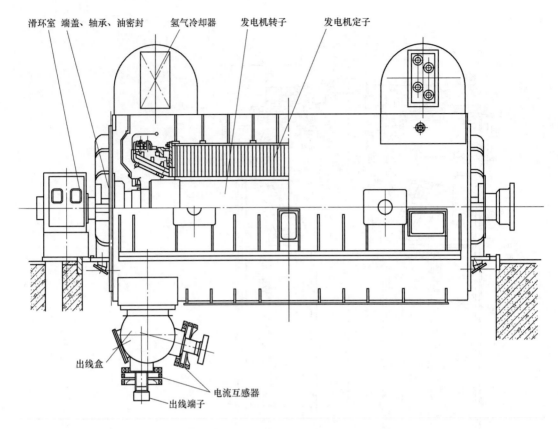

图 3-2　300MW 发电机结构图

一、定子

定子主要由定子机座及其隔振结构、定子铁芯、定子绕组、主引线、出线盒、定子绕组汇水管及定子绕组水路等部件组成。

（一）机座及隔振结构

发电机的机座为整体式，主要用于支撑和固定铁芯等部件，其外壳是由优质的锅炉钢板卷制成筒后套装焊接而成。氢气在一定的条件下可能发生爆炸，其极限爆炸力为 0.6MPa。为保证机座有足够的强度、刚度以及气密性，焊接后须经消除应力处理、水压强度试验和严格的气密检验。350MW 发电机、300MW 发电机机座强度分别按 0.8、1MPa 来设计，避免氢气爆炸时机座损坏伤人。定子机座底部设有排污孔和用以连接氢、油、水系统的法兰接口，排污孔用于排出可能漏进发电机内的油或水。

发电机在正常运行中，定子铁芯要承受切向、径向等各种电磁力，使定子铁芯产生双倍频的椭圆变形，从而引起铁芯的双倍频振动，将造成铁芯松弛、片间压力减小、振动增大、片间绝缘及绕组主绝缘磨损、机座焊缝疲劳破裂等故障发生。为防止铁芯的双频振动传到机座上，发电机定子铁芯和机座间采用弹性的隔振装置，大致分为以下两类。

1. 定位筋弹性隔振结构

定位筋弹性隔振结构，也称为卧式隔振结构，有以下三种结构。这种结构占据径向尺寸，使机座外径稍加大，和其他隔振结构比较，其特点是占用轴向尺寸较小，机座一般是整体的。

（1）中间开槽式弹性定位筋隔振结构（见图 3-3）。定位筋在中间开槽后，本身就成为弹性部件，完成定子铁芯与机座之间的弹性连接，这是一种最简单的弹性隔振结构。300MW 发电机即采用该结构，它由机座内腔沿轴向均匀布置的 18 根定位筋构成机座与铁芯间的弹性支撑结构。

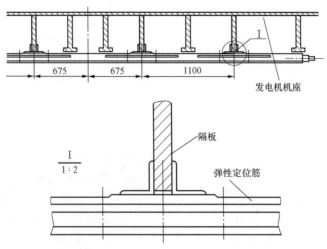

图 3-3　中间开槽式弹性定位筋隔振结构图

（2）定位筋背部安装弹簧板结构（见图 3-4），弹性元件在定位筋背部，轴向均匀分布，通过背部弹簧板完成定子铁芯与机座间的弹性连接。

（3）定位筋两侧安装弹簧板结构（见图 3-5），弹簧板安装在定位筋两侧，通过两侧的弹簧板完成定子铁芯与机座间的弹性连接。

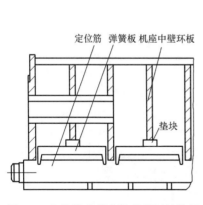

图 3-4　定位筋背部安装弹簧板结构图

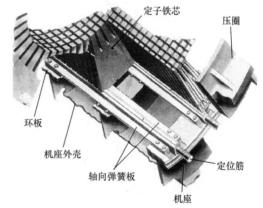

图 3-5　定位筋两侧安装弹簧板结构图

2. 切向立式弹簧板隔振结构

切向立式弹簧板隔振结构见图 3-6，定子铁芯经夹紧环与弹簧板的一端相连接，弹簧板的另一端与机座相连接。该类隔振结构隔振效果好，600MW 及以上的发电机较多采用该类结构。350MW 发电机采用该结构，它由沿轴向布置的六组隔振装置组成，每组隔振装置由夹紧环沿圆周方向将定位筋包裹起来，然后分别在夹紧环左右两侧及底部安装弹簧板将铁芯和机座连接起来构成隔振装置。

（二）定子铁芯

定子铁芯是构成发电机磁路和固定定子绕组的重要部件，铁芯在运行中产生的损耗大约占发电机总损耗的 15%，为了减少铁芯的磁滞和涡流损耗，现代大容量发电机定子铁芯常采用磁导率高、损耗小、厚度为 0.35～0.5mm 的优质冷轧硅钢片叠装而成。

每层硅钢片由数张两面涂有绝缘漆的扇形片组成一个圆形，图 3-7 所示为 350MW 发电机扇形硅钢片。根据硅钢片叠装要求及铁芯冷却方式，在硅钢片上还冲有通风孔、定位筋孔（扇面背部）、穿心螺杆孔（可选）等。通常情况下，为了压紧铁芯，在定子铁芯端部通过定位筋、穿心螺杆（可选）将压圈和压指固定牢固后即可将铁芯轭部和齿部压紧。根据铁芯冷却方式的不同，还可将铁芯分成数段，段间设有通风沟使冷却气体流过。

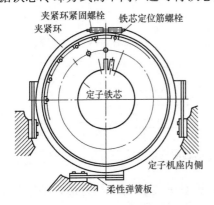

图 3-6　切向立式弹簧板隔振结构图

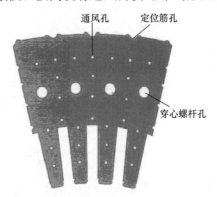

图 3-7　350MW 发电机扇形硅钢片结构图

不同的厂家采取了不同的端部结构，大致分为两种，一种是带穿心螺杆的结构，见图 3-8；另一种是无穿心螺杆的结构，见图 3-9。

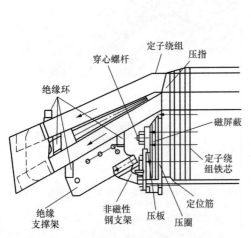

图 3-8　带穿心螺杆端部结构图

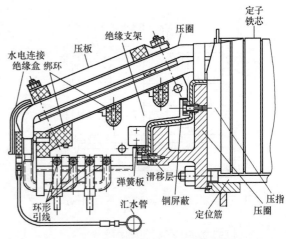

图 3-9　不带穿心螺杆端部结构图

由于定子和转子铁芯漏磁通的影响，铁芯端部发热造成温度升高，为解决这个问题，制造厂主要采取下列措施：

（1）把定子端部的铁芯做成阶梯状，用逐步扩大气隙以增大磁阻的办法来减少轴向进入定子边段铁芯的漏磁通。

（2）铁芯端部各阶梯段的扇形叠片的小齿上开 1～2 个宽为 2～3mm 的小槽，以减少齿部的涡流损耗和发热。

（3）铁芯端部的压指、压圈或压板采用电阻系数低的非磁性钢，利用其中涡流的反磁作用，以削弱进入端部铁芯的漏磁通。

（4）压圈外侧加装环形电屏蔽层，图 3-9 中的屏蔽层用电导率高的铜板或铝板制成。因铁芯端部采用阶梯形后，压圈处的漏磁会有所增多，利用电屏蔽层中的涡流能有效阻止漏磁进入压圈内圆部分，以防压圈局部出现高温和过热。

（5）铁芯压紧不用整体压圈而用分块铜质压板（铁芯不但要定位筋，还要用穿心螺杆锁紧），这种压板本身也起电屏蔽作用，分块后也可减少自身的发热。有的还在分块压板靠铁芯侧再加电屏蔽层，见图 3-8。

（6）在压圈与压指（铁芯齿压板）之间加装磁屏蔽，用硅钢片冲成无齿的扇形片叠成，形成一个磁分路，能减少齿根和压圈上的漏磁集中现象，见图 3-8。

（7）转子绕组端部的护环采用非磁性的锰铬合金制成，利用其反磁作用，减小转子端部漏磁对定子铁芯端部的影响。

（8）在冷却风系统中，加强对端部的冷却。

有关 350MW MB-J-350 型汽轮发电机定子铁芯介绍如下：

铁芯长 5500mm，铁芯内径 1155mm，外径 2450mm，铁芯内有许多轴向通风孔作为铁芯的冷却风道。定子铁芯轴向用 30 根定位筋螺杆和 30 根对地绝缘的高强度反磁钢穿心螺杆，通过两端的压指、压圈及分块压板用螺母拧紧成为整体，经过数次冷态和热态加压、并紧固螺母成为一个结实的铁芯整体。在两端压圈与反磁性分块压板之间设有用硅钢片叠压并加以黏结起来形成阶梯形磁屏蔽，这些措施有效地减少了端部漏磁引起的附加损耗。其结构为带有穿心螺杆的端部结构，见图 3-8。

有关 300MW QFSN-300-2 型汽轮发电机定子铁芯介绍如下：

铁芯长 5200mm，铁芯内径 ϕ1250，外径 2540mm，铁芯沿轴向分 64 段，每段铁芯间形成 8mm 通风沟，定子绕组铁芯轴向用 18 根定位筋螺杆通过两端无磁性压指和压圈用螺母将铁芯固定为整体。在两端压圈外用特制的铜屏蔽板覆盖，以减小端部铁芯损耗和发热，铜屏蔽层与压圈间留有间隙，供冷却氢气流过，其结构为不带穿心螺杆的端部结构，见图 3-9。

（三）定子绕组

定子绕组由许多布置在定子铁芯槽内的线棒按一定规律连接而成，每根线棒又由数根实心导线和空心导线交叉组成，实心导线用于电流的流过，空心导线内流过冷却介质来冷却定子线棒。线棒分为直线部分和端部渐近线部分，直线部分用于切割磁力线产生电动势，渐近线部分将各绕组连接后形成发电机的定子绕组。

由于每根线棒中并联起来的各股铜线在磁场中的位置不同，感应的电动势也不同，所以它们之间就会产生环流，这种环流会产生损耗而引起发热，为了减少这种损耗，就需要对各股铜线进行换位来消除这种电势差。换位就是在线棒编织时，让每根线棒沿轴向长度，分别处于不同高度的位置，这种换位称为 Roebel 换位。换位分为槽部换位和端部换位，图 3-10 所示为定子线棒槽部换位情况，图 3-11 所示为定子线棒端部换位情况。

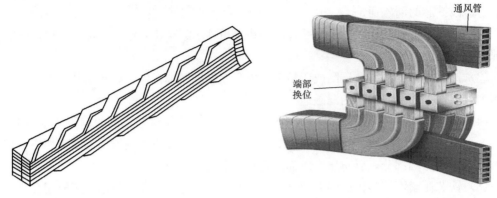

图 3-10　定子线棒槽部换位示意图　　　　图 3-11　定子线棒端部换位示意图

　　定子绕组绝缘包括主绝缘、股间绝缘、排间绝缘、换位绝缘。主绝缘是指定子导体和铁芯间的绝缘，也称对地绝缘或线棒绝缘，主绝缘是线棒各种绝缘中最重要的一种绝缘，它是最易受到磨损、碰伤、老化和电腐蚀及化学腐蚀的部分；股间绝缘是指每一根空心导线与实心导线间的绝缘；由于线棒一般都是由两排组成，排间绝缘是为了避免排间股线短路并保证各铜线排列整齐在排间衬垫的绝缘；定子线棒在换位处股间绝缘容易破坏，必须垫绝缘，这就是换位绝缘。图 3-12 所示为定子线棒中的各类绝缘情况。

　　定子绕组在槽内固定于高强度模压槽楔下，楔下设有高强度弹性绝缘波纹板在径向压紧绕组，在部分槽楔上开有小孔，以便检修时可测量波纹板的压缩度以控制槽楔松紧度。在槽底和上、下层线棒之间都垫以热固性适形材料，使相互间保持良好接触；为使线棒表面能良好接地，防止槽内电腐蚀，在侧面用半导体板紧塞线棒。图 3-13 所示为定子绕组在槽内的固定情况。

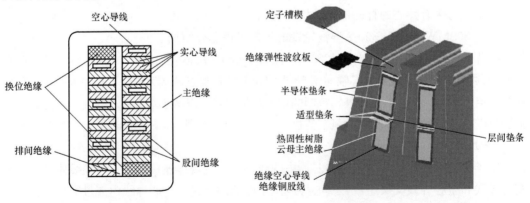

图 3-12　定子线棒截面图　　　　图 3-13　定子绕组在槽内固定示意图

　　定子绕组端部的固定方式有多种，但其结构功能有其共同点，就是在径向、切向的刚度很大，而在轴向具有良好的弹性和伸缩性。350MW 发电机定子绕组端部由位于端部末端沿径向布置的三个绝缘环、层间绝缘垫块、绝缘支撑架、支撑架内侧的绝缘环等结构件以及绑带、适形材料等将伸出铁芯槽口的绕组端部固定在绝缘支撑架内成为一个牢固的整体，而绝缘支撑架则紧靠在非磁性钢支架上，支架的下部又通过螺栓固定在铁芯端部的分块压板上。非磁性钢支架与绝缘支架为自由支撑，就形成沿轴向的弹性结构，使绕组在径向、切向具有良好的整体性和刚性，而沿轴向却具有自由伸缩的能力，从而有效地缓解了铜铁热膨胀量不同所产生的机械应力，所以能充分地适应机组的调峰方式和非正常运行工况，见图3-8。300MW发电机绕组外圆周通过固定在支架上的三道绝缘锥环支撑，在绕组内圆周由工字形压板经无磁性螺栓压紧到锥环上。绝缘锥环、工字压板及间隔垫块与绕组间垫有中温固化的适形材料，以此形成径向和切向的刚性固定。绕组端部的伸缩通过弹簧板和滑移层来实现，见图3-9。

　　为消除定子绕组的电晕放电现象，采用线棒的槽内部分外表面绕低阻半导体玻璃带，端部出槽口之外的一段长度上用阻值渐变的防晕带包扎并压实固化在一起。

　　以下分别介绍350MW发电机定子绕组及300MW发电机定子绕组结构。

　　（1）350MW发电机定子绕组参数：槽数$Z_1=30$，极数$2p=2$，绕组节距$y=12$，并联支路数1，绕组接法为Y形，每极每相槽数$q=5$，每槽有效导体数$S=2$，定子绕组接线见图3-14。每根线棒是由两组经换位后的实心导线与一组高阻非磁性合金制造的通风管（每组通风管有6个）组成，每个通风管与其他通风管及导体绝缘，定子线棒截面见图3-15。为减少绕组端部涡流及漏磁的影响，定子线棒在端部连接时完成端部换位，槽部换位情况见图3-10，其端部绕组换位情况见图3-11。定子绕组端部完成连接后，两端的通风管伸出汽、励线棒两侧，作为线棒冷却的风道。为消除定子绕组的电晕放电现象，定子

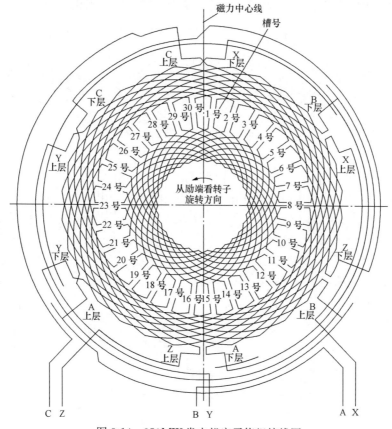

图3-14　350MW发电机定子绕组接线图

25

绕组槽内部分垫有半导体垫条，端部从出槽口部位开始涂高阻漆，使定子线棒端部表面电阻逐渐增加，这样端部线棒表面具有较均匀的电位梯度，消除了定子绕组的电晕放电现象。

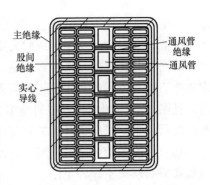

图 3-15　350MW 发电机定子
线棒截面图

（2）300MW 发电机定子绕组参数：定子槽数 Z_1 ＝54，极数 $2p=2$，绕组节距 $y=22$，并联支路数 $2a$ ＝2，绕组接法 Yy，每极每相槽数 $q=9$，每槽有效导体数 $S=2$。定子绕组接线及水路图见图 3-16。每根线棒是由 1 股空心导线和 4 股实心导线经换位组合而成，截面见图 3-17。线棒的空、实心股线均用中频加热钎焊在两端的接头水盒内，而钎焊在水盒上的水盒盖则焊有反磁不锈钢水接头，用作冷却水进出线棒内水支路的接口。套在线棒上或汇流管上水接头的成型绝缘引水管，都用卡箍将水管箍紧。上、下层线棒的电连接由上、下水盒盖夹紧多股实心铜线，用中频加热软钎焊而成，并逐只进行超声波焊透程度的检查，这样就形成上、下层线棒水电的连接结构，见图 3-18。水电接头的绝缘采用绝缘盒做外套，盒内塞满绝缘填料，并采用电位外移法逐一检验绝缘盒外的表面电压，以保证水电接头的绝缘强度，其端部绕组固定结构见图 3-19。为消除定子绕组的电晕放电现象，采用线棒的槽内部分外表面绕低阻半导体玻璃带，端部出槽口之外的一段长度上用阻值渐变的防晕带包扎并压实固化在一起。

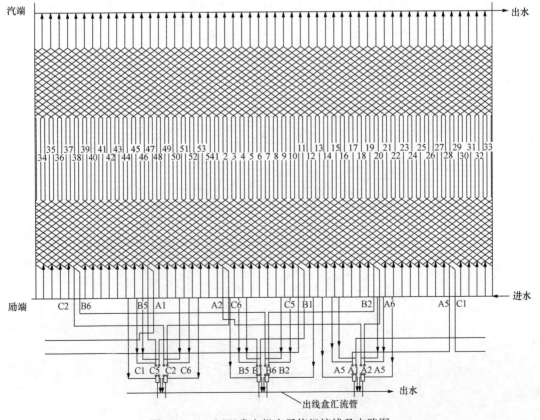

图 3-16　300MW 发电机定子绕组接线及水路图

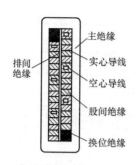

图 3-17　300MW 发电机定子线棒截面图

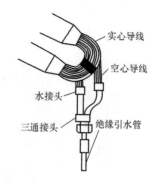

图 3-18　定子绕组水电接头图

（四）主引线及出线盒

定子绕组经励侧端部环形引线、主引线、出线瓷套管后与封闭母线相连接。350MW 发电机的环形引线固定在端部的绝缘支架上，见图 3-20；300MW 发电机的环形引线绑扎在沿轴向布置的引线架上，见图 3-9。

出线盒采用非磁性钢板焊接而成，装配在定子机座励侧底部，与机座相连形成统一的密封整体。

定子绕组出线共分 6 条，其中，主引线 3 条，与封闭母线连接；中线点引线 3 条，连接在一起形成一个中性点。每个出线套管上套有测量、励

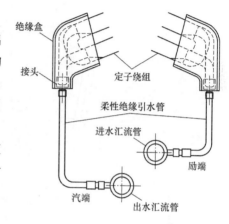

图 3-19　定子绕组端部固定结构图

磁、保护系统用的电流互感器（发电机在出线套管上套有 4 组 TA），套管及电流互感器装配见图 3-21。主引线采用了可靠固定结构，使之在事故状态巨大的电动力作用下不产生有害变形或位移。

在出线盒上与机座结合的大平面上开有 T 形密封槽，用以加压注入液态密封胶，杜绝氢气从结合面上的缝隙中渗漏出来。

350MW 发电机主引线及出线套管见图 3-20。300MW 发电机出线盒及主引线结构见图 3-22。

（五）定子绕组汇水管及定子绕组水路

定子绕组的冷却水系统仅针对定子绕组冷却方式为水内冷的发电机，发电机定子绕组冷却方式为氢内冷的发电机没有该系统。

定子绕组总进、出水汇水管分别装在励端和汽端的机座内，在出线盒内还有单独的出水汇水管。

冷却水的进、出水口分别放在汇流管上方，这是防止绕组在断水情况下失水的措施，它们的法兰设在机座的上侧面，便于和机座外部总进出水管相连接。总进、出水汇水管通过法兰上方的连通管连通，使排气畅通并防止冷却水回路聚积气体后产生虹吸作用（由于发电机到定冷水箱有一段高度，定子内冷水突然断水，那一段管道的水在重力作用下会使

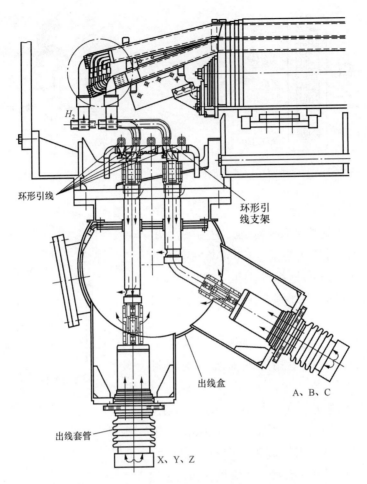

图 3-20　350MW 发电机主引线及出线套管图

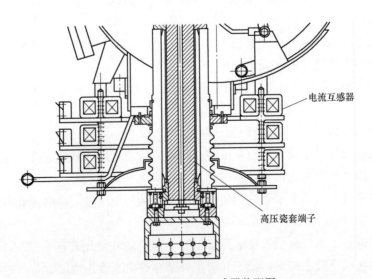

图 3-21　套管及电流互感器装配图

定子线棒内形成真空，把那里面的水迅速拉空。为了使水尽可能留在定子线棒中，所以要装防虹吸管，将定子内冷水进、出水管及定子冷却水箱连接起来，使该几处压力相等）。汇水管在机座内与管道间连接设有专门的波纹管，防止热胀冷缩造成汇水管受力变形而泄漏。

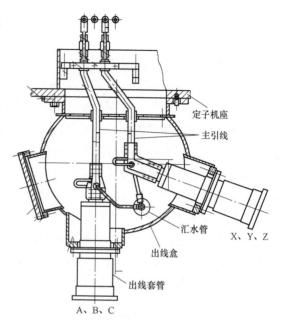

图 3-22 300MW 发电机出线盒及主引线结构图

三处汇水管在机座内设有专门的对地绝缘装置，并有接线端子（300MW 发电机总进、出水管及出线盒汇水管接线端子分别引至汽侧冷却水管侧测温接线板上的 95、96 端子及出线盒处测温接线板上的 94 端子）供测量绝缘电阻、直流耐压及泄漏试验时使用，运行时端子需接地。

冷却水从励侧的总进水管流进后分为三路，见图 3-16，一路经 48 根绝缘引水管直接流入定子绕组；另一路经 12 根绝缘引水管、环形引线进入定子绕组，以上两路经 54 根绝缘引水管流出进入汽侧的总出水汇水管；第三路经 6 根绝缘引水管流入定子主引线、出线套管、绝缘引水管流入，出线盒内的出水汇水管通过外部管道流进汽侧的总出水汇水管，两路冷却水汇合后流入定子冷却水箱。定子绕组冷却水系统示意图见图 3-23。

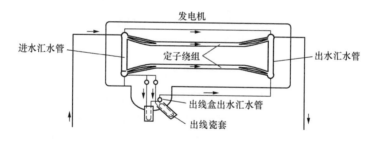

图 3-23 定子绕组冷却水系统示意图

由于发电机在运行中氢压大于水压，在管道、绝缘引水管、水接头或空心铜线内如存在微细裂纹或毛细小孔，一般情况下定子水路不会漏水，但氢气会从小孔细纹处漏入定子水系统。漏入水系统的氢气积蓄在储水箱的顶部，通过设定在 0.035MPa 压力的安全阀释放排入大气，同时在该处安装一个氢气含量探头。

二、氢气冷却器

氢气冷却器（简称氢冷器）通过水和氢气的热交换带走发电机损耗产生的大部分热量，使发电机各部位在运行中的温度保持在允许范围内。氢冷器由数根带螺线形铜散热片的无缝铜合金冷却管采用胀管工艺在两侧与管板组合在一起形成换热元件。除换热元件外，氢冷器还包括进出水室、回水室、封氢框板、封氢钢垫等部件。

氢冷器按照安装方式可分为卧式和立式两种，不论安装方式如何，氢冷器在结构上基本相同。

当氢冷器穿入发电机后，沿散热管轴向两侧分别为进水侧和回水侧。

冷氢器的进水侧水室及封氢框板中间设有隔板将进水和出水分离开来，以避免冷却水发生短路影响换热效果。氢冷器管板上的双头螺栓将进水侧的水室、封氢框板内圈、管板连接起来，框板的外圈通过螺钉固定在氢冷器外罩或发电机基座上，各结合面间装有密封垫。通过以上结构在进水侧将发电机内的氢气与大气及冷却水回路隔离开来。

氢冷器的回水室由框板及盖板组成，氢冷器管板上的双头螺栓依次将回水室盖板、框板、封氢钢垫内侧及管板连接起来，各结合面间装有密封垫。在回水室外侧的氢冷器外罩或发电机机座上还装有外框板，拧紧外框板上的螺钉使外框板将封氢钢垫的外侧固定在氢冷器外罩或发电机机座上，外框板外侧装设盖板，同样各结合面间装有密封垫。通过以上结构在回水侧将发电机内的氢气与大气及冷却水回路隔离开来。

发电机氢冷器结构见图 3-24。

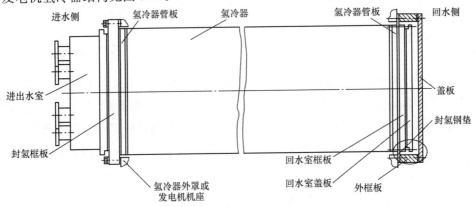

图 3-24　发电机氢冷器结构图

350MW 发电机氢冷器布置在汽侧转子两边，立式安装方式，共 2 组，每组氢冷器由两个氢冷器组成，水路为各自独立的并联系统。该氢冷器的进水侧位于底部，回水侧位于上部，与图 3-24 结构基本一致。氢冷器各部件间密封垫采用两侧刷有绝缘漆的专用石棉垫。每组氢冷器在轴向两侧有绝缘挡板，使氢气只能按照规定的气路流动。氢冷器顶部回水室与外框板、盖板间隔外安装有两个平衡阀，该平衡阀在平时运行中打开，使间隔室与发电机内连通，以减小封氢钢垫两侧的压力，防止其变形，所以氢冷器顶部间隔室内运行中也充满氢气。350MW 发电机氢冷器结构见图 3-25。

300MW 发电机氢冷器布置在汽、励两侧顶部的冷却器外罩内，卧式安装方式，共 2 组，每组氢冷器由两个氢冷器组成，水路为各自独立的并联系统。氢冷器外罩为钢板焊接的圆拱形结构，横向对称布置安装在发电机机座的两端顶部。外罩是用螺钉固定在机座上，并在结合面的密封槽内充胶密封，连接成为整体，安装完成后可将氢冷器外罩与机座间的缝隙焊住，以取得更好的密封效果。氢冷器的进水端水室顶部设有四个排气孔，底部设有两个排水孔。为了防止冷却水直接漏入机内，在氢冷器下设有接水盘，接水盘底部接有管道通往机房 6.5m 的油水分离器处。300MW 发电机氢冷器结构见图 3-26。

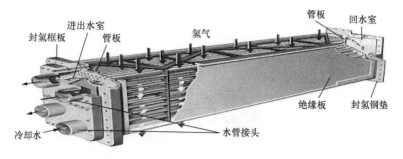

图 3-25 350MW 发电机氢冷器结构图

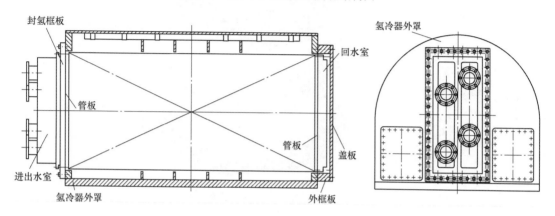

图 3-26 300MW 发电机氢冷器结构图

三、端盖、轴承和油密封装置

大型发电机一般采用端盖轴承结构，即轴承与密封支座都装在端盖上。该结构具有轴向跨距短、支承刚度好的特性，且轴承中心线距机座端面较近，使端盖在支撑转轴重量和承受机内氢压时变形最小，保证了机组可靠的气密性。

端盖与机座、出线盒和氢冷器外罩一起组成"耐爆"压力容器。作为压力容器的一部分，端盖设计为厚钢板拼焊结构，采用气密性焊缝，焊后进行焊缝的气密试验和退火处理，并进行水压试验。对每台端盖及其各种管道和消泡箱都要做气密试验以确保发电机整机的气密性。上、下半端盖的哈夫面（指机械两端盖的配合面）的密封及端盖与机座连接面的密封均采用密封槽填充密封胶的结构。在下半端盖轴承腔之下设有一个消泡（回油）箱。消泡箱内的油位采用溢流控制，必须注意不能让油位过高、倒灌溢入机内。箱内回油管伸出箱底的高度保证了箱内最低油位，而最高油位则由液位报警器控制，它将在油位过高时发出警报，以便运行人员及时处理。

发电机轴瓦采用椭圆轴瓦。轴瓦和瓦座间为球面接触的自调心结构。轴瓦及瓦座安装图见图 3-27。为了防止轴电流流过轴颈，除了转轴在汽端接地，发电机支撑轴瓦球面的瓦套及轴承定位销钉均与端盖绝缘。励端轴承采用了双重绝缘，可以在运行中随时监测绝缘状况，确保励端轴承可靠绝缘，同时在发电机两端的下述部位加绝缘：密封座与端盖间、油密封及轴承进出油管和外部管道之间、轴承油挡与端盖间。轴承都配备高压油顶轴系统，高压油顶起转轴，在轴瓦表面和轴颈之间形成润滑油膜减小发电机组启动和停机阶段轴承的摩擦。

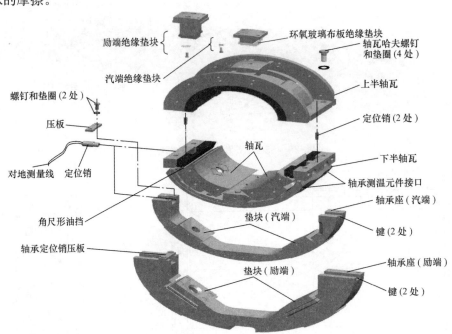

图 3-27　轴瓦及瓦座安装图

双流环式油密封装置置于发电机两端端盖内侧，其作用是通过轴颈与密封瓦之间的油膜阻止氢气外逸。双流即密封瓦的氢侧与空侧各自是独立的油路，平衡阀使两路油压维持均衡，严格控制了两路油的互相串流。密封瓦可以在轴颈上随意径向浮动，但为了防止其随轴转动，在环上装有圆键，定位于密封座内。从密封瓦流出的氢侧回油汇集在密封座下与下端盖组成的回油腔进行氢油分离，分离氢气后的油流回氢侧回油箱，在独立的氢侧油路中循环。顺轴流出的空侧回油与轴承的回油一起流入主油箱。油中带有的少量氢气在氢油分离箱中分离，再由排烟机排出室外，从而使回到主油箱的轴承油中不含氢气，保证了主油箱运行安全。氢侧和空侧油流同时也分别润滑了密封瓦和轴颈。在密封瓦的空侧进油系统中差压阀跟踪机内氢压，从而控制着空侧油压，保证油压大于氢压。在氢侧进油系统中是由平衡阀跟踪空侧油压，控制着氢侧油压，使两者保持平衡。密封座的机内一侧装有迷宫式挡油环，梳齿间的集油腔内引入发电机风扇的高压气体，运用气封作用，防止风扇将密封油抽入发电机内。双流式密封油装置及轴承座结构见图 3-28。

350MW 及 300MW 发电机端盖、轴

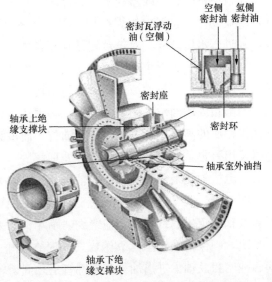

图 3-28　双流式密封油装置及轴承座结构图

承及油密封均采用以上结构。

四、转子

转子由转轴、转子绕组、转子引线及滑环、阻尼结构、护环、中心环、风扇座及风扇等部件构成。

1. 转轴

发电机转轴由高机械性能和导磁性能良好的合金钢锻件加工而成，转轴本体开有轴向槽，用于安放励磁绕组。在转轴本体大齿中心沿轴向均匀地开了多个横向月形槽，又在励端轴柄的小齿中心线上开有两条均衡槽，以均衡磁极中心线位置的两条磁极引线槽，从而降低倍频振动。转轴截面见图 3-29，转轴结构见图 3-30。

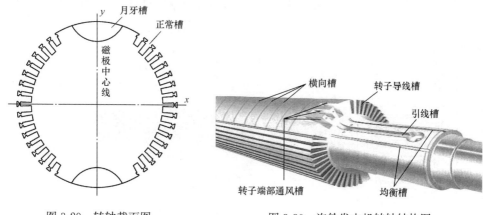

图 3-29　转轴截面图　　　　图 3-30　汽轮发电机转轴结构图

300MW 汽轮发电机转子本体开有 32 个轴向槽，槽内嵌放最小绕组为 7 匝/槽，其余为 9 匝/槽，大齿上开有 8 个阻尼槽。350MW 汽轮发电机转子开有 32 个梯形槽，槽内嵌放最小绕组为 8 匝/槽，其余为 9 匝/槽，转子槽楔下有阻尼槽。

2. 转子绕组

两极隐极式转子绕组共分两大组，每组由若干套同芯式绕组组成，每套绕组由若干匝扁铜线绕制而成。转子绕组由冷拉含银无氧铜线加工而成，因此既抗蠕变，又防氢脆。每匝导线由直线、弯角和端部圆弧所组成。直线部分的长条扁线放在槽内，出槽口部分弯曲成型后再和端部导线银焊成匝。所有线匝在电路上是串联的。

为了便于端部绕组的冷却，端部绕组间留有一定的距离，其间垫有 F 级环氧玻璃布板垫块，以形成端部绕组的通风道。端部绕组外包绝缘使它与护环、轴及心环绝缘。绕组和轴间也留有风道，以便高压冷却气体进入对端部进行冷却。

转子绕组绝缘有匝间绝缘、槽绝缘、垫条及护环绝缘。转子绕组总匝数及每槽导体数是由励磁电压确定的。匝间电压并不高，但转子在运行过程中由于铜、铁和绝缘的膨胀系数相差很大，当绕组和周围部件存在温差时，绝缘将受到机械压力和热应力的作用，有时也会产生过电压的作用，因此转子绕组绝缘除应具有高的机械强度和耐热性外，还应有一定的耐压强度。槽底、槽楔、槽口以及绕组头尾处为了保证有足够的耐压强度和爬电距离，绝缘层应较其他处厚些。

绕组的槽绝缘（即转子的对地绝缘）又称为槽衬，其形状采用 U 形，它的厚度与电压有关，在槽口弯折封口以增加绕组到铁芯间的爬电距离。

匝间绝缘是将一匝与另一匝的铜线分隔开的绝缘。匝间绝缘是用环氧树脂将环氧玻璃胶布板粘在铜线上，导线两侧与槽衬接触。匝间绝缘板条上开有与导体上相对应的通风孔。

槽底和槽楔下有绝缘板垫条，以增加转子对地的绝缘，加强转子导体对地和槽楔间的爬电距离。

端部绕组对地绝缘即是端部绕组与护环间的绝缘。该对地绝缘是采用绝缘材料压制品，筒形浇注在绝缘环上，包在绕组端部，护环热套在此绝缘层上。

转子绕组是通过槽楔来压紧和固定在槽内的，因此槽楔具有防止绕组位移的作用。由于转子转速高，绕组及槽楔都承受了很大的离心力，因此槽楔采用机械强度高，密度小的合金制成。转子绕组槽内和端部结构分别见图 3-31、图 3-32。

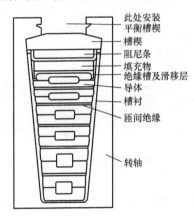

图 3-31　转子绕组槽内截面图

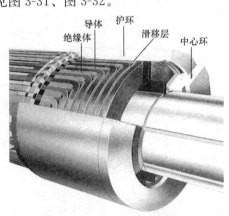

图 3-32　端部绕组结构图

3. 转子引线及滑环

转子引线指转子绕组与滑环间的连接线，共有正、负极两条。对称的分布在转轴的中心孔内，也是励磁电流经滑环进入转子绕组的唯一连线。

转子引线采用的是两根互相绝缘的半圆形铬钢合金作为导电杆装在励侧的中心孔内。两导电杆间、导电杆与轴间绝缘采用环氧布层压制品绝缘，每根导电杆两端各用带有绝缘和密封圈的导电螺钉固定在轴上，转子绕组两个端头经多层软铜皮导线连接，并分别固定在机内两个导电螺钉上。两个滑环也是经多层软铜皮导线分别接在滑环中间的导电螺钉上，每个螺钉上有两道密封圈，对机内起着良好的密封作用。

滑环又称集电环，分正负两个环，励磁电流通过旋转的滑环流入转子绕组。滑环由高硬度锻钢制成，外圆表面开有螺旋沟槽来进行冷却和去除粉尘；沿集电环圆周均匀分布着轴向通风孔，以改善与电刷的接触并强化冷却。集电环通过绝缘套筒热套于轴上。由于通风结构的不同，350MW 发电机在滑环外装有一个冷却风扇，300MW 发电机则在两个滑环中间装有风扇，这两种风扇都是为了加强集电环部位的通风冷却。转子引线及集电环结构见图 3-33。

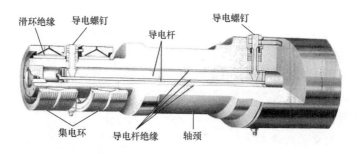

图 3-33　转子引线及集电环结构图

4. 阻尼结构

阻尼绕组是由槽部阻尼结构、大齿上通长的阻尼条和端部铜合金槽楔组成短路绕组，以提高发电机承受不平衡负载的能力。阻尼绕组正常运行时不起作用，当发电机负荷不平衡或发生振荡时，绕组中感应出的电流减弱了负荷旋转磁场和由其他原因引起的转子杂散损耗和发热，使振荡衰减，起到阻尼作用。

5. 护环、中心环

护环的作用是将转子端部绕组径向压紧在转轴上，对转子端部绕组起固定、保护及防止变形、位移、甩出的作用。中心环对护环起固定、支持与轴同心的作用，也有防止绕组端部轴向移位的作用。

由于发电机转子长而重，所以转子有一定挠度，同时护环也较长，若采用两端固定的结构，由于挠度差，护环在运行中要受压缩、拉伸变形，以致疲劳损坏，所以采用悬挂式护环。

护环材料由合金锻造而成，其一端过盈配合热装在转子本体端部，另一端与中心环热套配合。为防止护环相对转子本体轴向移动，在护环与转子本体配合处装有开口环键。环键开口处装有搭子，用以在拆、装护环时收拢或张开环键。

6. 风扇座及风扇

根据发电机通风系统的不同，分别在转子汽侧设置一组多级轴流式鼓风机或在转子汽、励两侧各设一组单级转子风扇。每台风扇用螺母和定位销按照一定角度安装在风扇座环上。为提高风扇效率及压力，在风扇入口外侧设有静叶片及流线形导风罩，并经玻璃钢内端盖固定到机座上。风扇座及风扇均采用非磁性材料制成。350MW 发电机在汽侧设置了一组多级风扇，转子上设 3 组动叶片，风扇罩上设 4 组静叶片，300MW 发电机在汽、励两端各设一组单级转子风扇。

五、刷架、电刷及隔音罩

刷架是固定和支持电刷及刷握的，主要由轴向布置的导电环和夹在中间沿圆周方向布置的若干刷盒构成。每个导电环由两瓣拼成，材料为纯铜板，担负着导电作用，整个导电环经绝缘板固定到基础上。350MW 发电机刷握直接安装在刷架上，刷架每极有 9 排刷握，每排 4 个，使用 NCC634 型炭刷，刷握弹簧采用卡槽式带有压力指示的可调弹簧；300MW 发电机刷盒可以方便地从刷架上拆下，每极刷架有 10 排刷盒，每排刷盒并排安装 4 个电刷，采用 D172 型电刷，由恒压弹簧保持适当压力，其结构见图 3-34。

为了滑环处通风和降低噪声的需要，在滑环处安装隔音罩，保证机组通风良好并将噪声控制在 90dB 以下。

六、发电机的通风冷却系统

由于发电机通风结构各不相同，以下对 350MW 发电机和 300MW 发电机通风冷却系统进行介绍。

（一）350MW 发电机的冷却系统

350MW 发电机冷却方式为全氢内冷方式，即定子绕组、铁芯、转子绕组、转轴为氢冷。

1. 定子绕组及铁芯通风

通过靠近汽侧的多级鼓风机使增压的氢气流过氢冷器后变为冷氢，冷氢通过铁

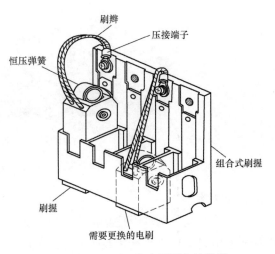

图 3-34　300MW 发电机刷盒结构图

芯及机座间的间隙流入励端，到达励端后，带有压力的冷却风从励侧定子绕组通风口及铁芯通风口进入，经过定子绕组及铁芯后，从汽端的绕组通风口及铁芯通风口出来回到鼓风机中，形成循环。

2. 绕组引出线及套管通风

冷却风从励侧绕组环形引线进风口处进入，流过引线、套管后从引线套管外出风口进入出线盒，然后经过发电机机座隔板间的通风管路回到鼓风机入口处。

3. 转子通风

（1）转子直线部分通风。冷却风从转子汽、励两侧护环处进入转子绕组端部进风口后，沿转子绕组内的通风槽从转子中部的通风口（每槽 18 个）流出，流出的气体在鼓风机的作用下被迫向汽侧流动进入鼓风机内。

（2）转子端部通风。冷却风从转子汽、励两端护环进入护环及大轴间间隙后沿圆周方向流经转子绕组的曲线部分，然后从护环内侧的出风口排出后，汽侧直接进入鼓风机内，励侧则沿转子及铁芯间间隙流入汽侧进入鼓风机内，见图 3-35。

4. 滑环室通风

冷却风从发电机滑环室励侧滤网处进入，经过滑环正、负极两侧后进入滑环室下部风道，进入风道的热风在滑环靠励侧的风叶作用下沿风道排出滑环室顶部。

（二）300MW 发电机冷却系统

300MW 发电机采用定子绕组水内冷，转子绕组氢内冷、定子铁芯及结构件氢气表面冷却的

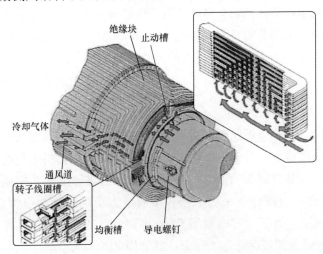

图 3-35　转子绕组端部通风图

"水氢氢"冷却方式，定子绕组冷却将专门叙述，氢气冷却情况具体如下：

氢气依靠转子转轴汽、励两侧护环外侧的单级桨式风扇在定子机座内密闭循环，被发电机损耗加热的氢气经过装在机座两端顶部的氢冷器冷却，然后再循环。

1. 定子铁芯通风

定子铁芯沿轴向分为 9 个风区，其中 4 个进风区，5 个出风区，冷热风依次交错，转子与定子对应，其通风系统见图 3-36。横向对称设置在机座顶部两端的冷却器及其外罩，其热风侧入口接在机座的第一风区和第九风区，冷风侧的出口设在机座顶端上部，由机座隔板、内盖板和导风罩组成风扇前后的高低压风区。定子端部铜屏蔽和压圈之间，端部铁芯和压指位置也有径向风道，冷风直接吹拂这些表面进行有效冷却。

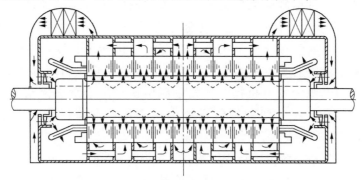

图 3-36 300MW 发电机通风系统图

2. 转子通风

转子绕组槽部采用气隙取气斜流通风系统。冷风自铁芯径向风道进入气隙，通过转子表面进、出风斗的旋压头效应，进入转子绕组内风道，气体在风道内被加热后从两侧相邻出风区进入气隙。端部采用两路通风系统：一路由绕组端部直线部分侧面进风，由本体第一或第九风区出风；另一路由绕组端部弧部外侧进风，经过端部铜排的风沟至弧部中心里侧出风，再由大齿端头月牙形槽排入气隙。

3. 滑环室通风

滑环室的冷空气从滑环室下部引线室流入，经两个集电环的外侧流向中部风扇处沿风道排出，由装在转轴上滑环中间的离芯式风扇驱动。进风口位于轴向两侧，出风口位于中间，以防止窜风的发生。滑环室通风图见图 3-37。

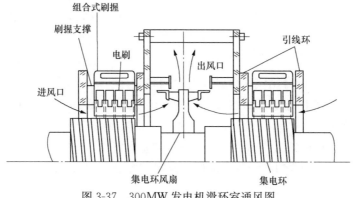

图 3-37 300MW 发电机滑环室通风图

七、发电机的励磁系统

发电机励磁系统的主要目的是将产生的直流电送入转子，产生磁场。对于大型发电机来说，目前采用较多的是静态晶闸管励磁及无刷励磁。由于无刷励磁造价较高，出现故障后必须停机处理，目前多采用静态晶闸管励磁，所以仅对静态晶闸管励磁装置进行介绍。

静态晶闸管励磁装置由励磁变压器、交流母线、晶闸管单元、直流母线、灭磁开关、灭磁电阻、电压调节器（AVR）等构成。它是从发电机的三相出线的封闭母线上取出电源经励磁变压器后变为低压三相交流电源，该电源通过交流母线送至晶闸管整流单元，整流单元通过控制晶闸管的触发角来控制励磁电压的高低，整流单元出来的直流电通过直流母线经灭磁开关、励磁母线送至发电机滑环室，经刷架、炭刷、滑环进入转子。灭磁电阻在灭磁开关断开时与发电机转子并联，以吸收转子中剩磁产生的能量，防止转子上产生过电压。由于发电机启动阶段封闭母线上没有产生电，所以设专门的启励电源为发电机提供初始励磁电源。由于励磁控制系统（即电压调节器部分）比较复杂，在专门的励磁系统中有介绍，本篇仅介绍励磁系统的一次部分。

350MW 发电机励磁系统由励磁变压器、励磁柜及 AVR 柜组成，其中励磁柜由 1 个交流浪涌吸收柜、2 个晶闸管整流柜、1 个灭磁开关柜及 1 个直流浪涌吸收柜组成。励磁变压器电压为 23/0.89kV，容量 4810kVA；每个晶闸管整流柜配置 2 组晶闸管整流装置，两个晶闸管整流柜内 4 组整流装置并联，在柜顶各配备 2 台交流冷却风机（200V），一台运行一台备用，其电源由交流励磁母线经专门的两个风机变压器（890/200V）接入；在直流母线一极上装设灭磁小车开关，该小车开关位于灭磁开关柜内，该灭磁开关通过电磁操动机构进行分合闸，在开关本体上设有手动跳闸按钮；在直流浪涌吸收柜内设灭磁电阻（0.137Ω）及灭磁电阻接触器，该接触器与灭磁开关在电气上联锁，当灭磁开关合上该接触器断开，灭磁开关断开该接触器合上，接通灭磁电阻实现灭磁功能，同时，直流浪涌吸收柜内装有启励电源开关及接触器，该开关及接触器将直流 220V 电源送至灭磁开关电源侧。AVR 柜对励磁系统进行控制调节，保证发电机电压正常。350MW 发电机励磁系统原理见图 3-38。

300MW 发电机励磁小间的励磁柜由 3 个晶闸管整流柜、1 个灭磁开关柜、1 个直流浪涌吸收柜组成。励磁变压器电压 20/0.75kV，容量 3150kVA；每个晶闸管整流柜内配置交流、直流隔离开关各 1 个、晶闸管整流装置 1 套，3 套整流装置并联，柜顶各配备两台涡流式冷却风机；在直流母线一极上装设灭磁开关，灭磁开关通过电磁线圈进行分合闸，开关不能进行手动分合闸；在灭磁开关两侧并联有非线性氧化锌组成的电阻，灭磁开关电源侧氧化锌电阻起防止直流系统过电压的作用，灭磁开关负荷侧氧化锌电阻起灭磁电阻的作用，氧化锌电阻装设在直流浪涌吸收柜上部；浪涌吸收柜下部设有启励回路，启励电源从汽机保安 MCC 段引入交流 380V 电源，经柜内开关、变压器、整流装置后产生直流电源，经接触器进入灭磁开关。AVR 柜对励磁系统进行控制调节，保证发电机电压正常。300MW 发电机励磁系统原理见图 3-39。

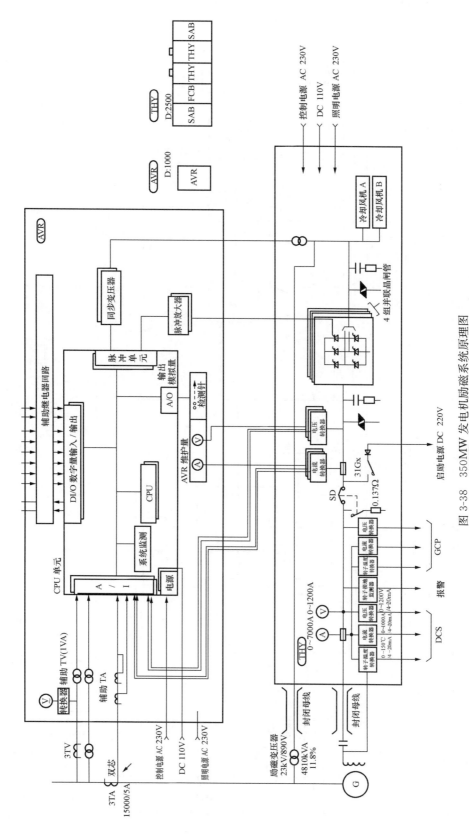

图 3-38 350MW 发电机励磁系统原理图

AVR—自动电压调整器；SAB—电涌吸收器；FCB—励磁开关（过电压保护）；THY—晶闸管；DI/O—数字量输入/输出；A/I—模拟量输入；A/O—模拟量输出

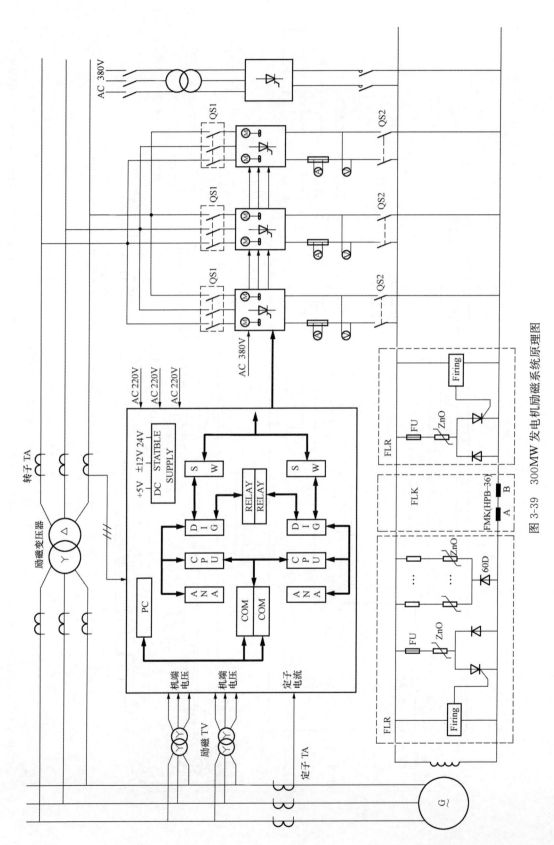

图 3-39 300MW 发电机励磁系统原理图

350、300MW 发电机均采用静态晶闸管励磁方式，不同之处如下：

（1）350MW 发电机采用固定阻值的灭磁电阻进行灭磁，平时运行中灭磁电阻与转子回路不连接；300MW 发电机采用非线性的氧化锌电阻并联在转子回路中，平时运行中也与转子回路连接。

（2）350MW 发电机启励电源采用直接由直流段供的电源，300MW 发电机采用交流电源在励磁柜内经专门的整流装置提供的电源。

（3）350MW 发电机灭磁开关可以手动分闸，300MW 发电机灭磁开关只能电动分合闸。

八、发电机的监测系统及附属系统

发电机的监测包括温度测量、振动测量、对地绝缘电阻测量、漏液测量、氢气湿度测量和机内局部放电射频监测和发电机局部过热监测等。

测温元件是发电机运行中的重要部件。它可通过计算机系统对温度测点进行实时监控，也有一小部分可与其他参数（如氢压、氢气纯度、轴振和出力曲线）一起实现自动控制。

氢、油、水系统的一些开关量则从氢油水系统监测柜的端子引出，由计算机系统报警。此外，励磁系统的一些开关量参数也通过计算机系统显示或报警。

发电机监测装置部分内容在其他部分介绍，本节仅介绍测温装置、绝缘过热监测装置和射频检测装置。

发电机附属系统包括发电机定子绕组接地系统及大轴接地装置，它们都是发电机运行中不可缺少的装置。

1. 测温装置

发电机的测温装置主要指对定子绕组、定子铁芯、冷风区、热风区、氢气冷却器的温度以及密封油、轴承等的运行温度进行测量的装置。

对于定子绕组一般在上、下层线棒间埋下测量点，用于测量定子绕组的温度，一般每槽两支，一支运行、一支备用；定子绕组出水温度（用于水内冷机组）一般在每条出水支路均设一个测点；定子绕组出风温度也通常在每个出风口设置一个测点。同时，氢冷器的进风、出风口分别设置温度测点，定子铁芯的测点一般集中在端部温度较高的铁芯、压指、压圈等部位，轴承温度测点一般装设在轴瓦上。以下分别对 350MW 发电机及 300MW 发电机测温装置进行介绍。

（1）350MW 汽轮发电机测温装置。

1）在汽侧安装 6 组（7～12 号）PT100 铂电阻监测绕组排气温度。

2）在汽侧铁芯端部 280mm 处（1、4 号）、铁芯中部（2、5 号）、距励侧铁芯端部 3/4 处（3、6 号）分别安装 2 组 PT100 铂电阻，监测定子绕组的温度。

3）在汽侧铁芯（101、102 号）、压指（103、104 号）、屏蔽铁芯（105、106 号）、磁屏蔽外压板（107 号）处安装康铜—铬镍合金热电偶，监测铁芯、轭部的温度。

4）在汽侧氢冷器进口处安装 33、34 号两组 PT100 铂电阻，监测发电机热氢气温度；在汽侧氢冷器出口处安装 31、32 号两组 PT100 铂电阻，监测发电机冷氢气温度。

5）汽侧安装 1 组康铜—铬镍合金热电偶监测 5 号轴承的温度，励磁侧安装 1 组康铜—铬镍合金热电偶监测 6 号轴承的温度。

6）由于转子转动无法引出温度引线，因此转子绕组的温度测量一般采用电阻法进行监测。350MW 发电机转子温度的测量是根据发电机的励磁电流和励磁电压来得出转子绕组的电阻，再通过下式换算出转子温度。转子温度转换器安装在励磁柜内，电流信号直接取自励磁柜，考虑到励磁母线的压降，励磁电压信号取自励磁刷架的正、负极。热态下的转子绕组温度按下式计算

$$T_2 = \frac{(234.5 + T_1)\,R_2}{R_1} - 234.5 \tag{3-1}$$

式中　T_2——热态下的转子绕组温度，℃；

　　　T_1——冷态下的转子绕组温度，℃；

　　　R_2——热态下温度为 T_2 时转子绕组的直流电阻值，Ω；

　　　R_1——冷态下温度为 T_1 时转子绕组的直流电阻值，Ω。

（2）300MW 汽轮发电机测温装置。300MW 发电机机座外侧装了 3 个测温接线板，面向汽端的左侧为第一、第二接线板，右侧为第三接线板。各接线板用导线与发电机内各测温元件相连，对外则与控制屏上的温度巡检仪相连。

1）测量氢气温度的测量元件为 15 个设置在气体风道中的，WZPD-2 型膜式铂电阻（PT100），其中励端、汽端氢冷器出风处埋置测量热风温度的各 4 个，进风处埋置测量热风温度的各 2 个，第 I、V、IV 风区出风处埋置测量热风温度的各 1 个。

2）在定子绕组汽端总出水汇流管的水接头上埋设 54 个铜热电阻元件 WZPDK-0420 型（PT100）以测量每匝定子绕圈的出水温度；定子每槽的第 58 段铁芯处上、下层绕组之间埋置热电阻 WZPD-3 型 2 个，一个工作、一个备用，以测量定子出线的出水温度；在定子出线 A1、B1、C1、A2、B2、C2、冷却水出口处各埋置热电阻 WXPDK-0420 型（PT100）1 个，以测量定子出线的出水温度；在定子铁芯的 8、32、57 段的第 7、26、43 齿的齿轭部各埋置热电阻 WZPD-3C-LB 型 1 个，以测量定子铁芯的温度。

3）在端盖、机座中央、进出水管路上，装有 WSS-401 型双金属温度计，在氢侧回油管和轴承回油管上，装有 WZPK-221 型（PT100）膜式铂电阻，以监测氢气温度和油、水温度。

4）发电机两端轴承的下轴瓦底部各埋置 2 个 WZPDK-221 型（PT100）膜式铂电阻、测量温度元件，以监测轴瓦温度，并能发出报警信号。

5）转子绕组上没有测温元件，其温度用电阻法（即测量转子集电环两端的电压与转子电流）进行监测。进风温度可按下式计算

$$t_2 = \frac{(234.5 + t_1)R_2}{R_1} - 234.5 \tag{3-2}$$

式中　R_1——转子绕组的冷态直流电阻，Ω；

　　　R_2——转子绕组的热态直流电阻，Ω；

　　　t_1——相当于 R_1 时的冷态温度，℃；

t_2——进风温度，℃。

2. 绝缘过热监测装置

绝缘过热监测装置是为了监测发电机的绝缘材料在运行中是否存在过热状况，其原理如下：氢气在离子室内受 α 射线的轰击电离，产生正、负离子对，离子对在直流电场作用下形成极为微弱的电离电流（10^{-12}A），电离电流经放大器放大约 1010 倍后，经电流表显示。发电机运行中若部件绝缘局部过热，过热的绝缘材料热分解后，产生冷凝核，冷凝核随气流进入装置内。由于冷凝核远比气体介质分子的体积大而重，负离子附着在冷凝核上后运行受阻，从而使电离电流大幅度下降。这样，通过电流表指示大小就可以反映出绝缘过热情况。电离电流下降率与发电机绝缘过热程度有关。当电流下降到某一整定值时，表示有绝缘故障发生，装置及时发出声、光报警信号。运行人员可根据报警信号频度，结合其他监测仪表的指示，综合判断故障隐患的发生和发展，有计划地提早采取相应措施，避免因绝缘过热故障的扩大而导致后期烧毁发电机的重大事故，以此提高发电机的运行安全性。

300MW 发电机安装了 FJR-Ⅱ 型发电机绝缘过热监测装置，该装置并联在氢气干燥器气体进出管路上。正常运行时，流过装置的气体流量控制为 2～6L/min，装置电流指示为 100％～110％。当装置电流指示小于 75％ 时发出报警信号，此时应将装置与气体系统隔离，并将离子室拆下送生产厂家分析。

3. 射频监测装置

射频监测装置是用来监测发电机运行过程中定子线棒是否存在局部放电现象，以期将绝缘损坏故障消除在萌芽状态。该装置主要由高频 TA（安装于发电机中性点变压器柜内）、滤波电容及监测装置构成。高频 TA 套装在发电机中性点引线上，而滤波电容并联在中性点变压器的高压侧，通过高频 TA 上的信号线与监测装置进行连接。

300MW 发电机安装了 SJY-1 型发电机射频监测装置。发电机运行中，当射频监测装置的指示值为 0～50％ 时表示发电机绝缘状况良好；当指示值为 66.6％～80％ 时表示发电机绝缘状况应引起注意，要观察指示值的变化趋势；当指示值超过 80％ 时应引起高度重视，密切观察其与负荷变化的关系，必要时应停机进行检查。

4. 发电机定子接地系统及电压测量系统

大型发电机多为中性点经电抗接地，其目的是减小发电机定子绕组接地时的接地电流，防止进一步扩大故障范围。中性点引出线经发电机接地开关与中性点变压器相连。中性点变压器为双绕组变压器，一次绕组首端接中性点接地开关变压器侧，尾端接地；二次绕组与中性点电阻并联起来，中性点电阻上有抽头，为定子接地保护提供电压信号。

发电机电压测量系统是为运行中保护、监测、调整装置提供电压信号，在发电机出口封闭母线处接电压互感器对发电机定子电压进行测量。350MW 发电机设置两组电压互感器，这两组电压互感器的高压侧均直接接地；300MW 发电机设置三组电压互感器，其中两组电压互感器的高压侧直接接地，另一组高压侧的中性点连接在一起通过高压电缆连至发电机中性点变压器上口，该组互感器为发电机匝间保护装置提供信号。图 3-40 所示为 350MW 发电机定子接地及电压测量系统图，图 3-41 所示为 300MW 发电机定子接地及电压测量系统图。

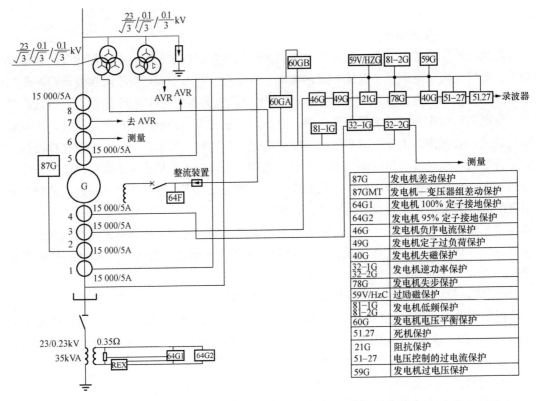

图 3-40　350MW 发电机定子接地及电压测量系统图

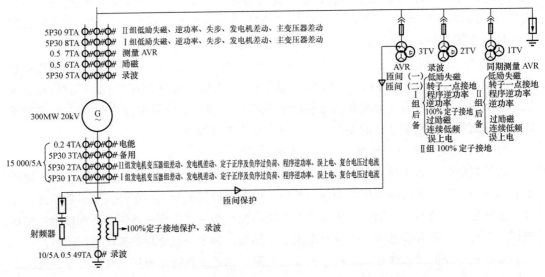

图 3-41　300MW 发电机定子接地及电压测量系统图

5. 发电机大轴接地

发电机在运行中由于气隙不平衡、汽轮机蒸汽摩擦产生静电等原因，其大轴上会产生电压，该电压的长期存在将会使大轴与轴瓦间的油膜击穿，导致轴瓦及大轴表面不平，从而增加大轴及轴瓦的摩擦，引起轴瓦温度升高，直接威胁发电机的安全运行，所以在发电机汽轮侧设置大轴接地装置来保证轴瓦的安全运行。

大轴接地装置有两种，一种是在大轴上安装炭刷使其与大轴接触，同时炭刷的刷辫与地相接使汽侧大轴与地连接。大轴接地炭刷安装时要保证与轴表面轴向及切向垂直，同时在炭刷上还要安装恒压弹簧保证炭刷与大轴接触可靠；另一种是利用铜编织带接地，铜编织带一端与地连接，另一端利用其重力搭在大轴上，同时在铜编织带上压弹簧板保证其与大轴可靠连接。

九、气体系统

1. 概述

氢气系统中的管路可以分为三类，即主管路、辅助管路及排污管路。

主管路由供 H_2 管路和供 CO_2 管路组成。H_2 管路是从 H_2 瓶或制氢站开始沿管路进入发电机内顶部，CO_2 管路是从 CO_2 瓶或 CO_2 罐开始沿管路进入发电机内底部。H_2 比 CO_2 密度小，H_2 出口管道在发电机最顶端，CO_2 出口管道在最底部。

辅助管路是为测量、干燥装置而从发电机内引出的管路，该类管路从发电机内引出经过外接装置后回到发电机内，一侧接发电机内的高压氢区，另一侧接发电机内的低压氢区，利用压差形成循环，否则就要增加风机使氢气循环。

排污管路是在发电机运行中油或水漏入机内后，由这些排污管路排出。同时在充、排氢过程中要从这些管道中将死角中的 H_2 或 CO_2 排至专门引出机房外的管路。这些管路出口一般在发电机内的最低处，如发电机底部、出线盒内套管最低处、氢冷器下部接水盘等处。排污管道引至油水监测仪，保证发电机运行中及时发现漏水、漏油。

发电机运行中要对 H_2 的压力、纯度、湿度等参数进行监测，所以要装设专门的压力表或压力变送器、氢气纯度仪和湿度仪。由于 H_2 在运行过程中受到机内密封油、冷却水或其他因素的影响，湿度会发生变化，需要设置氢气干燥装置对 H_2 进行干燥。

2. 350MW 发电机气体系统

H_2 气源由两路提供，一路是由 8 个 H_2 瓶经过滤器、减压阀至供氢总管；另一路是从制氢站供给，经过滤器、减压阀至供氢总管。H_2 通过供氢总门进入发电机上部。CO_2 气源也分两路，一路是由 12 个 CO_2 瓶至 CO_2 总管，另一路是从 CO_2 罐至 CO_2 总管，CO_2 通过供 CO_2 总门进入发电机底部。两路气源的出口设有安全阀，防止气压过高。供氢总门及供 CO_2 总门下部引出管路并一起引至通向机房外的排污管道。

排污管路共 5 路，第一路为发电机接线盒内 6 只套管最低处排污管道汇合在一起，第二路为发电机励侧底部排污管道，第三路为发电机汽侧底部排污管道，第四路及第五路为两组冷却器处排污管道。第一、二路排污管道接入机 0m 密封油控制盘旁的一个油水监测仪，第三、四、五路排污管道接入机 0m 密封油控制盘旁的另一个油水监测仪，两个油水监测仪出口有一路管道引至通向机房外的排污管道，在管道的底部有阀门供排油水用。当油水监测仪内液位达到规定值后发出报警信号至密封油控制盘。

氢气干燥装置是一个装有硅胶的密封罐（见图 3-42），来自发电机汽侧高压区的气体进入干燥装置将其中的水分吸附，干燥后的氢气回到发电机汽侧低压风区。氢气干燥器配有再生装置，运行中将干燥装置与发电机隔离后，启动装置入口的风机，将空气输入罐内，空气经过罐内的加热器后温度升高将硅胶内的水分蒸发，通过干燥器的排污管路排出，达到再生的目的。一般该气体温度控制在 $175 \sim 210℃$。

氢气系统还配有湿度仪、纯度仪、漏氢监测仪等监测装置。

氢气湿度仪安装在机 6.5m 氢气干燥器旁，其进出口管路与氢气干燥器并联。该装置通过显示 H_2 的露点来表示氢气的湿度。

氢气纯度仪安装在机房 0m 的 CO_2 气瓶旁，见图 3-43。按照管路来源分两个部分，第一部分从机内高、低压氢区分别引出气体，在两路气体管路上安装差压仪用于监测高低压区的氢气差压，一般在 10kPa 左右，同时在低压气体管道上安装压力表及压力变送器，用于监测发电机机内压力，压力变送器信号送至集控电子间氢气控制盘及集控室；第二部分发电机顶部及底部的气体通过管路汇合到一起（正常运行中仅取发电机底部 H_2，顶部取气阀门关闭），送至纯度仪的风机入口，经过风机后通过管路回到发电机底部。风机出入口有管路连接至差压变送器，用于监测风机前后压差，同时在风机入口处安装温度探头、压力变送器，该部分的差压变送器、温度探头、压力变送器均将信号送至集控电子间的氢气控制盘，这些信号通过换算得出 H_2 纯度，分别在集控电子间氢气控制盘和机 0m 密封油控制盘上显示控制 H_2 纯度。

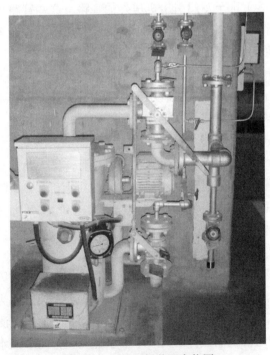

图 3-42　氢气干燥装置实物图

图 3-43　氢气纯度仪实物图

在发电机下部外壳上汽端、励端、引线盒两边分别安装一个氢气探测器，当探测器监测到 H_2 泄漏时，将信号送至机 0m 的密封油系统控制盘。

集控电子间内设氢气控制盘，盘内有 H_2 温度、压力变送器及氢气纯度仪和氢气温度控制器。就地将氢气系统的压力、温度等信号送至该盘内处理后分别送至集控室和机 0m 的密封油控制盘。

在汽机房 0m 密封油站旁设有密封油系统控制盘，该装置上有氢气系统的报警信号及指示装置。盘上报警窗下设有氢气纯度表，盘下部有 4 个氢气泄漏指示报警器，用于指示氢气泄漏量及位置。盘上的报警窗内有 H_2 纯度低、H_2 压力高/低、供氢压力低，以及汽、励侧油水监测仪油位高、氢气纯度计算器异常、氢气温度控制器异常、H_2 泄漏等信号。

3.300MW 发电机气体系统

制氢站出来的氢气经过滤器、减压阀至供氢总管，沿管路进入发电机上部。从 CO_2 罐来的 CO_2 经两组加热器后沿管路进入发电机底部。

排污管路共计 4 路，第一路为发电机出线盒中性点套管处排污管道汇合在一起形成；第二路为发电机出线盒出线套管处排污管道；第三路为发电机励侧底部两根排污管与励侧氢冷器接水盘管道汇合在一起形成；第四路为发电机汽侧底部两根排污管与汽侧氢冷器接水盘管道汇合在一起形成。所有排污管路均接至机 6.5m 汽侧下部的油水监测仪，当油水监测仪内液位达到规定值后发出报警信号至集控室，聚集的油、水可通过油水监测仪下部带有漏斗的排污管道排出。

氢气干燥器采用冷凝式干燥器，共 2 组，分别接至汽、励两侧的高、低压风区，形成自动循环。冷凝式干燥器由冷却器和换热器两部分组成。来自发电机的热 H_2 从入口管道进入换热器，与从氢冷器回到换热器的冷 H_2 进行热交换后被初步降温除湿，而后进入氢冷器。在氢冷器内通过蒸发器管壁与制冷剂进行热交换后被深度冷却充分除湿，然后返回换热器，与发电机来的热湿 H_2 进行热交换被其加热，最后经氢气管道出口回到发电机内。换热器中冷凝析出的水与氢冷器中结的霜通过电加热化霜后的水经排水管进入储水罐，储水罐中水位达到一定高度时，水位控制器发出报警，此时手动开启排污门将水排出。

氢气系统配有纯度仪、湿度仪等装置。为了监测发电机绝缘材料的状况，还接有绝缘过热监测装置。

氢气湿度仪安装在机 6.5m 汽侧氢气干燥器旁，其进出口管路与氢气干燥器管路并联。该装置通过显示氢气的露点来表示氢气的湿度。

氢气纯度仪安装在机 6.5m 励侧氢气干燥器旁，该纯度仪工作原理为热导式，其气体入口与氢气干燥器入口管路相连，经仪器后通过管路排出机房外，所以该纯度仪要消耗一定量的氢气。

为了能及时发现发电机运行中的氢气泄漏，共安装了 8 只氢气探测器，分布在以下部位：发电机三个出线套管与封闭母线连接处安装三只；中性点出线盒处、氢冷器冷却水回水管路上、定子冷却水箱顶部及汽、励两侧空侧回油管路上各安装一只，以上探测器将报警信号送至机 6.5m 励侧下部的漏氢报警仪上。

在供氢管路上还安装了压力表、压力变送器等用于监视供氢管路的压力及机内压力。

十、密封油系统

由于发电机转子在运行中处于高速旋转状态，其转轴与端盖间存在间隙，所以需要一套专门的密封装置将其间隙密封住，防止机内的气体外泄。

大型发电机采用油密封的方式进行密封，其原理是在高速旋转的轴与静止的密封瓦之间注入连续的油流，形成一层油膜封住气体。

以双流环式密封装置为例对密封油系统进行介绍。双环式密封装置包括发电机密封部分、密封油供油单元、密封油箱、密封油控制系统及管阀系统。

350MW 发电机及 300MW 发电机均采用双流环式密封结构。

1. 发电机密封部分

在发电机端盖内侧安装有油密封装置，它由迷宫式密封环及安装在其内的密封瓦组成。在密封瓦内分别通有两路密封油，即氢侧密封油与空侧密封油，两路密封油在运行中压力相同。如图 3-28 所示，两路密封油在密封瓦与转轴间形成各自的密封油膜，这样气体就无法从密封瓦及转轴间流过。靠近外侧的空侧密封油经密封瓦后与轴承的润滑油汇合流回空侧密封油箱，而氢侧密封油经密封瓦后被迷宫式油环导入端盖下部的消泡箱内，在消泡箱内完成氢油分离后，密封油流回氢侧密封油箱，而氢气回到发电机内。

2. 密封油供油单元

密封油分为空侧密封油系统和氢侧密封油系统，它们相互独立运行，其间无油流交换。为了避免两路油混合，必须保证它们之间的油压平衡。

空侧密封油系统从空侧密封油箱取油，经过空侧密封油泵加压后，通过压差调整阀将进入密封瓦的油压调整到高于发电机内部 H_2 压力 0.085MPa，密封油从密封环环面进入，沿密封环径向流向大轴表面向空侧方向流动。流入空侧的密封油与轴承润滑油混合在一起，通过轴承油回油管进入空侧密封油箱。

氢侧密封油系统从氢侧密封油箱取油，经过氢侧密封油泵加压后，通过平衡阀将进入密封瓦的油压与空侧密封油压保持平衡，密封油从密封环侧面进入，沿密封环径向流向大轴表面向氢侧方向流动。该油压与空侧油压相等，不会与空侧密封油混合。流入氢侧的密封油靠重力流入轴承座下部消泡箱，再流入氢侧密封油箱。

密封瓦处产生的热量使油温升高，靠氢侧和空侧密封油回路中的水冷式冷油器进行冷却。在冷油器的出口装有滤油器，将油内的杂质滤去。

空侧密封油系统设置两台密封油泵，一台由交流电动机驱动（以下称交流密封油泵），一台为事故备用由直流电动机驱动（以下称事故密封油泵），正常情况下交流密封油油泵运行。当交流密封油泵停运导致密封油压力与机内压力之差降至 0.06MPa，汽轮机的高压油系统内的油便会通过备用调整阀进入空侧密封油系统来保持密封瓦处的正常油压；若汽轮机高压油没有进入或密封油压力与机内压力之差降至 0.035MPa，此时差压变送器发出信号，同时事故密封油泵启动来保持密封瓦处的正常油压。

在氢侧密封油系统中也配置了两台密封油泵，一台由交流电动机驱动（以下称交流密封油泵），一台为事故备用由直流电动机驱动（以下称事故密封油泵），正常情况下交流密封油泵运行。

3. 油箱及油位调节装置

空侧密封油箱在通往主油箱的管道上设有 U 形回油管，回油管在安装时与油箱所需油位高度一致，保证了空侧密封油箱内油位在一定高度，防止空侧密封油箱缺油或油位过高。同时，在空侧油箱上配备了两台排烟风机（一台运行，一台备用），这是为了将进入空侧密封油箱的少量 H_2 排出，防止在油箱内聚集。

氢侧密封油箱在油箱内设有液位控制系统。油箱内的油位若超过油箱的调节器的中心，油箱内的浮动阀（排油侧）打开，将过剩的油输入空侧密封油路。若油箱内的油位低于调节器的中心，则浮动阀（进油侧）打开，空侧密封油路将会为氢侧密封油箱内补油。

位于端盖下部的消泡箱是氢侧密封油油气分离的容器，其油位通过溢流管来保持。同时在消泡箱上安有高油位报警器，在箱内油位过高时发出报警，提醒运行人员及时干预，以防密封油油位过高溢流至发电机内。

4. 调节阀

空侧密封油系统中的差压调整阀用于将空侧油压维持在高于机内气体压力 0.085MPa 的压力，此阀安装在空侧密封油泵的侧管上，过剩的油通过此阀返回泵的入口侧。若机内压力升高，此阀关闭，从此阀流回泵入口侧的油流减少，从而流往轴瓦的油流增多，压力增大。空侧密封油系统配备一只差压调整阀。

氢侧密封油系统中的平衡阀由于调节氢侧油压，使其与空侧油压保持一致。它是通过引入氢侧油压与空侧油压来调整阀门的开度，控制阀门流量，最终保证空氢两侧油压相同。氢侧密封油系统在汽、励两侧分别配备一只平衡阀。

汽轮机高压油侧备用油路入口处中安装的备用调节阀在密封油压力与机内压力在密封瓦处压力差小于 0.06MPa 时自动打开，维持密封油所需压力。

5. 密封油控制盘

350MW 发电机在机 0m 密封油站旁安装了密封油控制盘，用于密封油系统的控制。在该盘最上部报警窗内为密封油系统的报警信号和部分氢气系统的报警信号。在报警窗下部设置了氢气纯度仪，用于指示机内 H_2 的纯度。纯度仪下方设有两排控制开关，第一排4 个开关分别用于控制氢侧及空侧密封油泵及事故油泵的启停；第二排两个开关，左边为氢气纯度仪风机的控制开关，右边为空侧密封油排烟风机控制开关。以上每个开关上部有三个指示灯，从左往右为绿、白、红，绿色表示设备停运，白色表示控制方式在就地（氢气控制盘上），红色表示设备运行。控制开关下部设有 4 个氢气泄漏指示报警器，用于指示 4 个部位的 H_2 含量并在达到规定时予以报警。盘的最下方为信号确认、复位及试验按钮，密封油控制盘布置见图 3-44，密封油控制盘上的报警窗布置见图 3-45。

十一、定子冷却水系统

发电机的冷却水系统向定子绕组不间断的供水，对定子绕组直接冷却。冷却水系统中配置冷却器、过滤器、离子交换器、定子冷却水箱、定子冷却水泵、阀门及测量控制装置。由于发电机对水质要求严格，所以对冷却水系统的组成部件有特殊要求，即整个水系统的管道、阀门、水箱等必须采取防锈措施，采用不锈钢材料制作。《防止电力生产事故

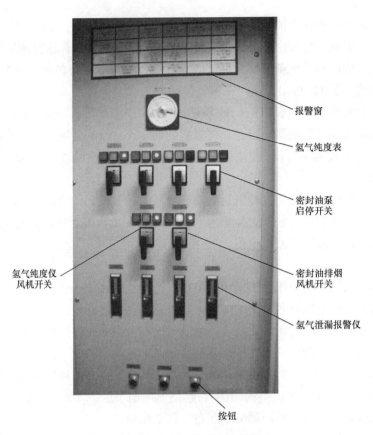

　　报警窗

　　氢气纯度表

　　密封油泵
　　启停开关

氢气纯度仪
风机开关

　　密封油排烟
　　风机开关

　　氢气泄漏报警仪

　　按钮

图 3-44　密封油控制盘布置图

H₂GAS PURITY LOW(氢气纯度低)	WATER DETECTOR EX-SIDE LEVEL HIGH(励侧油水检测仪油位高)	DEFOAMING TANK EX-SIDE OIL LEVEL HIGH(励侧消泡箱油位高)	H₂SIDE SEAL OIL TEMP HIGH(氢侧密封油温度高)	AIR SIDE SEAL OIL TEMP HIGH (空侧密封油温度高)	AIR SIDE EMERG. SEAL OIL PUMP RUNNING(空侧事故密封油泵运行)
H₂GAS PRESS HIGH/LOW(氢气压力高 / 低)	WATER DETECTOR T-SIDE LEVEL HIGH(汽侧油水检测仪油位高)	DEFOAMING TANK T-SIDE OIL LEVEL HIGH(汽侧消泡箱油位高)	H₂SIDE SEAL OIL DIFF.PRESS HIGH(氢侧密封油差压高)	AIR SIDE SEAL OIL PRESS HIGH(空侧密封油压力高)	AIR SIDE EMERG. SEAL OIL PUMP OVERLOAD(空侧事故密封油泵过载)
H₂GAS SUPPLY PRESS LOW(供氢气压力低)	H₂GAS PURITY CALCULATOR ABNORMAL(氢气纯度计算器异常)	H₂SIDE DRAIN REGULATOR OIL LEVEL HIGH/LOW(氢侧密封油箱油位高 / 低)	SEAL OIL DIFF. PRESS LOW(密封油差压低)		H₂SIDE EMERG.SEAL OIL PUMP RUNNING(氢侧事故密封油泵运行)
	H₂GAS TEMP. CONTROLLER ABNORMAL(氢气温度控制器异常)	H₂GAS LEAKGE(氢气泄漏)	SEAL OIL BACK UP HIGH(备用密封油压高)		H₂SIDE EMERG.SEAL OIL PUMP OVERLOAD(氢侧事故密封油泵过载)

图 3-45　密封油控制盘报警窗布置图

的二十五项重点要求及编制释义》要求：定子冷却水系统的密封垫采用聚四氟乙烯垫材料，防止冷却水回路堵塞。

冷却水系统流程简述如下：冷却水箱的水通过冷却水泵升压后进入冷却器冷却，然后经过滤器过滤，冷却水经流量计进入发电机的定子绕组内，被加热后的冷却水经回水管回到冷却水箱，完成一次循环。

为避免发电机内水系统密封性的破坏，导致绕组绝缘受潮，应使内冷水的水压（0.2～0.25MPa）低于发电机机壳内的氢压（0.30MPa）。为防止 H_2 进入定子绕组水系统使内冷水流量降低，内冷水水箱本身具有气水分离作用，把水与氢气分离出来，并通过排氢管路排至大气或地沟。

以 300MW 发电机定子冷却水系统为例对系统中主要装置进行介绍，冷却水系统见图3-46。

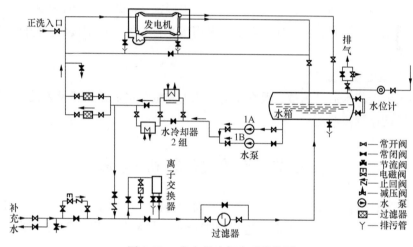

图 3-46　发电机冷却水系统简图

1. 定子冷却水泵

定子冷却水系统装设有两台冷却水泵，其作用是将水压升高，两台泵一台运行、一台备用，防止运行中因水泵损坏造成冷却水断水事故的发生。

2. 水冷却器

系统配置两台冷却器，装设在定子冷却水泵出口，在冷却器散热管外通入开式循环冷却水，散热管内流过定子冷却水，两路水系统进行热量交换，保证定子冷却水的温度满足要求。两台冷却器运行中可以切除一台对外部冷却水管进行清理。

3. 过滤器

系统装设两台过滤器，装在冷却器出口，避免空心导线被冷却水脏污，外壳为不锈钢，滤芯为铜丝布或尼龙布。两台过滤器并联运行，一台运行，一台备用，运行中可以对过滤器滤网进行清理。

4. 离子交换器

由于发电机冷却水在铜芯线棒内高速流动，水内会含有较多的铜离子，使电导率超标，影响发电机的安全运行，所以在定子内冷水系统水冷却器的出口与冷却水泵入口间并接一套离子交换器，保证冷却水的水质。发电机运行期间，将系统水的一小部分流过离子交换器，通过离子交换来降低内部循环水的电导率，以保证良好的水质。

5. 冷却水箱

为保证冷却系统可靠运行，系统中装有一个冷却水箱，用来储存冷却水。水箱充水前要抽真空，然后在水箱上部充氮，防止空气漏入水中，腐蚀铜线。水箱设有化学除盐水和凝结水两路补充水源。水箱装有高水位溢水口，以便在水质不合格时，可以提高水位进行溢流换水，这是在运行中较安全的换水方式，另外在水箱底部还接有底部放水门，也可用于换水或机组停运时彻底放尽余水。水箱设加热装置，可调节发电机的进水温度，防止冷却水温过低引起发电机内结露。

6. 反冲洗系统

反冲洗系统是为方便发电机绕组水路的清理而专门设置的。通过阀门间的切换，将冷却水从汽侧出水管路进水，改变绕组内冷却水的流向，使系统中的杂质能充分冲洗干净。定子反冲洗管管路中增加滤网，防止杂质进入绕组内部。《防止电力生产事故的二十五项重点要求及编制释义》要求：反冲洗系统应采用激光打孔的不锈钢板新型滤网，防止滤网破碎进入绕组。

7. 定子绕组测控装置

系统中设置冷却水流量测量、温度测量、压力测量及水氢差压测量装置，保证运行中对冷却水系统的监测与调整。

第三节 汽轮发电机检修

发电机长期运行，会出现部件磨损老化、紧固件松动和绝缘下降，为了及时发现并消除发电机的隐患和故障，要对发电机进行定期检查、检修等。本节重点介绍发电机的 A 级检修。

一、检修项目

由于发电机的结构不同，检修项目会有所差异，列项时要根据各自的特点，针对性做出检修项目，发电机 A 级检修和 C 级检修标准项目分别见表 3-11 和表 3-12。

表 3-11 发电机 A 级检修标准项目

部位	检修项目
定子	检查端盖、护板、导风板、衬垫
	检查和清扫定子绕组引出线和套管
	检查和清扫铁芯压板、绕组端部绝缘，并检查紧固情况，必要时对绕组端部喷漆
	定子绕组端部动态特性试验
	定子绕组端部手包绝缘表面对地电位（水氢氢汽轮发电机）
	检查、清扫铁芯、槽楔及通风沟处线棒绝缘，必要时更换少量槽楔
	波纹板间隙（或硬度）测量
	水内冷定子绕组进行通水反冲洗及水压、流量试验
	检查、校验测温元件

续表

部位	检修项目
转子	测量空气间隙
	抽出转子，检查和吹扫转子端部绕组，检查转子槽楔、护环、心环、风扇、轴颈及平衡重块
	清理集电环通风孔
	检查、清扫刷架、滑环、引线，必要时打磨或车削滑环
	氢内冷转子进行通风试验和转子大轴中心孔气密试验
	转子大轴中心孔、护环探伤，风扇静、动叶片探伤
冷却系统	氢冷器吊离检查清理，进行密封试验
	水内冷发电机：检查及清理冷却系统，进行水压试验，消除泄漏
	氢冷发电机：检查氢冷器和氢气系统、二氧化碳系统，消除漏气，更换氢冷发电机密封垫；进行发电机的整体气密性试验
其他	检查油管道法兰和励磁机轴承座的绝缘件，必要时更换
	检查、清扫和修理发电机的配电装置、母线、电缆
	检查、校验监测仪表、继电保护装置、控制信号装置和在线监测装置
	电气预防性试验
	发电机外壳油漆
	检查、清扫消防装置

表 3-12 发电机 C 级检修标准项目

部位	检修项目
定子	检查、清扫发电机引出线，从人孔门进入，每年至少检查、清扫一次
转子	检查、清扫发电机集电环、刷架、刷握、引线
冷却系统	氢冷器检查清理，进行氢冷器气密试验
	水内冷发电机：清洗定子冷却水系统中的过滤器，并进行反冲洗
其他	检查是否有螺栓及销子松动
	处理缺陷和其他技术改革、反事故措施项目
	发电机整体气密试验，查找漏气并进行处理
	电气预防性试验

二、检修流程

发电机结构复杂，必须熟知其检修流程，严格按照检修工艺质量标准执行。发电机 A 级检修流程见图 3-47。

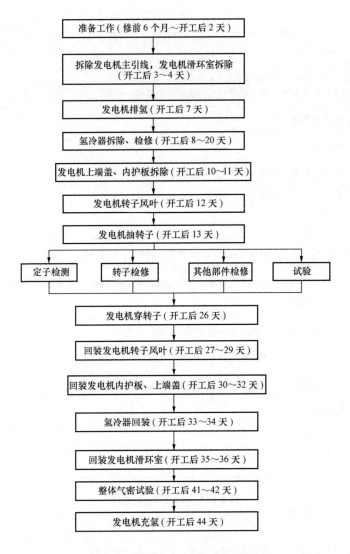

图 3-47　发电机 A 级检修流程图

三、350MW 发电机检修

（一）发电机 A 级检修的备品材料和专用工器具

发电机 A 级检修的备品材料和专用工器具分别见表 3-13 和表 3-14，以及图 3-48 和图 3-49。

表 3-13　　　　　　　　　　　　发电机 A 级检修的备品材料

名称	数量	规格	所属部位
石棉板衬垫	6	t1.5×1500×4500	氢冷器、人孔、密封瓦、油封
密封漆	2	4L/桶	涂在石棉板衬垫上
O 形圈	1	G-140	励侧风轮和转轴之间的密封
密封胶		4.5kg/桶	端盖、轴承

续表

名称	数量	规格	所属部位
氯丁橡胶衬垫	4	L3678	氢冷器风路密封
	2	L535	
	6	Neoprene(氯丁橡胶)t3-185×220	风室隔板底部支撑
闭锁螺杆	12	AG85219	锁死动风叶用
纤维棒	4	t10-50×200	安装鼓风机动、静风叶时用
动叶片底部密封胶条	12	silicon rubber(硅橡胶)7.5×10-760	动叶片底部使用
		silicon rubber(硅橡胶)7.5×10-75	
滑环导线套筒	32	Ag19183-2	滑环导线螺栓锁死用
静叶片密封盘	16	PBS-H t0.8-12×1100	静叶片底部使用
动叶片密封盘	12	sk-5 t0.8-12×760	动叶片底部使用
动叶片密封盘	12	sk-5 t0.8-12×75	动叶片底部使用
扁平螺杆	134	M5×12	氢冷器密封条安装用
闭锁盘	2	AM11193-1	导电螺钉的下螺母闭锁
胶垫	4	3t-ϕ35×ϕ12	氢冷器排空阀密封用
接管	16	TH1060A	注胶口密封
套筒	6	ag19183-3	锁死风轮固定螺栓用
制动器	12	AN15377-5	动叶片锁死用
闭锁密封	1	SCREW	锁紧螺栓用
黏合剂	2	ALTECO (安特固)(ACE-EE)20CC	安装鼓风机动静风叶时用
滑环室门衬垫	4	1122mm	滑环室门密封用
		426mm	滑环室门密封用
风道密封条	1	8m	滑环室门密封用
		5.6m	滑环室风道连接密封用
静叶片密封橡胶	16	silicon rubber(硅橡胶)7.5×10-1100	静叶片底部使用
导风罩密封条	1	5000L	导风罩外壳密封
橡胶圈	8	G-1 6B	氢冷器进出水管接头
隔膜	2	AL34046-1	氢冷器顶部钢垫
处理剂		KPB-40 250g	风扇动静叶片清理

表 3-14　　　　　　　　　　发电机 A 级检修的必备专用工器具

工器具名称	数量	用途
钢丝绳	1	起吊转子用
T 形吊具	2	拆装氢冷器用

续表

工器具名称	数量	用途
加热棒	4	拆装端盖热紧螺栓用
弓形吊具	1	吊装静叶毂用
卡环	8	拆装静叶毂用
吊耳	4	拆装下端盖、抽穿转子用
轴头吊具	1	抽穿转子用
垫块	6	抽穿转子用
氯丁橡胶板	1	抽穿转子用
弧形滑板		
轴颈滑块		
本体滑板		
本体滑块	3	
硬度仪	1	测量槽楔硬度用
注胶枪		端盖注密封胶
导向杆	2	穿氢冷器时导向用
力矩扳手		紧固端盖、氢冷器螺栓用
密封垫制作模板	1套	制作密封垫
倒链	4	悬吊励侧下端盖及穿转子用
$\phi36$ 吊耳	2	穿转子时的拉点
框式水平仪	1	抽穿转子时找水平用
游标卡尺		测量动风叶间隙用
塞尺		测量间隙用
大气压力表		风压试验用
氢冷器小气密试验用堵头及压力表	2	氢冷器小气密试验用
卤素检漏仪	1	发电机气密试验时检漏
导电螺钉专用套筒	2	紧固导电螺钉用

（二）发电机抽转子前的工作

发电机检修前期工作包括拆除发电机各方连接、修前试验、拆除滑环室和氢冷器等。发电机拆装结构见图 3-50。具体按工作步骤如下：

（1）拆除发电机各连接部分。拆开发电机主引线及中性点软连接部分，将螺栓、螺母及软连接线放置到规定地点、拆卸不得损伤接触面，要将工具用白布带系牢，防止掉落砸坏绝缘子。

（2）发电机排氢。排氢后在来氢母管法兰处加堵板，并打开发电机上部两侧人孔通风。

（3）通知汽机专业人员拆除发电机与汽轮机联轴器及氢冷器进水管。

（4）进行发电机修前试验。

1）定子绕组的绝缘电阻、吸收比或极化指数。

图 3-48　350MW 发电机 A 级检修备品材料实物图（一）

（a）O 形圈；（b）氯丁橡胶衬垫；（c）氯丁橡胶衬垫；（d）密封漆；（e）密封胶；（f）闭锁螺杆；

（g）纤维棒；（h）动叶片底部密封胶条；（i）滑环导线套筒；（j）静叶片密封盘；（k）动叶片密封盘；

（l）扁平螺杆；（m）闭锁盘；（n）胶垫；（o）接管；（p）套筒

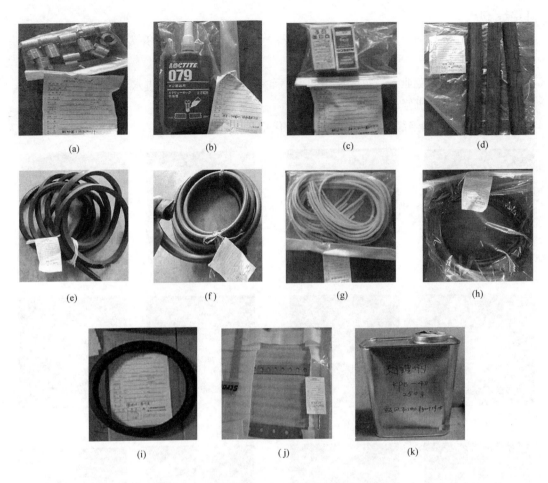

图 3-48 350MW 发电机 A 级检修备品材料实物图（二）

（a）制动器；（b）闭锁密封；（c）黏合剂；（d）滑环室门衬垫；（e）滑环室门衬垫；（f）风道密封条；
（g）静叶片底部密封橡胶；（h）导风罩密封条；（i）橡胶圈；（j）隔膜；（k）处理剂

2）定子绕组的泄漏电流和直流耐压。

3）定子绕组交流耐压。

4）定子绕组直流电阻。

（5）发电机滑环室拆除。

1）通知热工拆除滑环室内滑环出、入口风测温元件，通知继电保护班拆除刷架上转子温度转换器接线（79A、79B），用医用胶布堵住有关孔洞；拆除照明电源插头。

2）拆除滑环室固定螺栓，用行车吊放在规定地点；清扫滑环室及滤网表面卫生，检查滑环室门把手、铰链、闭锁装置及密封胶条完好，检查吸音材料、室顶排风口斜挡板完整、干净，表面油漆完整，如有缺陷进行处理。

3）拆除励磁刷架。取出所有刷握内的炭刷，用塞尺测量正、负极刷架边缘两列刷握与滑环的间隙并记录，拆除正、负极刷架间的风道盖板，拆除刷架及地脚螺栓，拆除发电机励磁引线，用行车分别将每半边刷架吊放到规定地点。拆除转子风轮（保存好密封圈）。

图 3-49　350MW 发电机 A 级检修专用工器具实物图

（a）集电环导电螺钉专用套筒；（b）转子导电螺钉套筒；（c）注胶枪；（d）T 形吊具；

（e）轴头吊具；（f）卡环；（g）吊耳；（h）氢冷器小气密试验用堵头及压力表；

（i）轴颈滑块；（j）弧形滑板；（k）本体滑板和本体滑块组合；（l）垫块

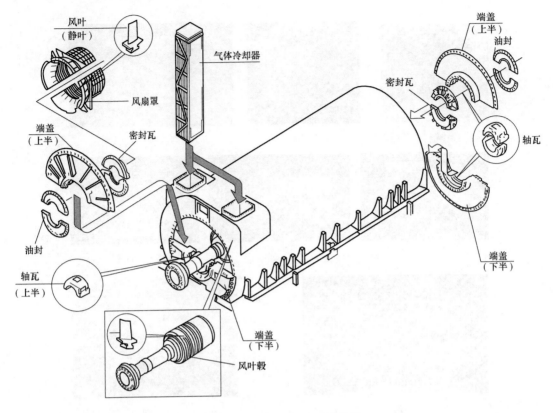

图 3-50　发电机检修拆装结构图

4）拆除滑环室座，用行车吊放到规定地点。

（6）拆除氢冷器。首先将氢冷器上部水室全部拆除，将专用吊具安装在氢冷器管板上。顶丝下应垫专用钢板，防止顶丝压坏氢冷器法兰框，然后拆下水室盖，用顶丝将氢冷器整体提升约 2cm 后，用行车依次吊走两台氢冷器。

（7）通知热工拆除发电机轴瓦上的测量引线；通知汽机专业人员拆除汽、励侧端盖的油管连接，拆除两端轴瓦油挡，拆除上密封瓦壳与上端盖之间的螺栓。

（三）拆除发电机风扇

（1）拆除上端盖。

1）从氢冷器安装孔进入发电机内部，拆除风区隔板上的人孔盖板，进入发电机汽侧绕组端部，测量并记录风扇各部位间隙。

2）拆除励侧端盖上方的人孔盖板，进入发电机内部，测量气隙隔板与转子护环间隙，定、转子间间隙。并拆除励端上、下端盖间的 2 个定位销，再用 $\phi 14 \times 350mm$ 螺栓加热器加热 2 个热紧螺栓，约 120℃ 时，将其拆除。

3）拆除风扇罩与汽端上端盖之间的螺栓，使之与汽端上端盖脱离，拆除汽端上端盖与隔板支架间的 2 个连接螺栓以及上、下端盖间的 2 个连接螺栓。

4）用 $\phi 15 \times 1500mm$ 螺栓加热器加热两端端盖外侧的热紧螺栓，约 120℃，并将其拆除。拆除两端上端盖的所有螺栓，吊走两端的上端盖。

（2）拆除汽、励两端端部附件，包括气隙隔板、风区隔板等。

（3）拆除动风叶、风扇罩（见图 3-51）。汽端动风叶 3 排，静风叶分 4 排与动风叶间隔排列固定在风扇罩内，风扇罩圆周分成 4 个等分，上、下、左、右固定在支持架上。拆叶片时，要依以下程序进行，以避免碰伤动、静叶片。

1）用弓形专用吊具连接好最上面的 1/4 风扇罩，拆卸其与左右两侧风扇罩的连接螺栓及定位销，缓慢提升直至动、静叶片完全脱开为止，吊离上部 1/4 风扇罩。

2）盘动发电机转子，使动叶毂上的风叶装入孔 A-1 到达上面垂直位置（见图 3-51），露出一半扇面 1 和扇面 4 的动风叶；取下装入孔中的止动螺钉及锁片，将动风叶做好标记后拆除扇面 1 和扇面 4 的半数动风叶，放入专用的保存箱；继续盘动发电机转子 90°，依次使装入孔 A-2、A-3、A-4 到达上面的垂直位置，拆除所有的动风叶。

3）把 8 个专用卡环分 2 列依次沿动风叶槽滑入并用螺栓连接起来，使卡环凸台上方螺纹与风扇罩的固定孔对应，把风扇罩固定在卡环上。每组专用卡环由 4 部分组成，2 组卡环分别装在第 1、2 排静风叶之间和第 3、4 排静风叶之间。这样使风扇罩、卡环、转子连成一个整体。

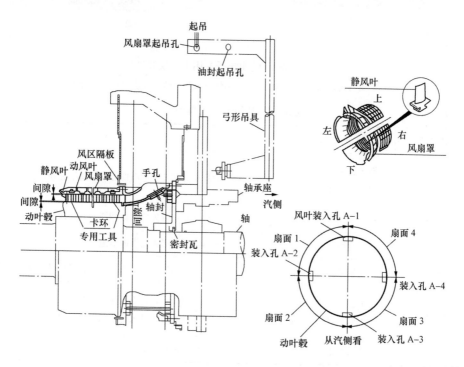

图 3-51 风扇拆装图

4）拆除下端盖支持架和风扇罩的固定螺栓，盘动转子 90°，风扇罩随卡环和转子一起转动，分别使左侧、下面、右侧 1/4 风扇罩到达上部，松开卡环和 1/4 风扇罩的固定螺栓以及相邻风扇罩的固定螺栓，依次按照步骤 1）的方法拆除全部风扇罩。

（4）最后盘动转子使大齿处于垂直位置。

（四）发电机抽转子

发电机抽转子专用工具见图 3-52，其用途见表 3-15。

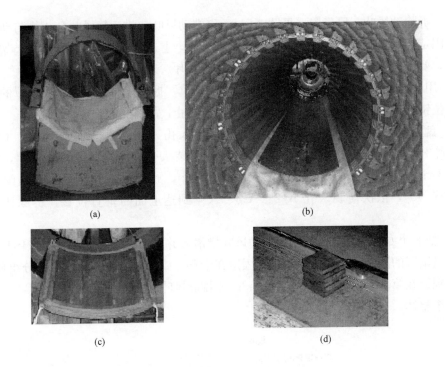

图 3-52　发电机抽转子专用工具实物图

(a) 轴颈滑块；(b) 弧形滑板；(c) 本体滑板和本体滑块组合；(d) 垫块

表 3-15　　　　　　　　　　　发电机抽转子专用工具用途

专用工具名称	放置部位	用途
垫块	转子正下方 离励端护环约 150mm	抬高和支撑转子，以便行车吊离下瓦和瓦枕
氯丁橡胶板	铁芯上面	保护铁芯，避免弧形板和铁芯直接接触
弧形滑板	氯丁橡胶板上面	给本体滑板提供光滑的滑道
轴颈滑块	汽侧轴颈上	从转子轴颈进入定子膛内后为转子提供滑动支撑
本体滑板	弧形板上 离汽侧护环约 150mm	(1) 支撑转子，拆除汽侧下瓦和瓦枕。 (2) 在轴颈滑块进入定子膛内前支撑转子并滑动
本体滑块	本体滑板上	与本体滑块组合支撑转子滑动

(1) 用行车将励端转子抬高后拆除励侧轴瓦，见图 3-53。

(2) 装入氯丁橡胶板和弧形滑板，见图 3-54。

用两个倒链将装在励侧端部的吊钩和端盖上的吊耳连接起来，使倒链受力后拆除励端下端盖螺栓，下放端盖 530mm 左右，随后依次将氯丁橡胶板和弧形滑板放入膛内铁芯上。在转子轴头安装轴头吊具以备抽转子时使用。

(3) 垫上垫块和本体滑块，拆除汽侧轴瓦，见图 3-55。

将本体滑板挡边向励侧方向放入励侧，距铁芯端部 100mm 左右，再将 3 块本体滑块

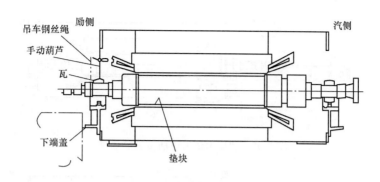

图 3-53 拆除发电机励侧轴瓦结构图

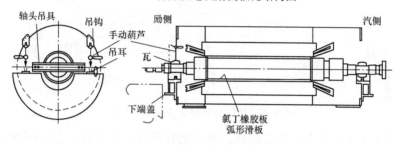

图 3-54 装入氯丁橡胶板和弧形滑板结构图

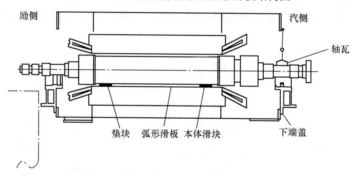

图 3-55 拆除汽侧轴瓦结构图

放在本体滑板上,然后将其整体放在汽侧距铁芯端部 150mm 左右的位置上;再将 6 个垫块分两层置在励侧,指挥行车使励侧大轴落下,这时汽侧下瓦与轴颈脱离,拆除汽侧轴瓦。

(4)抽转子。如图 3-56 所示,将轴颈滑块反面朝上安装在汽端轴颈处;行车将转子励侧稍稍抬起,取出励侧垫块,调整好定、转子间隙,同时指挥拉动挂在地锚和轴头吊具上的两个倒链使转子在弧形滑板上滑动,行车跟进。当轴颈滑块快进入定子膛内时,将轴颈滑块翻转 180°,使其滑动面向下,固定在轴颈上;继续拉动倒链直至轴颈滑块进入汽端定子膛内 200mm 左右时停止。

用行车将转子励端再次尽量抬高,使轴颈滑块受力,本体滑块脱离转子,见图 3-57。然后将本体滑板和本体滑块拉出,拉动倒链抽转子,直至轴颈滑块距励端定子端部铁芯 200mm 时,停止拉倒链。

将枕木垫在靠近励端的转子本体下面(注意枕木要放在钢梁上,不能放在网格板上),

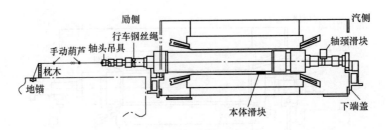

图 3-56　使用本体滑块抽转子示意图

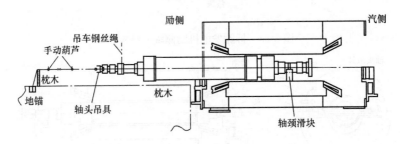

图 3-57　使用轴颈滑块抽转子示意图

落下行车将转子落在枕木上，拆除倒链；用毛毡分别绑扎在距转子重心两侧 1m 的地方，然后把起吊用的钢丝绳缠绕好，调整钢丝绳位置，直到转子水平为止，见图 3-58；转子轴头两端稳住转子，起重负责人指挥吊车缓慢行走，使转子完全抽出定子腔，放在准备好的支架上。

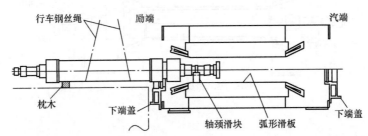

图 3-58　使用行车抽出转子示意图

（5）吊离励侧下端盖，拆除滑块及轴头吊具，抽出定子腔内的弧形滑板及氯丁橡胶板，在发电机腔内铺 3mm 厚的耐油胶皮，并用篷布将定子两端口盖好，再用篷布将转子盖好。

（五）定子检修内容

（1）定子铁芯检修。

1）检查硅钢片无变形。

2）检查铁芯表面无锈斑或氧化铁粉末。

3）检查铁芯无机械损伤及过热痕迹，检查铁齿叠片无松弛或局部过热的部位。

4）定子铁芯经吹扫、清理后，应清洁，无灰尘及粉末。检查通风道应畅通。检查铁芯两端压圈等紧固良好，阶梯状叠片应无松动、过热、折断等情况。

（2）定子绕组检修。

1）检查定子绕组端部无变形、绝缘无老化、变色，绑线无松动、脆裂，垫块无松动。

2）检查槽口定子绕组的固定情况、防晕层磨损情况。

3）绕组直线部分在退打槽楔时进行检查。

4）检查空心导线端部并进行吹扫，检查导风罩无变形。

5）检查定子槽楔无松动及损坏现象，并测量定子槽楔的硬度。

6）检查弓形引线的固定情况。

7）做定子绕组端部动态特性试验。

（3）检查测温元件。

（4）检查定子端盖各结合面和密封槽。

（5）弹性钢板检修。检查弹性钢板无松动。

（六）转子检修内容

（1）检查滑环紧固和绝缘情况，清理滑环及通风孔的炭粉。

（2）检查护环紧固、腐蚀、裂纹情况，并做探伤。

（3）检查转子中心孔和转子铁芯过热情况。

（4）检查转子槽楔的松紧度和损伤情况。

（5）检查转子通风孔槽楔下的转子绕组绝缘无过热现象。

（6）检查转子导电螺钉表面的镀银层、密封垫及紧固情况。

（7）做转子通风、转子中心孔气密试验。

（8）动、静风叶探伤。

（七）其他部件的检修内容

（1）氢冷器检修。

1）检查管束泄漏和腐蚀情况。

2）检查水室腐蚀情况。

3）检查各结合面密封情况。

（2）发电机出线检修。

1）检查发电机引出线绝缘、表面绝缘漆膜、绝缘子情况。

2）检查发电机出线盒的引出线软连接、镀层结合面情况。

3）检查出线螺栓的紧固情况。

（3）发电机瓦枕检修。检查发电机瓦枕绝缘。

（八）发电机预防性试验内容

（1）定子绕组的直流电阻。

（2）定子绕组的绝缘电阻。

（3）转子绕组的绝缘电阻。

（4）转子绕组的直流电阻。

（5）发电机轴承的绝缘电阻。

（6）转子绕组的交流阻抗和功率损耗。

（7）检查温度计的绝缘电阻和温度误差。

（8）定子绕组端部的动态特性。

(9) 定子绕组的泄漏电流和直流耐压。

(10) 定子绕组的交流耐压。

（九）发电机穿转子

1. 穿转子前的工作

将氯丁橡胶板和弧形滑板依次放入定子膛内，用行车将励侧下端盖吊到位，用两个倒链将其吊在励侧端部的吊钩上（见图 3-59），使其比原位置低 530mm 左右，安装转子轴头吊具，见图 3-60。

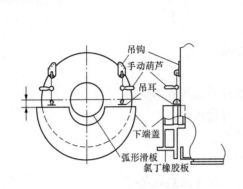
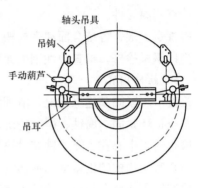

图 3-59　励侧下端盖起吊位置图　　　　图 3-60　安装转子轴头吊具结构图

2. 穿转子

用毛毡分别绑扎在距转子重心两端 1m 的地方，然后把起吊用的钢丝绳缠绕好，调整钢丝绳位置，直到转子水平为止。起吊并移动转子至发电机轴线位置，调整定、转子间隙，使其缓慢穿入定子膛内，直至吊转子的钢丝绳接近定子外壳时，行车停止行走。使用行车穿转子见图 3-61。

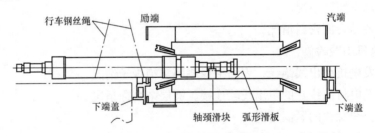

图 3-61　使用行车穿转子示意图

如图 3-62 所示，在转子励端本体大齿位置垫适当高度的枕木落下大轴，拆除转子钢丝绳及保护用的毛毡，再次检查转子各通风孔无堵塞后，用行车在励端轴头的位置吊起转子。将两个 5t 的倒链挂在轴头吊具和定子端盖吊环之间，并让倒链受力，调整转子水平和定、转子间隙，均匀拉动两个倒链并指挥行车同步跟进，直至轴颈滑块即将离开弧形滑板时停止。

稍微松开倒链，指挥行车将转子励端轴头尽量抬起，为本体滑板垫上 3 块本体滑块，将本体滑板送至汽侧护环 150mm 处，将转子励端下降一定高度，轴颈滑块脱离弧形滑板，使本体滑块受力，继续拉动倒链，当轴颈滑块离开绕组端部时，停止拉动，

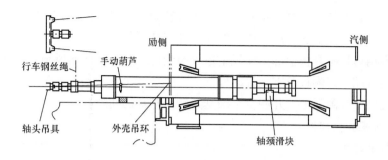

图 3-62　使用轴颈滑块穿转子示意图

将轴颈滑块翻至上面并固定好，继续拉动倒链，直至转子穿到位。使用本体滑块穿转子见图 3-63。

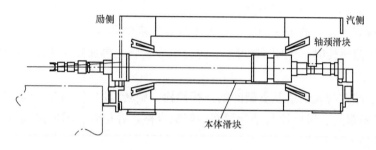

图 3-63　使用本体滑块穿转子示意图

3. 安装汽侧轴瓦

指挥行车使大轴励侧抬高，将 6 块小垫块放在励端，落下大轴，拆除轴颈滑块，汽机专业人员安装汽端瓦枕、下轴瓦。

4. 取出弧形滑板等

指挥行车使大轴励侧抬高，使汽侧下瓦受力，取出 6 个垫块、本体滑板、弧形滑板、氯丁橡胶板。

5. 安装励侧下端盖及轴瓦

提升励端下端盖恢复到安装位置，拧紧固定螺栓及端盖定位销，见图 3-60。汽机专业人员回装励端瓦枕及下轴瓦，将转子励侧落在励侧轴瓦上。

6. 拆除轴头吊具、端盖吊钩、吊耳等

（十）安装动风叶和风扇罩

（1）将专用卡环分两列固定在动叶毂上。

（2）用专用弓形吊具将右侧 1/4 风扇罩安装在卡环上，向左将转子旋转 90°，将下部 1/4 风扇罩安装到卡环上，再向左将转子旋转 90°，将左侧 1/4 风扇罩安装到卡环上，继续向左将转子旋转 90°，使左、右侧及下部风扇罩均恢复原位。

（3）安装左、右侧及下部静风扇罩之间的螺栓和定位销以及风扇罩与下端盖间的螺栓。

（4）拆除卡环，调整静叶与动叶毂之间的间隙。

（5）旋转发电机转子，使装入孔 A-1 到达上面的垂直位置，将硅烷橡胶支板和金属支板黏合后，粘在动叶毂槽内。沿装入孔按标记将动风叶装入外露的半侧扇面 1 和扇面 4

上，安装制动螺钉和锁片。继续将发电机转子旋转 90°，依次使装入孔 A-2、A-3、A-4 到达上面的垂直位置，按上述方法将所有的动风叶安装到位。

（6）用专用弓形吊具将上部 1/4 风扇罩安装到位，并与两侧的风扇罩连接。

（7）安装汽端风区隔板及支架等附件。

（8）安装励侧气隙隔板，并测量记录其与转子护环的间隙。

（十一）回装其他部件

（1）回装上端盖。

1）清理端盖密封槽，装入密封胶。

2）人员提前进入发电机励侧内，然后将励侧上端盖吊到安装位置。

3）安装励侧上、下端盖间的定位销及上端盖外部的螺栓。

4）将汽侧上端盖吊到安装位置。

5）安装汽侧上、下端盖间的定位销及上端盖外部的螺栓。

6）安装热紧螺栓时，先用 750N·m 的力矩冷紧后，再加热至 120℃，然后将热紧螺栓的螺母旋紧 120°。

7）安装上端盖与风扇罩及支架间的连接螺栓。旋转风扇罩下方的顶丝调整风扇间隙，使动风叶与风扇罩间、风扇罩与动叶毂间的间隙合格，并记录。紧固风扇罩与端盖间的螺栓，恢复挡风板上的人孔。

（2）回装氢冷器，进行气密试验。

（3）进行修后电气试验。

1）定子绕组的绝缘电阻、吸收比或极化指数。

2）定子绕组的泄漏电流和直流耐压。

3）定子绕组的直流电阻。

（4）汽机专业人员进行轴系找正，连接联轴器，安装上轴瓦及瓦盖等。

（5）滑环室安装。

1）安装滑环室基座。

2）安装刷架，调整间隙均匀，检查刷握间隙及压力。

3）安装转子风轮。

4）安装滑环室，回装有关热工元件、转子温度测量线。

（6）发电机整体气密试验。

（7）发电机充氢。

四、300MW 发电机检修

（一）发电机 A 级检修的备品材料和专用工器具

发电机 A 级检修的备品材料和专用工器具分别见表 3-16 和表 3-17。

表 3-16　　　　　　　　　　　发电机 A 级检修的备品材料

名称	数量	规格	所属部位
耐油胶皮	300kg	$\delta=3$、4、5mm	氢冷器、人孔
密封胶	15kg	HDJ892	端盖、出线盒、冷却器

续表

名称	数量	规格	所属部位
绝缘引水管	10 套	—	发电机定子绕组端部
涤波绳	100m	$\phi3$	绝缘引水管接头
绝缘管	36 根	05D8834	外挡油盖
绝缘垫圈	36 个	05D8818	
刷盒	10 个	—	发电机刷架

表 3-17 发电机 A 级检修的专用工器具

工器具名称	数量	用途
钢丝绳	1	起吊转子用
加热棒	4	拆装热紧螺栓用
吊耳	3	拆装下端盖、抽穿转子用
转子支撑工具	2	抽穿转子用
轴头吊具	1	
铁芯保护工具	1	
轴颈滑块	1	
弧形滑板	1	
本体滑块	2	
转子保护工具	3	
注胶枪	3	端盖、出线盒、冷却器密封注胶用
硬度仪	1	测量槽楔硬度用

（二）发电机抽转子前的工作

（1）拆除发电机与外部连接。拆开发电机主引线及中性点软连接部分，将螺栓、螺母及软连接放至规定地点，拆卸时不得损伤接触面、砸坏绝缘子。

（2）发电机排氢后在氢气母管法兰处加堵板，打开发电机上部两侧人孔通风。

（3）汽机专业人员拆除发电机与汽轮机联轴器，拆除氢冷器进水管的连接。对发电机内的冷水进行反冲洗。

（4）进行发电机修前试验。

1）定子绕组的绝缘电阻、吸收比或极化指数。

2）定子绕组的泄漏电流和直流耐压。

3）定子绕组的交流耐压。

4）定子绕组的直流电阻。

（5）发电机滑环室拆除。

1）拆除刷架上转子温度转换器的接线。

2）拆除滑环室固定螺栓，将滑环室放至指定地点。

3）拆除励磁刷架。取出所有刷握内的刷盒，用塞尺测量正、负极刷架与滑环的间隙并记录，拆除刷架及地脚螺栓，拆除发电机励磁引线，将刷架放至指定地点。

4）拆除滑环室底座螺栓和风道连接螺栓，将其放至指定地点。

（6）拆除氢冷器。首先将氢冷器两边水室全部拆除，然后松开氢冷器固定顶丝，以氢冷器进出水管侧的门形架子做吊点拉出氢冷器，将氢冷器放至指定地点。

（7）拆除发电机轴瓦上的测量引线，汽、励侧端盖油管的连接，两端轴瓦的油挡，上密封瓦盖与上端盖之间的螺栓。

（8）加热端盖中缝螺栓并拆除，拆除上端盖固定螺栓及上端盖。

（9）拆除转子汽、励两侧风叶。

1）测量汽、励两侧导风环与风叶的轴向和径向间隙。

2）在汽、励两侧机座与内护板上做好标记。

3）拆除汽、励两侧内护板及导风环的中部连接螺栓。

4）拆除汽、励两侧上半内护板及导风环。

5）拆除汽、励两侧下半导风环和下半内护板。

6）拆除汽、励两侧风扇叶片，在风扇和风扇座上做好标记。

（10）测量气隙隔板与转子护环间隙以及定、转子间隙，并将气隙隔板拆除。

（三）发电机抽转子

抽穿转子的专用工具见图3-64。

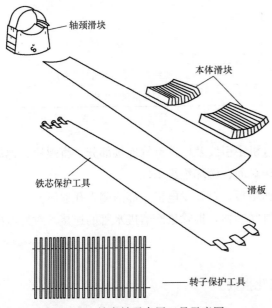

图3-64 抽穿转子专用工具示意图

（1）抽转子前准备工作。将汽轮机低压内缸吊至发电机正北方作为抽转子水平钢丝绳的拉点，将发电机转子大齿转到与地面垂直，旋紧定位筋8个支撑螺栓并用螺帽锁死。

（2）拆除汽、励两侧的轴瓦。从汽侧联轴器处吊起转子，装好转子支撑工具（见图3-65）将转子放下，取下汽侧轴承下瓦及瓦衬，使转子重量移到转子支撑工具上，从励侧吊起转子，装好转子支撑工具将转子放下，取下励侧轴承下瓦及瓦衬。

（3）放入铁芯保护工具和弧形滑板。吊起励侧转子，拆除励侧转子支撑工具，用两个倒链将装在励侧端部的吊耳和端盖上的吊耳连接起来，倒链受力后拆除励端下端盖螺栓，下落端盖550mm左右（见图3-66），依次将铁芯保护工具和弧形滑板放入定子膛内。

（4）抽转子。将轴颈滑块圆弧凸面向上安装在汽端轴径处，将转子汽、励两侧用行车吊起（见图3-67），同步缓慢向励侧移动，并保证定、转子间隙均匀，转子汽侧钢丝绳靠近机座25mm处时停止移动。

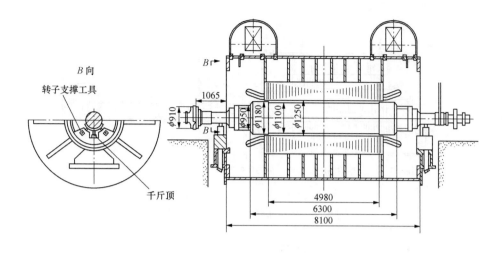

图 3-65 转子支撑工具尺寸图

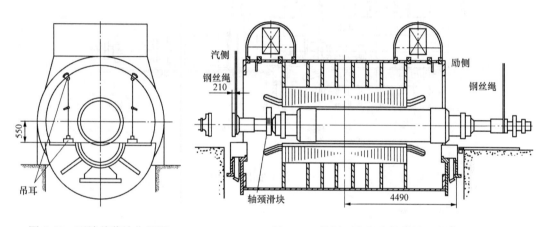

图 3-66 下端盖落放位置图 　　　　图 3-67 使用两台行车抽转子示意图

　　指挥行车使转子励侧抬高，将本体滑块从励侧送入距汽端护环边缘约 760mm 处，降低转子汽侧，使转子汽端重量移到滑块上，拆下汽侧钢丝绳。用倒链将汽轮机低压内缸和转子轴头吊具连接好，拉动倒链，缓慢移动转子，励侧行车同步移动，见图 3-68。待轴颈滑块接近弧形滑板的边缘时，翻转轴颈滑块使其圆弧凸面垂直向下，继续移动转子，汽端轴颈滑块进入定子膛接近滑板时，降低转子励侧，使轴颈滑块压上弧形滑板，拉动倒链，直至轴颈滑块完全进入滑板后停止拉动。

　　指挥行车使转子励侧抬高，让轴颈滑块受力，从励侧拉出本体滑块。降低励侧使转子水平，拉动倒链，当轴颈滑块接近弧形滑板励侧边缘时停止。

　　在转子励侧轴颈下面垫上枕木，将转子落在枕木上。拆除倒链，将转子保护工具分别绑扎在距转子重心约 1m 的地方，缠绕好起吊用的钢丝绳（见图 3-69），调整钢丝绳位置，直到转子水平为止。稳住转子，指挥行车缓慢移动，使转子完全抽出放在支架上。

　　（5）拆除轴颈滑块及轴头吊具，抽出定子膛内的弧形滑板及铁芯保护工具，在发电机膛内铺 3mm 厚的胶皮。用篷布分别将定子两端口及转子盖好。

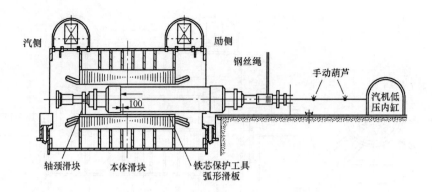

图 3-68　使用本体滑块抽转子示意图

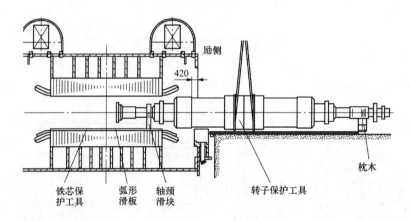

图 3-69　转子抽出示意图

（四）定子检修内容

（1）定子铁芯检修。

1）检查硅钢片无变形。

2）检查铁芯表面无锈斑或氧化铁粉末。

3）检查铁芯无机械损伤及过热痕迹，检查铁齿叠片无松弛或局部过热的部位。

4）吹扫、清理定子铁芯。检查通风道应畅通。检查铁芯两端压圈等紧固良好，阶梯状叠片应无松动、过热、折断等情况。

（2）定子绕组检修。

1）检查定子两端绕组无变形、绝缘无老化、变色。绑线无松动、脆裂，垫块无松动。

2）检查槽口定子绕组的固定情况、防晕层的磨损情况。

3）绕组直线部分在退打槽楔时进行检查。

4）清理绝缘引水管、汇水管表面，做定子绕组冷却水管水压试验和水分路流量测试。

5）检查定子槽楔。检查槽楔无松动及损坏现象，测量定子槽楔弹性波纹板孔深度。

6）检查风区隔板的紧固和老化情况。

7）检查弓形引线的固定情况。

（3）检查测温元件。

（4）检查定子端盖结合面和密封槽。

（5）弹性定位筋固定螺栓紧固。

（五）转子检修

（1）检查护环紧固、腐蚀、裂纹情况，并做探伤。

（2）检查转子铁芯中心孔和铁芯过热情况。

（3）检查转子槽楔松紧度和损伤情况。

（4）检查转子通风孔楔下转子绕组绝缘无过热现象。

（5）检查滑环绝缘情况，清理滑环及通风孔的碳粉。

（6）检查转子导电螺钉表面的镀银层、密封垫。

（7）做转子通风和中心孔气密试验。

（六）其他部件的检修

（1）氢冷器检修。

1）检查管束泄漏和腐蚀情况。

2）检查水室腐蚀情况。

3）检查接合面密封情况。

（2）发电机出线检修。

1）检查发电机引出线绝缘、表面绝缘漆膜、套管情况。

2）检查发电机引出线软连接、镀层结合面情况。

3）检查出线螺栓紧固情况。

（3）检查发电机瓦枕绝缘。

（4）发电机预防性试验。

1）定子绕组的直流电阻。

2）转子绕组的绝缘电阻。

3）转子绕组的直流电阻。

4）发电机轴承的绝缘电阻。

5）转子绕组的交流阻抗和功率损耗。

6）检查温度计的绝缘电阻和温度误差。

7）定子绕组端部的动态特性。

8）定子绕组端部手包绝缘表面对地电位。

9）定子绕组内冷水分路流量测试。

（七）穿转子

（1）准备工作。确认大齿处于垂直位置，检查定位筋8个支撑螺栓紧固，将铁芯保护工具和弧形滑板依次放入定子腔内，将励侧下端盖放至励侧，用两个倒链将装在本体的吊钩和端盖上的吊耳连接起来，低于中心位置550mm左右，安装转子轴头吊具和轴颈滑块。

（2）穿转子。将转子保护工具绑扎在转子重心两侧约1m处，把起吊用的钢丝绳缠绕好，调整位置，直到转子水平为止，起吊并移动转子至发电机轴线位置，调整定、转子间隙，缓慢将汽侧轴颈滑块送上弧形滑板，当钢丝绳接近定子外壳时，行车停止移动。

如图 3-70 所示，在转子励侧本体大齿位置垫枕木放下转子，拆除转子钢丝绳及转子保护工具，在励端轴颈处吊起转子，将两个 5t 倒链挂在轴头吊具和定子外壳吊耳之间，让倒链受力，调整好转子水平和定、转子间隙，均匀拉动两个倒链并要求行车同步，直至轴颈滑块接近弧形滑板边缘时停止。

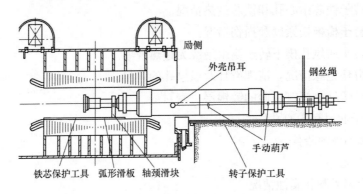

图 3-70　使用轴颈滑块穿转子示意图

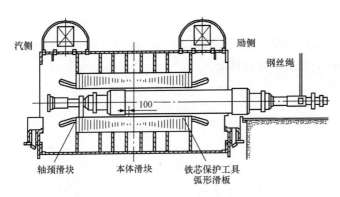

图 3-71　使用本体滑块穿转子示意图

指挥行车抬高转子励侧，将本体滑块拉入膛内，放置于弧形滑板距转子汽侧护环内侧 100mm 左右处，下降转子使本体滑块受力，见图 3-71。确认定、转子间隙合适后，拉动倒链使转子向汽侧移动，当轴颈滑块移出弧形滑板时停止移动，将轴颈滑块旋转 180°，使其弧面朝上，继续拉动倒链移动转子，直至联轴器露出机座约 210mm，停止移动转子。

拆除轴颈滑块，用另一行车将转子汽侧吊起，缓慢起吊转子励侧，至本体滑块可以自由拖出，取出本体滑块。调整转子水平及定、转子间隙，同步移动两台行车，使转子恢复到抽转子前的位置（以抽前标记为准，联轴器露出机座约 1065mm）。

（3）取出弧形滑板和铁芯保护工具。

（4）安装轴瓦。安装汽侧转子支撑工具，调整顶起装置至适当位置，落下转子汽侧，使转子支撑装置受力，缓慢提升励侧下端盖，到位后固定。安装转子励侧支撑工具，调整顶起装置至适当位置，确认转子已由汽、励两侧顶起装置支承在水平位置，放下钢丝绳，拆除牵引工具。依次安装轴瓦，安装前后测量轴承绝缘，并测量气隙。

（5）将定位筋 8 个支撑螺栓松开并用螺帽锁死。

（八）回装其他部件

（1）安装汽、励侧风叶。

1）将风叶安装到汽、励两端风扇座环上，紧固螺母，并锁好止动垫片。

2）安装内护板。

3）安装导风环，调整导风环与风叶间隙。

（2）回装氢冷器，并做气密试验。

（3）回装上端盖。

1）清理端盖密封胶槽，填入密封胶。

2）将励端上端盖吊到安装位置。

3）安装励端上、下端盖间的定位销，安装上端盖螺栓。

4）将汽端上端盖吊到安装位置。

5）安装汽端上、下端盖间的定位销，安装上端盖螺栓。

（4）修后电气试验。

1）定子绕组的绝缘电阻、吸收比或极化指数。

2）定子绕组的泄漏电流和直流耐压。

（5）汽机专业人员进行轴系找正，连接联轴器，安装上轴瓦及瓦盖等。

（6）安装滑环室。

1）安装滑环室基座。

2）安装刷架，调整间隙均匀，检查刷握间隙和压力。

3）回装滑环室。

4）进行消防系统检查和试验。

（7）发电机整体气密试验。

（8）发电机充氢。

第四节 汽轮发电机试验

电力设备预防性试验是检验设备绝缘状况的有效手段之一，是绝缘诊断的基础，更是保证电力系统安全稳定运行的一个重要环节。为及早发现绝缘缺陷，对发电机进行预防性试验显得尤为重要。

根据 DL/T 596—1996《电力设备预防性试验规程》的规定，发电机的试验项目主要有 A 级检修试验项目和 C 级检修试验项目。

1. A 级检修试验项目

（1）定子绕组绝缘电阻、吸收比或极化指数。

（2）定子绕组的直流电阻。

（3）定子绕组的泄漏电流和直流耐压。

（4）定子绕组的交流耐压。

（5）转子绕组的绝缘电阻。

（6）转子绕组的直流电阻。

（7）转子绕组的交流阻抗及功率损耗。

（8）定子绕组端部手包绝缘表面对地电位。

（9）轴电压测量。

（10）定子铁芯损耗试验。

（11）三相稳定短路特性曲线。

（12）空载特性曲线。

（13）转子通风道风速试验。

（14）定子绕组分路水流量试验（水内冷发电机）。

（15）定子绕组端部动态特性。

2. C 级检修试验项目

（1）定子绕组绝缘电阻、吸收比或极化指数。

（2）定子绕组的直流电阻。

（3）定子绕组的泄漏电流和直流耐压。

（4）转子绕组的绝缘电阻。

本节简要介绍以上试验项目的内容和方法。

一、发电机定子绕组绝缘电阻、吸收比或极化指数

（一）试验目的

检查发电机定子绝缘是否存在局部或整体受潮和脏污，以及绝缘层贯穿性断裂、劣化等缺陷。

（二）准备工作

1. 试验仪器

（1）全氢内冷发电机（350MW 发电机）。BM25 型电动绝缘电阻表或 KD2677 型电动绝缘电阻表、温湿度计、导线包、工具包、安全带、原始数据、试验规程、试验记录本。

（2）水内冷发电机（300MW 发电机）。KD2678 型水绝缘电阻表、UT17 型万用表、温湿度计、导线包、工具包、安全带、原始数据、试验规程、试验记录本。

2. 试验措施

（1）全氢内冷发电机（350MW 发电机）。

1）试验前确认发电机与封闭母线及中性点变压器已断开，人员全部撤离，与发电机有关的所有工作票都必须押回。

2）确认绕组尾端 X、Y、Z 接头分开。

3）发电机内 H_2 纯度应小于 3%。

4）将发电机转子回路短接接地。

（2）水内冷发电机（300MW 发电机）。

1）试验前确认发电机与封闭母线及中性点变压器已断开，人员全部撤离，与发电机有关的所有工作票都必须押回。

2）定子内冷水水质合格，电导率 0.5～1.5μS/cm，处于循环状态。

3）发电机内 H_2 纯度小于 3%。

4）打开 12.5m 定子出水测温盒内 95、96 号汇水管屏蔽端子接地引线，将其用导线引至 6.5m，打开出线测温盒内 94 号汇水管屏蔽端子接地引线并用导线引至 6.5m。

5）用万用表（UT17 型或 UT19 型）电阻挡测汇水管与机座之间的绝缘电阻应大于 30kΩ，测汇水管与绕组之间的阻值大于 80kΩ。

6）将发电机转子回路短接接地。

（三）试验方法

1. 全氢内冷发电机

全氢内冷发电机绝缘测试接线图如图 3-72 所示。

（1）被试绕组接 BM25 型（或 KD2677 型）绝缘电阻表 L 端子，非被试绕组短接接地接 E 端子。

（2）合绝缘电阻表电源开关，选择 2500V 挡位，开始测试，同时记录时间，分别读取 15s 及 60s 时的绝缘阻值，并算出吸收比（R_{60s} / R_{15s}）。

（3）试验结束后，关闭绝缘电阻表测试电源，将被试绕组对地充分放电（至少放电 10min）。

（4）恢复措施，拆除发电机转子短接线。

2. 水内冷发电机

水内冷发电机绝缘测试接线图见图 3-73。

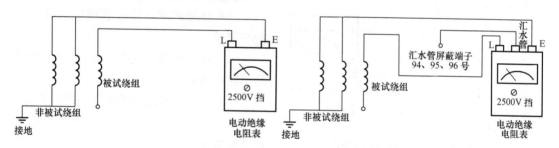

图 3-72　全氢内冷发电机绝缘测试接线图　　图 3-73　水内冷发电机绝缘测试接线图

（1）被试绕组接 KD2678 型绝缘电阻表 L 端子，非被试绕组短接接地并接绝缘电阻 E 端子，将 94、95、96 号汇水管屏蔽端子引线接至绝缘电阻表汇水管端子上。

（2）合绝缘电阻表电源开关，选择 2500V 挡位，开始测试，同时记录时间，分别读取 15s 及 60s 时的绝缘阻值，并算出吸收比（R_{60s} / R_{15s}）。

（3）试验结束后，关闭绝缘电阻表测试电源，将被试绕组对地充分放电（至少放电 10min）。

（4）恢复措施：拆除发电机转子短接线，恢复汇水管屏蔽端子接地。

（四）判断标准

（1）各相或各分支绝缘电阻的差值不应大于最小值的 100%。

（2）吸收比大于 1.6 为合格（水内冷发电机自行规定）。当绝缘电阻大于 10 000MΩ 时，吸收比仅作为参考。

（五）注意事项

（1）发电机温度不低于 5℃，空气相对湿度不高于 80%。

（2）测试时绝缘电阻表两根导线不能绞在一起。

二、发电机定子直流电阻

（一）试验目的

检查发电机定子绕组有无匝间短路、定子绕组各接头焊接是否良好，以及多股并列导线有无断股现象，并检查发电机引出线的接触是否良好。

（二）准备工作

1. 试验仪器

QJ44 型直流双臂电桥或 JYR-40 型变压器直流电阻测试仪、温湿度计、导线包、工具包、安全带、电源盘、原始数据、试验规程、试验记录本。

2. 试验措施

试验前确认发电机与封闭母线及中性点变压器已断开，人员全部撤离，与发电机有关的所有工作票都必须押回。确认绕组尾端 X、Y、Z 接头分开。

（三）使用 JYR-40 型变压器直流电阻测试仪的测试方法

（1）将两个试验夹子分别夹在绕组 A、X（B、Y 及 C、Z）端，见图 3-74。

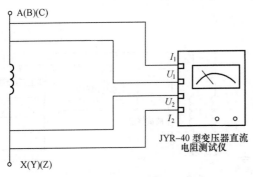

图 3-74　直流电阻测试接线图

（2）合电源开关，选择试验电流值（一般选择 20A）。

（3）开始测试，待读数稳定后读取并做好记录。

（4）按下仪器"复位"按钮，当"吱"的消磁声结束后，关闭电源。

（5）用上述方法对其他两相进行测试。

（6）全部测试完毕后，结束试验，恢复试验措施。

（四）判断标准

（1）汽轮发电机各相或各分支的直流电阻值，在校正了由于引线长度不同而引起的误差后，相互间差别以及与初次（出厂或交接时）测量值比较，相差值不得大于最小值的 1.5%。

（2）汽轮发电机相间（或分支间）差别及其历年的相对变化大于 1% 时应引起注意。

（五）注意事项

（1）试验导线的夹子应与发电机出线、接线端子接触良好，减少接触电阻。

（2）使用 JYR-40 型变压器直流电阻测试仪测试直流电阻时，每次应选择相同的电流值。

（3）试验时应记录发电机绕组实际温度，通常将温度计放到发电机中性点接线盒处。

（4）试验数据与历史数据比较时，必须换算至同一温度下。350MW 发电机定子绕组出厂直流电阻 25℃时为 0.001 55Ω/相，300MW 发电机定子绕组出厂直流电阻 75℃时为 0.002 28Ω/相。

三、定子绕组泄漏电流及直流耐压

（一）试验目的

检查发电机主绝缘是否存在局部缺陷和受潮等情况，尤其对发现定子绕组端部绝缘缺陷更为有效。

（二）准备工作

1. 试验仪器

（1）全氢内冷发电机。AST-Ⅱ型直流高压发生器、温湿度计、导线包、安全带、工具包、高压塑料带、细铁丝、环氧树脂板三块、电源盘、原始数据、试验记录本。

（2）水内冷发电机。ZGS-S60 型水内冷发电机通水直流高压试验装置（取 380V 电源）、温湿度计、导线包、安全带、工具包、电源盘、高压塑料带、细铁丝、环氧树脂板五块、原始数据、试验记录本。

2. 试验措施

（1）全氢内冷发电机。

1）检查发电机中性点及三相间的软连接已拆除，并用 5mm 厚的环氧树脂板将发电机 A、B、C 出线端子与封闭母线隔开，中性点箱内 A、B、C 三相间用环氧树脂板隔开，且环氧树脂板不应与被试相碰触。

2）发电机所有定子绕组测温及定子绕组出风测温端子短接接地。

3）转子绕组短接接地，转子轴也要接地。

4）发电机出口 TA 二次侧短接接地。

5）将发电机出口封闭母线三相短接接地。

6）将发电机中性点接地变压器高压侧母线接地。

7）被试绕组首尾短接。

8）所有非被试绕组短接接地。

9）发电机内 H_2 纯度应小于 3%。

10）发电机定子绕组绝缘电阻、吸收比试验合格。

（2）水内冷发电机。

1）拆除发电机中性点及三相间的软连接，并用 5mm 厚的环氧树脂板将发电机 A、B、C 出线端子与封闭母线隔开，中性点箱内 A、B、C 三相间用环氧树脂板隔开，且环氧树脂板不应与被试相碰触。

2）发电机所有定子绕组测温及定子绕组出水测温端子短接接地。

3）用导线将发电机汇水管屏蔽端子（94 、95、96 号）引至 6.5m 仪器处。

4）转子绕组短接接地、转子轴也要接地。

5）发电机出口 TA 二次侧短接接地。

6）将发电机出口封闭母线三相短接接地。

7）将发电机中性点接地变压器高压侧母线接地。

8）被试绕组首尾短接。

9）所有非被试绕组短接接地。

10）定子内冷水水质合格：电导率 $0.5 \sim 1.5 \mu S/cm$，处于循环状态；发电机内 H_2 纯度小于 3%。

11）发电机定子绕组绝缘电阻、吸收比试验合格。

（三）试验方法

1. 全氢内冷发电机

（1）被试绕组短接后接试验导线高压端。注意引线与金属外壳及架子间距离尽可能大。

（2）非被试绕组短接接地。

（3）接通电源，按下"高压通"按钮，缓慢升压。试验电压按照每级 $0.5U_N$ 逐级升压至 $2.0U_N$，每阶段停留 1min，读取并记录泄漏电流值。

350MW 发电机某次 A 级检修后试验的直流耐压结果及泄漏电流值见表 3-18。

表 3-18　　　　350MW 发电机某次 A 级检修后试验的直流耐压结果和泄漏电流值　　　　μA

相别 \ 耐压值	$0.5U_N$ (11.5kV)	$1.0U_N$ (23kV)	$1.5U_N$ (34.5kV)	$2.0U_N$ (46kV)
A—B、C 及地	1.3	2.6	3.4	10.1
B—A、C 及地	1.3	2.7	3.9	17
C—A、B 及地	1.2	1.8	4.4	8.7

从表 3-18 可以看出，发电机各相泄漏电流最大值均在 $20\mu A$ 以下，表明 A、B、C 三相绝缘良好。

（4）试验结束后，缓慢降压，关闭电源，用接地棒将被试品对地充分放电。

（5）恢复措施，拆除试验开始前所短接的所有短接接地线。

全氢内冷发电机定子绕组泄漏电流和直流耐压接线见图 3-75。

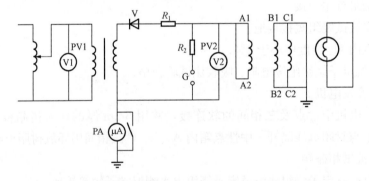

图 3-75　全氢内冷发电机定子绕组泄漏电流和直流耐压接线图

V—硅堆；R_1、R_2—限流电阻；G—球隙；PV1—交流电压表；PV2—静电电压表；PA—微安表

2. 水内冷发电机

由于水内冷发电机定子绕组存在引水管和汇水管的水路系统，其所有测试方法与全氢冷发电机有所区别。对其定子绕组施加直流电压时，通过绕组绝缘的直流泄漏电流仅数十微安，而通过加压相引水管入地的电流（引水管通水条件下测量）可达数十至数百微安，因此，测量水内冷发电机定子绕组直流泄漏电流时，必须考虑水回路对测量结果的影响。

测试经验表明，水回路的影响主要如下：

（1）由于汇水管对地电阻较小，电流较大时，将导致高压直流试验电压波形脉动。在充水情况下测试时会引起微安表的剧烈振动或大幅度摆动，甚至无法读数。

（2）由于水电阻的非线性，使泄漏电流与外加电压关系呈不规则变化，造成判断困难。

为消除以上影响，DL/T 596—1996 规定，对水内冷发电机汇水管有绝缘者，应采用低压屏蔽法接线。为减小杂散电流的影响，微安表的接地端须直接和发电机外壳连接。

ZGS-S60 型水内冷发电机通水直流高压试验装置就是根据低压屏蔽法原理研制的专用仪器。其现场试验接线见图 3-76。

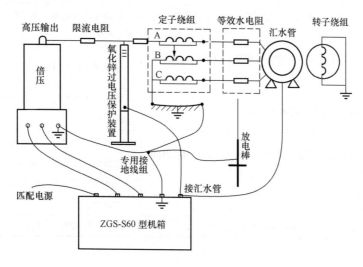

图 3-76　直流耐压现场试验接线图

（1）被试绕组短接后接试验导线高压端。

（2）非被试绕组短接接地。

（3）按图 3-75 将试验回路接好，检查无误后打开电源，调节极化补偿电位器，使微安表指零。

（4）接通高压，顺时针方向平缓调节调压电位器，输出端即从零开始升压，升至所需试验电压后，按规定记录微安表、毫安表数值。

试验电压按照每级 $0.5U_N$ 逐级升压至 $2.5U_N$，每阶段停留 1min，读取并记录泄漏电流值。

（5）试验结束后，缓慢降压，将调压电位器回零后，切断高压且关闭电源开关。用放电棒将被试品对地充分放电。

（6）恢复措施，拆除试验开始前所短接的所有短接接地线。

（四）判断标准

（1）在规定试验电压下，各相泄漏电流的差别不应大于最小值的 50%；最大泄漏电流在 $20\mu A$ 以下者，根据绝缘电阻值和交流耐压试验结果综合判断为良好时，各相间差值可不考虑。

（2）泄漏电流不应随时间延长而增大。

（3）泄漏电流随电压不存在不成比例地显著增长。

（4）任一级的试验电压稳定时，泄漏电流的指示不应有剧烈摆动。

发电机泄漏电流异常的常见原因见表 3-19，仅供参考。

表 3-19   引起泄漏电流异常的常见原因

故障特征	常见故障原因
在规定电压下各相泄漏电流均为历年数据的两倍以上，但不随时间延长而增长	出线套管脏污、受潮，绕组端部脏污、受潮
泄漏电流三相不平衡系数超过规定，且一相泄漏电流随时间延长而增长	该相出线套管或绕组端部有高阻性缺陷
测量某一相泄漏电流时，电压升到某值后，电流表指针剧烈摆动	在该相绕组端部、槽口靠接地处绝缘或出线套管有裂纹
一相泄漏电流无充电现象或充电现象不明显，且泄漏电流数值较大	绝缘受潮，严重脏污或有明显贯穿性缺陷
充电现象正常，但各相泄漏电流差别较大	可能是出线套管脏污或引出线和焊接处绝缘受潮等缺陷
电压低时泄漏电流平衡，当电压升到某一数值时，一相或两相的泄漏电流突然增大，最大与最小差别超过 30%	有贯穿性缺陷，端部绝缘有断裂；端部表面脏污出现沿面放电；端部或槽口防晕层断裂处气隙放电，绝缘中气隙放电
常温下三相泄漏电流基本平衡，温度升高后不平衡系数增大	有隐性缺陷
绝缘干燥时，泄漏电流不平衡系数小，受潮后大大增加	绕组端部离地部分较远处有缺陷

（五）注意事项

（1）氢冷发电机应在充氢后 H_2 纯度为 96% 以上或排氢后含氢量在 3% 以下时进行，严禁在置换过程中进行试验。

（2）高压导线必须采用屏蔽线，对地及其他接地部分应保持足够距离，以减少杂散电流对试验结果的影响。

（3）升压过程中应尽量缓慢均匀，以免造成测量误差。升压速度以 1～3kV/s 试验电压升压时还需监视微安表电流不超过试验器的最大额定电流。

（4）若泄漏电流随电压不成比例显著增加时，应立即停止试验。

（5）放电时不能用接地线直接接触试品，应先将放电棒逐渐接近试品（通过电阻放电），至一定距离空气间隙开始游离放电，有"嘶嘶"声，当无声音时用接地线直接放电。

四、定子绕组交流耐压试验

（一）试验目的

交流耐压试验可有效地发现定子绕组局部绝缘缺陷，特别是绕组槽内和槽口处的绝缘缺陷，如局部机械损伤、电蚀引起的局部劣化等。

（二）准备工作

1. 试验仪器

（1）VF 型变频串联谐振仪、BM25 型电动绝缘电阻表。

（2）温湿度计、导线包、安全带、工具包、电源盘、环氧树脂板、细铁丝、原始数据、试验规程、试验记录本。

VF 型变频串联谐振仪试验原理见图 3-77。

变频电源输出 30～300Hz 频率可调的试验电压，由励磁变压器升压后，经谐振电抗器 L 和试品 C_x 形成高压谐振回路，在试品上得到正弦波。

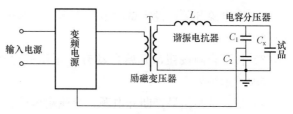

图 3-77 VF 型变频串联谐振仪试验原理图

谐振电抗器可串、并联使用，以保证谐振回路在适当的频率下发生谐振。

通过调节变频电源的输出频率，使回路处于串联谐振状态；调节变频电源的输出电压幅值，使试品上的高电压达到试验电压的要求。

电容分压器是纯电容式的，用来测量试验电压。

2. 试验措施

（1）检查已拆除发电机中性点及三相间的软连接，并在 A、B、C 三相之间用 5mm 厚的环氧树脂板隔离，中性点箱内 A、B、C 三相间用环氧树脂板隔开，且环氧树脂板不应与被试相碰触。

（2）发电机所有定子绕组测温及定子绕组出水（水冷发电机）或出风（氢冷发电机）测温端子短接接地，汇水管屏蔽接线端子 94、95、96 号接地。

（3）转子绕组短接接地、转子轴也要接地。

（4）将发电机被试绕组首尾短接。

（5）将发电机非被试绕组短接接地。

（6）将发电机出口 TA 二次侧短接接地。

（7）将发电机出口封闭母线短接接地。

（8）将发电机中性点接地变压器高压侧母线接地。

（9）定子内冷水水质合格，电导率 $0.5～1.5\mu S/cm$，处于循环状态。

（10）发电机内 H_2 纯度小于 3%。

（11）测量发电机定子绕组绝缘电阻合格。

（三）试验方法

（1）被试绕组首尾短接接试验导线的高压端，具体接线见图 3-78。

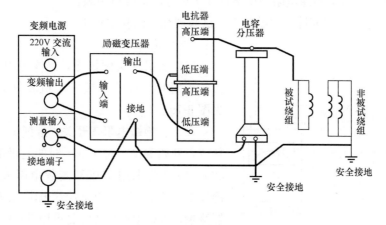

图 3-78 现场试验接线图

（2）合电源开关，设定试验电压 $1.5U_N$、保护电压（一般为试验电压的 1.1 倍）及试验时间（1min）。

（3）按下合闸按钮，开始自动升压至试验电压，计时 1min 后自动降压断开试验回路，同时显示结果。

（4）记录试验结果，断开电源，交流耐压试验结束。

（5）试验结束后摇测发电机耐后绝缘，耐后绝缘电阻比耐压前下降 30％，应查明原因。

（6）恢复措施，拆除试验开始前短接的所有短接接地线。

（四）判断标准

升压至规定的试验电压后，设备在 1min 内，如果没有发生绝缘击穿（试验电压突然下降、击穿点发生声响等）现象，说明绝缘合格。否则为绝缘不合格。

（五）注意事项

（1）应在停机后清除污秽前热状态下进行。交接时或备用状态时，可在冷状态下进行。

（2）水内冷发电机一般应在通水的情况下进行试验，要求定子内冷水水质应透明纯净、无杂质，电导率 $0.5\sim1.5\mu S/cm$。

（3）若发现有异常现象，如电压、电流剧烈摆动，电流急剧增加，听到放电声，有焦糊味、冒烟等现象，应立即停止试验。

（4）试验设备（变频电源、励磁变压器、谐振电抗器、分压器、试品）遵照现场试验接线图一字排开，应尽量靠近被试品。

（5）励磁变压器接线方式为串联，谐振电抗器接线方法为两串两并。

（6）变频电源输出到励磁变压器低压侧引线不得接地。

五、发电机转子绕组绝缘电阻

（一）试验目的

确认转子绕组的绝缘状况及脏污程度。

（二）试验仪器

（1）BM25 型电动绝缘电阻表或 KD2677 型电动绝缘电阻表。

（2）导线包、温湿度计、原始数据、试验规程、试验记录本。

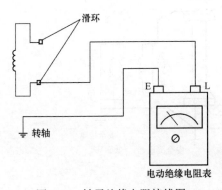

图 3-79 转子绝缘电阻接线图

（三）试验方法

（1）将滑环炭刷拔除，绝缘电阻表的 L 端子接转子滑环，E 端子接发电机转轴并可靠接地，见图 3-79。

（2）合绝缘电阻表开关，选择 1000V 或 500V 挡位，开始测试，记录 60s 时的绝缘阻值（DL/T 596—1996 要求用 1000V 绝缘电阻表测量，水内冷发电机用 500V 及以下绝缘电阻表或其他测量仪器测量；350MW 发电机要求用 500V 绝缘电阻表测量）。

（四）判断标准

绝缘电阻值不小于 0.5MΩ。

六、转子绕组直流电阻测试

（一）试验目的

检查发电机转子绕组各接头是否有开焊、虚焊，绕组间有无匝间短路、断股等缺陷。

（二）试验仪器

QJ44 双臂电桥、温湿度计、导线包、原始数据、试验规程、试验记录本。

（三）试验方法

（1）拔出发电机炭刷。

（2）测试线夹在滑环上进行测量。

（3）电压测试夹（P 夹）夹在靠近绕组部分。

（四）判断标准

（1）与初次（出厂或交接）所测结果比较，其差别一般不超过 2%。

（2）350MW 发电机转子直流电阻在 25℃时为 0.115Ω，300MW 发电机转子直流电阻在 75℃时为 0.1253Ω。

（五）注意事项

转子绕组直流电阻在 A 级检修中转子气密试验前进行测量。

七、转子交流阻抗及功率损耗

（一）试验目的

检测发电机转子绕组动态及静态时有无匝间短路。

（二）准备工作

1. 试验仪器

（1）温湿度计、导线包、工具包、原始数据、试验记录本。

（2）调压器、电流表、电压表、功率表。

2. 试验措施

（1）将发电机滑环室内炭刷安装好。

（2）拔下发电机滑环室下发电机转子测温回路中的熔断器。

（3）保护人员断开发电机转子接地保护电源。

（4）在励磁开关柜后将励磁母线与灭磁开关的软连接打开，用 5mm 厚的环氧树脂板隔离。

（三）试验方法

转子交流阻抗试验原理图见图 3-80。

（1）350MW 发电机转子通 5A 的电流，300MW 发电机转子加 190V 电压，记录电压、电流及功率（转子交流阻抗＝电压/电流）。

（2）膛内转子交流阻抗从 0～3000r/min 应每隔 500r/min 测量一次。

（3）有关人员恢复发电机转子测温回路中的熔断器和发电机转子接地保护电源。

（4）恢复励磁开关柜后励磁母线与灭磁开关连接处的软连接。

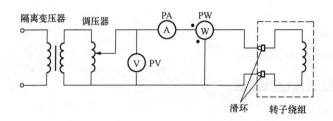

图 3-80　转子交流阻抗试验原理图

（四）判断标准

（1）在相同试验条件下与历年数值比较，不应有显著变化。

（2）转子交流阻抗应呈现盆状曲线，中间应无突变。

（五）注意事项

每次试验应在相同条件、相同电压下进行，试验电压峰值不超过额定励磁电压。

八、定子绕组端部手包绝缘表面对地电位（水内冷发电机）

（一）试验目的

主要是检查发电机端部手包绝缘及引水管锥体绝缘状况是否良好。

（二）准备工作

1. 试验仪器

（1）直流高压发生器。

（2）专用直流电压、电流测试杆（串接 100MΩ 电阻及微安表的金属探针装置）。

2. 试验措施

（1）发电机定子绕组三相短接。

（2）用锡铂纸将手包绝缘处绝缘盒及锥体绝缘处包好。

（3）将汇水管接线端子 94、95、96 号直接接地。

（三）试验方法

（1）发电机定子绕组三相短接后施加直流电压至发电机额定电压。

（2）用串接 100MΩ 电阻及微安表的金属探针触到锡铂纸上测量电流，并用静电电压表测量 100 MΩ 电阻两端的电压，并做好记录。

（3）试验结束后，拆除定子绕组三相短接接地线。

（4）拆除发电机端部的锡铂纸。

（四）判断标准

定子绕组端部手包绝缘对地电位试验标准见表 3-20。

表 3-20　　　　　　　　**定子绕组端部手包绝缘对地试验标准**

机组状态	测量部位	不同 U_0 下限值（kV）		
		15.75	18	20
交接时或现场处理绝缘后	手包绝缘引线接头及汽侧隔相接头	1.0	1.2	1.3
	端部接头（包括引水管锥体绝缘）及过渡引线并联块	1.5	1.7	1.9

续表

机组状态	测量部位	不同 U_0 下限值（kV）		
		15.75	18	20
A 级检修时	手包绝缘引线接头及汽侧隔相接头	2.0	2.3	2.5
	端部接头（包括引水管体绝缘）及过渡引线并联块	3.0	3.5	3.8

（五）注意事项

（1）试验人员应穿绝缘靴、戴绝缘手套。

（2）金属探针要有足够长度和绝缘强度的绝缘手柄。

（3）测量人和读表人都要注意与带电部位的安全距离，探针引线要与接地部位有足够的安全距离，并用绝缘物支持牢固。

（4）锡铂纸要绑扎好，与绝缘表面接触良好。

（5）在发电机的汽轮机、励磁机两侧都要派人监护。

九、转子轴电压测量

（一）试验目的

确认轴电压值是否正常，判断轴瓦绝缘及瓦座绝缘垫的绝缘好坏。

（二）试验方法

（1）确保发电机接地炭刷在拔起状态，试验接线见图 3-81。

（2）用两个铜网刷接一个高内阻交流电压表（内阻不小于 100kΩ/V），将两个铜网刷分别触到发电机轴的汽、励两侧取电压 U_1。

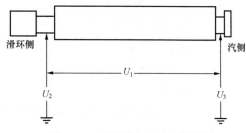

图 3-81 转子轴电压试验接线图

（3）测量励侧轴对地电压 U_2。

（4）测量汽侧轴对地电压 U_3。

（三）判断标准

（1）在汽轮发电机的轴承油膜被短路时，转子两端轴上的电压一般应等于轴承与机座间的电压。

（2）汽轮发电机大轴对地电压一般小于 10V。

（3）$U_1 \approx U_2 + U_3$，说明轴瓦座绝缘良好；$U_1 > U_2 + U_3$ 或 $U_2 \approx 0$ 说明瓦座绝缘不良。

（4）$U_3 \approx 0$，说明油膜无电压、良好。

（四）注意事项

（1）发电机处于 3000r/min 的运行状态，处于空载运行状态，发电机端电压为额定值。

（2）对于端盖式轴承可测轴对地电压。

（3）接触铜刷的人员应戴护目眼镜，顺着转子转向触接。

（4）轴电压可在发电机各种工况下（如空转无励磁、空载额定电压、短路额定电流）及各种负荷下测量。应记录发电机参数（定、转子电压及电流、功率等），以便今后比较。

十、定子铁芯损耗试验

（一）试验目的

测量定子铁芯功率损耗和局部温升，检查发电机定子磁轭叠片的绝缘情况、铁芯的压紧程度以及铁芯叠装过程中有无局部损伤，避免定子铁芯和绕组绝缘在运行过程中出现烧毁事故。

（二）准备工作

1. 励磁线圈及励磁电流的确定

励磁线圈匝数 N 由励磁电压 U 确定，按下式确定后取整数

$$N = U / (4.44 f A_1 B) \tag{3-3}$$

$$A_1 = l_v h_{ys} \tag{3-4}$$

$$l_v = K(l - bn) \tag{3-5}$$

$$h_{ys} = 1/2(D_1 - D_{i1}) - h_s \tag{3-6}$$

式中　f——试验频率；

　　B——定子铁芯轭部磁通密度，通常取 1T；

　　A_1——定子铁芯轭部截面积；

　　l_v——定子铁芯净长，m；

　　h_{ys}——定子铁芯轭高，m；

　　l——定子铁芯长度；

　　b——定子铁芯道宽度；

　　n——通风沟数；

　　K——铁芯叠装系数，0.35mm 硅钢片一般取 0.91～0.93，0.5mm 硅钢片一般取
　　　　　0.93～0.95；

　　D_1——定子外径；

　　D_{i1}——定子内径；

　　h_s——定子槽深。

励磁电流的计算公式为

$$I = \pi(D_1 - h_{ys})H/N \tag{3-7}$$

式中　H——硅钢片在 1T 下的磁场强度，A/m。

2. 铁芯轭部质量

铁芯轭部质量的计算公式为

$$m = \pi(D_1 - h_{ys})Q\rho \tag{3-8}$$

式中　ρ——铁芯密度，kg/m³。

3. 电源容量

电源容量为

$$S = KUI \times 10^{-3} \tag{3-9}$$

4. 励磁线圈及测量线圈

励磁线圈截面积根据计算出的励磁电流确定，励磁线圈与机座及定子铁芯间有足够的绝缘，在铁芯上绕 N 匝励磁线圈。

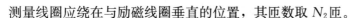

测量线圈应绕在与励磁线圈垂直的位置，其匝数取 N_2 匝。

5．试验前准备

试验前将定子绕组短路接地，检查定子铁芯对地绝缘为 0，定子铁芯测温装置处于正常状态。

6．测量表计

测量用电流互感器的精度不低于 0.2 级，测量表计精度不低于 0.5 级，功率表选用低功率因数功率表。

（三）试验方法

1．试验接线

试验接线按照图 3-82 进行。

2．初始温度测量

试验开始前记录定子铁芯的初始温度及环境温度。

3．试验

试验时在励磁线圈中施加交流电源，试验时间为 1T 下 90min；每隔 15min 分别测量并记录频率 f、励磁线圈端电压 U_1、测量线圈端电压 U_2、励磁线圈电流 I、功率 P、铁芯温度 t_1 及环境温度 t_0，同时记录铁芯预埋检温计的温度。在试验过程中用红外成像仪检测发电机铁芯表面温度，发现过高的立即用红外线测温仪进行测量确认。试验中密切监视铁芯温度、噪声、振动，发现异常立即停止试验，分析原因排出异常后再继续试验。

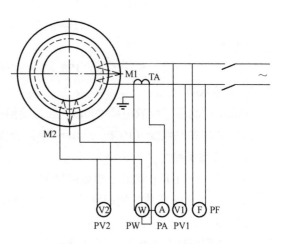

图 3-82 铁损试验接线图

M1—励磁线圈；M2—测量线圈；TA—电流互感器；
PF—频率表；PV1、PV2—电压表；PA—电流表；
PW—低功率因数功率表

（四）判断标准

（1）铁芯质量判断共分两点，即铁芯的最大温升及相同部位的温差，铁芯的最大温升不得大于 25K，相同部位的温差不得大于 15K。

（2）单位损耗值不得大于参考值的 1.3 倍。

（五）铁芯试验举例

以 300MW 发电机为例。

1．铁芯尺寸数据

铁芯长度 $L=520$cm，铁芯外径 $D_1=254$cm，铁芯内径 $D_2=125$cm，铁芯齿高 $h_c=16.33$cm，通风沟数 $n=63$，通风沟宽 $b=0.8$cm。

2．计算值

（1）定子铁芯轭部高度

$$h=(D_1-D_2)/2-h_c=(254-125)/2-16.33=48.17(\text{cm})$$

（2）平均直径

$$D_{av} = 254 - 48.17 = 205.83 \text{（cm）}$$

（3）铁芯净长

$$L = K(L - nb) = 0.93 \times (520 - 63 \times 0.8) = 436.728 \text{(cm)}$$

（4）铁芯截面积

$$A_2 = Lh = 436.728 \times 48.17 = 21\,037.187\,76 \text{（cm}^2\text{）}$$

（5）铁芯轭部磁通密度为 1T、电压为 6000V 时的励磁线圈匝数计算公式为

$$N = U/(4.44 fSB)10\,000 = 6000/(4.44 \times 50 \times 21\,037.187\,76) \times 10\,000 = 12.85$$

励磁线圈匝数取 12 匝

（6）励磁线圈的电流为

$$I = \pi DH_0/N = 3.14 \times 205.83 \times 2.3/12 = 123.87 \text{(A)}$$

$$(H_0 = 2.3 \text{ 安匝} / \text{cm})$$

容量为

$$S = 1.1 \times 123.87 \times 6000 = 817.54 \text{(kVA)}$$

3. 试验仪器

50mm^2 耐高压硅胶软电缆 200m、红外测温仪、红外测温成像仪、仪用白胶布、4mm^2 二次测量铜芯多股软线（100m）、4mm 厚橡胶皮两张。

4. 试验准备措施

（1）将发电机定子绕组三相短接接地。

（2）将 6kV 断路器跳闸回路接至发电机处，试验前对断路器进行跳合测试。

（3）6kV 备用断路器整定值：145A，0.2s。

（4）在定子铁芯膛内每个风区处放置木板，励磁线圈在膛内放置在木板上，在膛外及端部部分垫上胶皮垫。

（5）缠绕 12 匝励磁绕组，接好励磁电缆电源及试验接线。

（6）恢复热工 DCS 定子铁芯测点。

（7）确认发电机膛内无工作人员，并做好监护工作后，方可开始。

5. 试验步骤

（1）试验前用红外测温仪测试铁芯初始温度，并做好记录。

（2）经检查措施无误后联系运行人员送电。

（3）运行人员合上 6kV 断路器后，试验人员读取电流、电压、功率并做好记录，频率从 CRT 画面上读取；10min 后，用红外成像仪和红外测温仪扫描定子铁芯内部，找出温度最高的地方并做好标记；再过 10min，继续找出温度高的地方做好标记，同时记录温度值。

（4）完成上述工作后，进行持续 90min 的加压试验，每 10min 记录一次测点最高温度。

（5）试验工作结束后，恢复试验前所做的一切措施。试验负责人应组织人员对定子膛内进行认真检查和清理，确认无异物后，用专用篷布将发电机定子盖住。

6. 注意事项

（1）励磁线圈应用绝缘导线，但不应由铠装和屏蔽层的导线绕制，导线与定子铁芯、

定子绕组及机壳凸棱处应垫具有足够强度的绝缘材料（如绝缘纸板等）。

（2）试验过程中派专人监视 6kV 断路器、励磁试验电缆线以及电缆绝缘接头，防止绝缘损伤引起人身伤害。

（3）所有进入发电机腔内的工作人员应穿连体工作服，软底绝缘鞋，不允许将手机、钥匙等与试验无关物品带入。不得用手直接接触铁芯，以防触电。同时腔内不得放置金属物件。

（4）测试过程中同时监视定子铁芯热工测点温度。

（5）试验中若发现铁芯任何一处温度超过规定值（105℃）或局部过热，甚至出现冒烟或发红时，应立即停止试验。

十一、特性试验

（一）发电机三相稳定短路特性曲线

1. 试验目的

（1）求得定子电流 i_s 与转子电流 i_r 曲线，即发电机三相稳定短路特性曲线，见图 3-83。

（2）为发电机转子绕组是否存在匝间短路提供参考数据。

（3）结合空载特性试验可以决定电机参数和主要特性。

（4）可以检查定子三相电流的对称性。

2. 试验措施

（1）在发电机出口电流互感器与出口断路器之间，将发电机定子绕组三相短路。

（2）投入过电流差动保护，退出强励装置及自动电压调整装置。

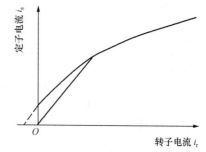

图 3-83 发电机三相稳定短路特性曲线

（3）励磁调节电阻应放在最大位置，各仪表指针在零位。

3. 试验方法

短路试验是将发电机定子三相短路，转动发电机，手动加励磁，在不同的定子电流下分别读取定子三相电流和转子电流，直至定子额定电流为止。

（1）启动发电机至额定转速，保持转速稳定。合上灭磁开关，手动调节励磁电流，当定子电流达到 20％额定电流时停留，待仪表指示稳定后，同时读取各仪表的指示值，并检查定子电流的对称性及转子电流是否正常。如三相电流严重不平衡或有其他异常现象，则应立即断开灭磁开关，查明原因。

（2）如果一切正常，再继续升流，定子电流每上升 20％额定电流时停留，同时读取各仪表的指示值，直到定子电流升到额定电流为止。

（3）减少励磁电流，按上升各点停留，并读取表计读数，继续减流，待定子电流降至零后断开灭磁开关。

（4）恢复保护装置原来的方式，做好接地等安全措施，拆除发电机出口的短路线及试验接线和仪表，试验结束。

4. 注意事项

（1）定子三相短路点应尽量靠近发电机出口端，不应跨越断路器。如现场条件不允许，必须跨越断路器时，应先合上断路器，然后拉开断路器的操作电源，并采取防止断路器跳闸的措施。

（2）三相短路应尽量用铜（铝）排，同时要有足够的容量，定子绕组必须对称短路，连接必须良好，防止由于接触不良而造成发热、损坏设备。

（3）由于试验时发电机处于非饱和状态，所以特性曲线应为通过原点的直线。

（4）将所绘制的短路特性曲线与初次值和历年试验数据相比较，若对应于相同的定子电流，转子电流有显著增大，说明转子绕组有匝间短路的可能；其短路程度可从相同的定子电流下转子电流增长比例值推断。

例如：350MW 发电机某次 A 级检修时的三相短路特性数据见表 3-21 和表 3-22，其特性曲线见图 3-84。

表 3-21　　　　　　　　　上升曲线数据

项目	1	2	3	4	5
定子电流（A）	1950	3840	5940	8010	10 410
转子电流（A）	394	761	1164	1558	1995

表 3-22　　　　　　　　　下降曲线数据

项目	1	2	3	4	5
定子电流（A）	10 410	8520	6390	4470	2460
转子电流（A）	1995	1636	1243	866	481

（二）发电机空载特性曲线

1. 试验目的

（1）发电机在空载和额定转速的情况下，求得发电机定子电压 U 与转子电流 I_r 的关系曲线，即发电机空载特性曲线，见图 3-84。

（2）为分析发电机转子绕组是否存在匝间短路提供参考数据。

（3）结合空载试验进行定子绕组层间耐压试验。

（4）利用三相电压表的读数，判断三相电压的对称性。

2. 试验方法

发电机定子三相开路，启动发电机，保持额定转速，手动加励磁升压，在不同的定子电压下分别读取定子三相电压和转子电流。

（1）励磁调节电阻放在最大电阻位置，表计指示零位。

（2）退出强励、强减及自动电压调整装置，投入差动、过电流、接地保护装置。

（3）启动发电机至额定转速，并保持转速稳定。

（4）合上灭磁开关，手动调节励磁电流缓慢升压，定子电压每升高 $10\% \sim 15\%$ 的额定电压时，停留，同时读取定子三相电压及转子励磁电流、转速，直至定子额定电压。

（5）在额定电压下检查发电机各部分无异常现象后，再按每段 $5\% \sim 10\%$ 的额定电压

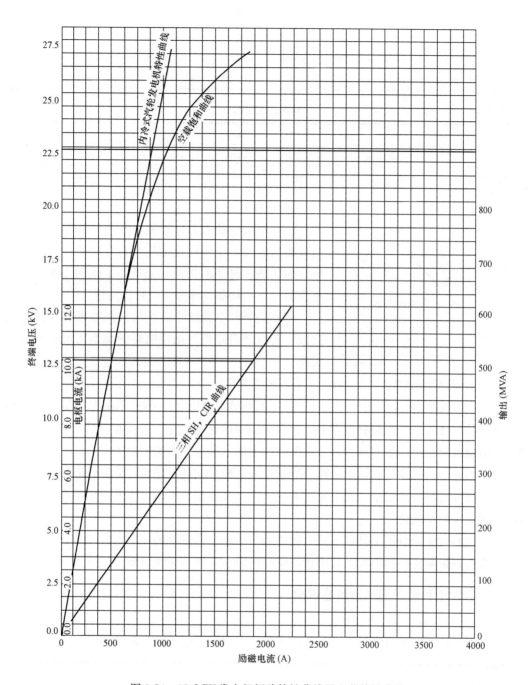

图 3-84　350MW 发电机短路特性曲线及空载特性曲线

升至所需试验电压，在各点停留片刻，读取各表计数值。

（6）以与升压相同的分段点缓慢降压，并在各点停留，同时读取各表计数值。

（7）电压降到最低值，断开灭磁开关，测量定子残压。

（8）恢复退出的保护装置，拆除试验接线及仪表，试验结束。

350MW 发电机某次 A 级检修时的空载特性数据见表 3-23 和表 3-24，其特性曲线见图 3-85。

表 3-23　　　　　　　　　　　　　　　上升曲线数据

项目	1	2	3	4	5	6	7	8
定子电压（V）	7498	8188	11 592	15 502	17 342	19 136	20 884	22 793
转子电流（A）	297.4	332.5	441.9	603.8	691.3	787.5	875	1032.5

表 3-24　　　　　　　　　　　　　　　下降曲线数据

项目	1	2	3	4	5	6	7	8
定子电压（V）	21 206	19 044	16 905	15 065	11615	9039	6923	276
转子电流（A）	883.8	778.8	682.5	586.3	437.5	341.3	262.5	17.5

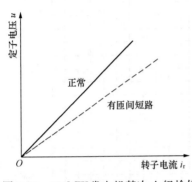

图 3-85　350MW 发电机某次 A 级检修空载特性曲线

3. 分析判断

（1）根据试验数据，绘制电压上升和下降的两条空载特性曲线，定子电压取纵坐标，转子电流取横坐标。由于铁芯磁滞的影响，上升和下降两条曲线是不重合的，取平均曲线作为空载特性曲线。

（2）测录的空载特性曲线与初次数据和历次数据比较，若有显著降低，则说明转子绕组可能存在匝间短路。

4. 注意事项

（1）试验时，电压升至 50％额定电压后，巡视检查发电机和母线等一次回路有无异常，检查三相电压是否对称，以及此时的相应转子电流是否与历史资料相符。如有异常，应立即降压切断励磁，停机查明原因。

（2）如果试验时定子和转子回路的测量仪表不能放在同一地点，应装设联络工具。

（3）试验时，如果定子三相电压有差别，应以最高相的电压作为升压监视电压，计算时取三相电压的平均值。

（4）试验时无论电压上升或下降，励磁调节只能按升或降的一个方向调节，严禁中途反向调节，以避免磁滞的影响，若中途不慎反向调节，必须重做试验。

十二、发电机转子通风道风速试验

（一）试验目的

判断转子通风孔是否畅通，有无堵塞现象，通风量是否满足冷却的需要。

（二）准备工作

1. 试验仪器

（1）转子为气隙取气方式。

1）全压不小于 1600Pa、流量不小于 0.9m³/s 的鼓风机。

2）启动风速不大于 0.4m/s 的切向光电风速仪及显示仪一套，测量范围为 0.4～30.0m/s。

3）专用蜗壳式进风室一个。

4）0～2000Pa 压力计一台。

5）堵风孔专用橡胶塞足量。

6）内径为 25mm、长 6m 橡胶管一根。

(2) 转子为副槽取气方式

1）全压不小于 1600Pa、流量不小于 0.9m³/s 的鼓风机一台。

2）启动风速不大于 0.4m/s 的切向光电风速仪及显示仪一套，或热线风速仪一台，风速测量范围为 0.4～30.0m/s。

3）专用蜗壳式进风室一个，专用保压室一个。

4）0～2000Pa 压力计一台。

5）堵风孔专用橡胶球若干。

2. 试验措施

(1) 转子为气隙取气方式。

1）在检验前应将转子表面及各风道清理干净，如清除金属末及绝缘粉尘、碎片等杂物。

2）从转子励端护环处开始，对各风区的风孔分别进行编号，风区编号以靠近励端为第一风区，以下顺序类推。

3）将专用蜗壳式进风室装在转轴及风扇座环与护环间轴柄上，压力计探头接入专用蜗壳式进风室内。

4）用专用橡胶球将转子槽部所有进、出风孔堵严（从端部进风的出风孔除外），转子大齿通风孔也要求堵严。

(2) 转子为副槽取气方式。

1）目视检查每个槽底副槽和槽楔通风孔，清除发现的异物。

2）将专用蜗壳式进风室装在一端转轴及风扇座环与护环间轴柄上，另一端转轴及风扇座环与护环间轴柄上装保压室。压力计探头接入专用蜗壳式进风室内。

3）用专用橡胶塞将所有槽楔通风孔堵住，转子大齿通风孔也要求堵严。

(三) 试验方法

1. 转子端部通风道检验

(1) 启动鼓风机，用改变鼓风机入口面积的方法，将专用蜗壳式进风室内的风压调整到（1000±50）Pa。

(2) 把风速仪接到出风孔上，记录显示仪上的稳定读数。

(3) 用上述方法对转子励端、汽端各个通风道逐个进行检验。对于单个通风道对应两个或多个出风孔的情况，允许在测量一孔时，堵上相应于同一风道的其他出风孔。测量完后用专用胶球堵住所有出风孔。

注意，对端部冷却方式为两路系统的转子，其中从转子端部月牙槽集中出风的风道，因目前无法检验，需在制造中加强管理，保证质量。

2. 转子槽部通风道检验

(1) 转子槽部检验可用单向通风道检验法。它是通过橡胶管从套在端部的专用蜗壳式进风室给各风道单独供风。供风方法为靠近励端风区内的风道从汽端取风，靠近汽端风区内的风道从励端取风。以 300MW 发电机为例，从励端数起 Z_2、Z_4 风区从汽端取风，Z_6、

Z_8风区从励端取风（见图3-86）。

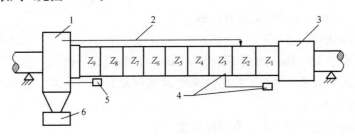

图 3-86　转子槽部通风道检验示意图

1—专用蜗壳式进风室；2—橡胶管；3—转子励端护环；4—切向光电风速仪及显示仪；

5—压力计；6—鼓风机；$Z_1 \sim Z_9$—转子各风区

（2）启动鼓风机，把引风橡胶管接入专用蜗壳式进风室内，调整其风压使引风橡胶管出口处静压为（1000±50）Pa。

（3）取出需检验风道的进、出风孔内的专用橡胶塞，把风速仪接到出风孔上，此时，显示仪上应显示零值，否则通过取掉被检验风道所在槽内靠近专用蜗壳式进风室的一些出风孔内的橡胶塞来调整零值。

（4）将橡胶管的出风口接到进风孔上，此时，应尽量防止进、出风孔漏风现象，记录显示仪上的稳定读数。

（5）检验完后将取出的专用橡胶寒堵入原孔内。按上述方法检验转子槽部各个风道。

3. 转子为副槽取气方式

（1）启动鼓风机，用改变鼓风机入口面积的方法，将蜗壳及保压室内的风压调整到（1000±50）Pa。否则，应更换堵风孔专用橡胶塞。

（2）取掉待检验通风孔的专用橡胶塞，把风速仪对准待检验通风孔，记录稳定后的风速读数，然后将该孔重新用专用橡胶塞堵住。

（3）按上述方法对全部槽楔通风孔逐个进行检验，并记录读数。

（4）检验结束后，拆去所用的检验用具，再次目视检查每个槽底副槽和槽楔通风孔，确认无异物堵塞。

（四）判断标准

1. 转子绕组端部通风道检验限值的规定

（1）每端端部通风道平均等效风速不允许低于10m/s。

（2）不允许存在等效风速低于6m/s的通风道。

（3）等效风速低于8m/s的通风道不允许超过10个，每端每槽不允许超过1个。对于单个通风道对应2个或多个出风孔者按1个通风道考虑。

2. 转子绕组槽部通风道检验限值的规定

（1）各风区通风道平均等效风速不允许低于4m/s。

（2）不允许存在低于2m/s等效风速的通风道。

（3）整个转子内槽部低于2.5m/s等效风速的通风道不允许超过15个，每槽不允许超过两个，且此两个不允许在相邻的位置出现。

3. 转子为副槽取气方式检验限值的规定

（1）每槽通风道内径向通风孔平均风量不允许低于 $1.2 \times 10^{-3} \mathrm{m}^3/\mathrm{s}$。

（2）不允许存在风量低于 $6.2 \times 10^{-4} \mathrm{m}^3/\mathrm{s}$ 的通风道。

（3）整个转子风量 $9.2 \times 10^{-4} \mathrm{m}^3/\mathrm{s}$ 以下的通风道不允许超过 15 个，且每槽不允许超过两个，且这两个通风道不允许在相邻的位置出现。

（4）由于设计引起的特殊风道（如浅槽中引起的相应端部出风孔的风道数减少）造成的测量值偏低，可根据具体情况分析判别。

第四章

电 动 机

第一节 概 述

电动机具有可靠、经济、价廉、轻便、安装检修简单、易于实现操作过程自动化等特点，所以发电厂生产过程中的磨煤机、引风机等机械设备都由电动机带动。电动机分为交流电动机与直流电动机，一般负荷由交流异步电动机驱动，保安负荷（发电机空侧、氢侧密封事故油泵、主机事故油泵等）由直流电动机驱动。

一、交流异步电动机

1. 异步电动机的工作原理

定子中接入三相交流电，将在电动机内部产生旋转磁场。磁力线穿过静止的封闭转子导体，在导体中产生电动势及电流，载流导体在磁场中将受到力的作用。转子导体中各个方向的作用力形成转矩，顺着旋转磁场的方向带动转子转动。

异步电动机在运行时，为了克服负载的阻力矩，转子导体中就必须有一定的电流，才能产生足够的转矩，而只有当转子与旋转磁场之间存在相对运动时，转子导体才能切割磁力线，产生感应电动势，进而产生转矩。所以异步电动机的转速与旋转磁场的转速之间要存在一定的转差，这是保证异步电动机运转的必要条件。可见，异步电动机转子的转速不可能达到旋转磁场的转速，一般总是略小于旋转磁场的转速，这就是"异步"的由来。由于转子绕组中的电流是感应而生的，所以异步电动机也称为感应电动机。

在实际的异步电动机中，旋转磁场是由定子绕组产生的。异步电动机的定子上装有三相对称的绕组，当三相对称绕组中分别通入三相对称的电流时，就在气隙中产生一个旋转磁场。这个旋转磁场的转速 n_1 称为同步转速，它是由电源频率 f 和定子绕组的极对数 p 决定的，即 $n_1 = 60f/p$。

2. 异步电动机的分类

电动机的分类按定子绕组相数来分可分为单相和三相异步电动机，按转子绕组结构分可分为笼型及转子绕线式异步电动机。

3. 异步电动机的铭牌

异步电动机的额定值标注在电动机的铭牌上，一般包括下列几种。

（1）产品型号。产品型号由产品代号、规格代号、特殊环境代号和补充代号 4 个部分组成，并按下列顺序排列。

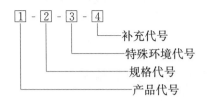

产品代号由电动机的类型型号、电动机特点代号、设计序号组成。类型代号指为表示电动机各种类型采用的汉语拼音字母，如 Y 表示异步电动机；特点代号指为表示电动机的特点代号而采用的汉语拼音字母，如 R 表示绕线式，B 表示防爆型等，LS 表示立式三相，K 表示大型两极（快速），RK 表示绕线式大型两极（快速）；设计序号指电动机的设计顺序，用阿拉伯数字表示。

异步电动机的规格代号由中心高（mm）、机座长度（字母代号）、铁芯长度（数字代号）及极数等组成。机座长度字母代号采用国际通用字符来表示，S 表示短机座，M 表示中机座，L 表示长机座；铁芯长度按由短至长的顺序用数字 1、2、3⋯表示。

特殊环境代号中 G 表示高原用，H 表示海（船）用，W 表示户外用，F 表示化工防腐用等。

电动机的补充代号仅适用有此要求的电动机。

Y500-2-4 表示中心高 500mm、2 号铁芯长的 4 极异步电动机。

（2）额定功率与效率。

1）额定功率指电动机在额定状态下运行时轴上输出的机械功率，单位为千瓦（kW）。

2）效率指电动机在额定状态下运行时输出功率与输入功率的比值。

（3）额定电压与连接方法。

1）额定电压指电动机在额定运行情况下的线电压，单位为伏（V）。

2）连接方法是指定子三相绕组的接线方法。一般笼型电动机的接线盒中有六根引出线，标有 A1、B1、C1、A2、B2、C2。其中，A1、A2 是第一相绕组的两端，B1、B2 是第二相绕组的两端，C1、C2 是第三相绕组的两端。如果 A1、B1、C1 分别为三相绕组的始端（头），则 A2、B2、C2 是相应的末端（尾）。这 6 个引出线端在接电源之前，相互间必须正确连接。连接方法有星形（Y）连接和三角形（△）连接两种。

（4）额定电流。额定电流指电动机在额定电压和额定输出功率时定子绕组的线电流，单位为安（A）。

（5）额定频率。国内用的异步电动机的额定频率为 50Hz。

（6）额定转速。额定转速指电动机在额定电压、额定频率下输出额定功率时转子的转速，单位为转/分（r/min）。

（7）额定功率因数。定子相电流比相电压滞后角的余弦函数值就是异步电动机的功率因数。

（8）绝缘等级。绝缘等级是按电动机绕组所用的绝缘材料在使用时允许的极限温度来分级的。极限温度是指电动机绝缘结构中最热点的最高允许温度，其技术数据见表 4-1。

表 4-1 电动机极限温度的技术数据

绝缘等级	A	E	B	F	H
极限温度（℃）	105	120	130	155	180

（9）工作制。工作制反映电动机的运行情况，包括连续运行（S1）、短时运行（S2）和断续运行（S3）等方式。

（10）其他。除以上 10 种外，电动机铭牌上还标有电动机的防护等级、质量（kg）、生产日期、生产序号、制造厂家等信息。

二、直流电动机

1. 直流电动机的工作原理

导体受力的方向用左手定则确定。这一对电磁力形成了作用于电枢的一个力矩，此力矩在旋转电动机里称为电磁转矩，转矩的方向是逆时针方向，企图使电枢逆时针方向转动。如果此电磁转矩能够克服电枢上的阻转矩（如由摩擦引起的阻转矩及其他负载转矩），电枢就能按逆时针方向旋转起来，见图 4-1。

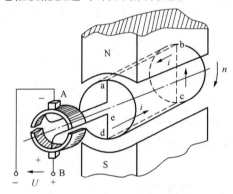

图 4-1 直流电动机工作原理图

当电枢转了 180°后，导体 cd 转到 N 极下，导体 ab 转到 S 极下时，由于直流电源供给的电流方向不变，仍从电刷 A 流入，经导体 cd 、ab 后，从电刷 B 流出。这时导体 cd 受力方向变为从右向左，导体 ab 受力方向是从左向右，产生的电磁转矩的方向仍为逆时针方向。因此，电枢一经转动，由于换向器配合电刷对电流的换向作用，直流电流交替地由导体 ab 和 cd 流入，使绕组边只要处于 N 极下，其中通过电流的方向总是由电刷 A 流入的方向，而在 S 极下时，总是从电刷 B 流出的方向。这就保证了每个极下绕组边中的电流始终是一个方向，从而形成一种方向不变的转矩，使电动机能连续旋转。

2. 直流电动机的分类

根据励磁方式的不同，直流电动机可分为他励直流电动机、并励直流电动机、串励直流电动机和复励直流电动机。

（1）他励直流电动机。励磁绕组与电枢绕组无连接关系，而由其他直流电源对励磁绕组供电的直流电动机称为他励直流电动机。永磁直流电动机也可看作他励直流电动机。

（2）并励直流电动机。并励直流电动机的励磁绕组与电枢绕组相并联，励磁绕组与电枢共用同一电源，从性能上讲与他励直流电动机相同。

（3）串励直流电动机。串励直流电动机的励磁绕组与电枢绕组串联后，再接于直流电源，这种直流电动机的励磁电流就是电枢电流。

（4）复励直流电动机。复励直流电动机有并励和串励两个励磁绕组，若串励绕组产生的磁通势与并励绕组产生的磁通势方向相同称为积复励。若两个磁通势方向相反，则称为差复励。

不同励磁方式的直流电动机有不同的特性。一般情况下，直流电动机的主要励磁方式有并励式、串励式和复励式。

3. 直流电动机的铭牌

直流电动机的额定值标注在电动机的铭牌上，一般包括产品型号、额定功率、额定电压、额定电流、额定转速等。

（1）产品型号。直流电动机产品型号的规定基本与异步电动机相同，产品代号的类型代号中 Z 表示直流电动机。

型号 Z2-71 中，Z 表示普通用途直流电动机，2 表示设计序号，7 表示机座直径尺寸序号，1 表示铁芯长度序号。

（2）额定功率。额定功率指电动机在额定状态下运行时轴上输出的机械功率，单位为千瓦（kW）。

（3）额定电压。额定电压指额定状态下电动机出线端的电压，单位为伏（V）。

（4）额定电流。额定电流指额定状态下电动机出线端的电流，单位为安（A）。

（5）额定转速。额定转速指电动机在额定电压、额定频率下输出额定功率时转子的转速，单位为转/分（r/min）。

（6）励磁方式。直流电动机的励磁绕组的供电方式。

（7）励磁电压。励磁电压指电动机运行时励磁绕组上所加的电压，单位为伏（V）。

（8）励磁电流。励磁电流指电动机运行时励磁绕组上所加的电流，单位为安（A）。

（9）绝缘等级。直流电动机中绝缘等级的规定与异步电动机相同。

（10）其他。除以上 11 种外，直流电动机铭牌上标有电动机的防护等级、质量（kg）、生产日期、生产序号、制造厂家等信息。

第二节　电 动 机 结 构

一、小型交流异步电动机的结构

异步电动机的基本结构分定子和转子两大部分，定、转子之间是气隙，此外还有端盖、轴承等部件，对于大、中型电动机还有冷却器等其他部件，本章仅对小型交流电动机的结构进行介绍，交流电动机的基本结构见图 4-2。

（一）定子

定子是异步电动机固定不动的部分，由机座、定子铁芯和定子绕组组成，机座及定子铁芯结构见图 4-3。

1. 机座

机座是电动机的外壳，起着支撑定子铁芯和固定端盖的作用，机座又是主要的通风散热元件。小型异步电动机的机座通常用铸铁铸成，大中型异步电动机的机座也有钢板焊成的。

2. 定子铁芯

定子铁芯是电动机磁路的一部分，装在机座内部。它是一个中空圆柱体，外壁与机座

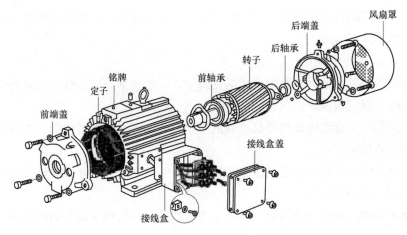

图 4-2　交流电动机基本结构图

配合，内壁开槽，槽内放置定子绕组。为了减少铁芯中的损耗，定子铁芯用彼此绝缘的硅钢片叠成。

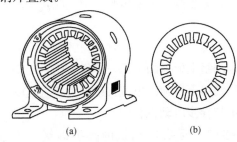

　　(a)　　　　　　　　　　(b)

图 4-3　机座及定子铁芯结构图

（a）机座；（b）定子铁芯截面

3. 定子绕组

　　电动机的定子绕组用绝缘的铜导线或铝导线绕成，嵌在定子槽内，按照一定的规律连接并引出到接线盒上，绕组与槽壁之间用绝缘材料隔开。小容量低压电动机的定子绕组多用高强度聚酯漆包线绕成，中容量低压电动机和大容量电动机的定子绕组则用绝缘扁线绕成。

（二）气隙

　　定、转子之间的间隙称为电动机的气隙。气隙的大小对电动机的性能影响很大，由于电动机的励磁电流是取自电网的，增大气隙将使励磁电流增大，从电网吸收的无功功率就增多，导致电动机的功率因数降低。设计气隙的大小时，除电气性能以外，还要考虑电动机的尺寸大小、转速高低等机械方面的因素，同时为了便于安装，在运行时又不致发生定、转子相擦的现象，通常电动机的气隙很小，对于中小型电动机，一般为0.1～1.0mm。

（三）转子

　　电动机的转子由转子铁芯、转子绕组、转子支架、转轴和风扇组成。

1. 转子铁芯

　　与定子铁芯一样，转子铁芯也是主磁路的一部分。通常用从定子冲片的内圆冲下来的原料做转子铁芯冲片。小功率电动机的转子铁芯直接叠压在转轴上；功率较大时，转子铁芯先压装在转子支架上，然后再装在转轴上。

2. 转子绕组

　　在转子铁芯的外圆上均匀地分布着放转子绕组或导条的槽，各槽中的绕组连接起来成为转子绕组。转子绕组有两种形式，即笼型转子绕组和绕线式转子绕组。它们虽然在结构上不同，但工作原理基本相同。

（1）笼型转子绕组。笼型转子绕组由安放在转子铁芯槽内的裸导条和两端的端环连接而成。如果去掉转子铁芯，绕组的形状像一个笼子。绕组的材料有铜和铝两种。铜条绕组是将裸铜条插入转子铁芯槽内，两端与两个铜端环焊接成通路。铸铝绕组是用熔化了的铝液直接浇注在转子铁芯槽内，并与两个端环及冷却用的风叶浇注在一起，笼型转子绕组结构见图4-4。

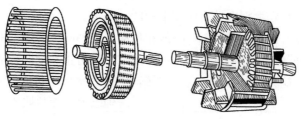

图4-4　笼型转子绕组结构图

（2）绕线式转子绕组。绕线式转子绕组与定子绕组类似，做成三相绕组，三相绕组在内部接成星形（也有接成三角形的），三根引出线分别接到装在转轴上的三个集电环上，转子绕组通过集电环和电刷可直接短接，也可外接变阻器，以改善电动机的启动性能或调节电动机的转速。在有的绕线式异步电动机上，还装有电刷提刷装置，当外部电阻全部被切除后，可将电刷提升，使电刷离开集电环，并同时将三个集电环短接起来，以减少摩擦损耗和电刷磨损，绕线式转子结构见图4-5。

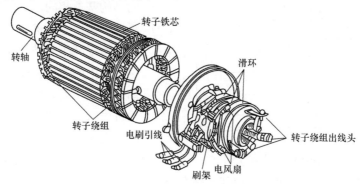

图4-5　绕线式转子结构图

（3）转轴。转轴也是电动机中最重要的零件之一。异步电动机的转轴是用来支撑转子并通过它带动生产机械运转的。由于电动机对转轴的强度要求较高，因此转轴一般采用优质钢材制造。

（四）端盖

端盖的主要作用是支撑转子（对中小型电动机）、保护电动机和配合通风散热。在有凸缘的和立式电动机中，端盖又可安装、固定整台电动机。

在带轴承的端盖上，止口和轴承孔是两个主要部位，同心度要求较高。

端盖上的止口与机座上的止口相配合。相对于机座而言，止口的形式有内止口和外止口两种。内止口一般在中小型异步电动机中采用，其优点是便于加工，而且止口的同心度和加工质量均较高。外止口可使端盖内的空间稍稍增大，大多用在微型电动机中。

在小型异步电动机的端盖上设有安装固定螺钉的凸耳，为便于拆卸，凸耳与机座端面之间留有间隙。在中型电动机的端盖外缘上备有两个顶丝孔，供顶出端盖用。

（五）轴承

轴承的作用是支承转子旋转。电动机中常用的轴承有滚动轴承和滑动轴承。中小型电动机中多采用滚动轴承，大型电动机中多采用滑动轴承。

电动机轴上装设有两个滚动轴承，一般在传动端为轴向位置固定的定位轴承，其内圈与转轴为紧配合，外圈与内外轴承盖之间不留间隙，以防止其轴向移动，使之起承受轴向力的作用，在非传动端为定向轴承，内圈与转轴也是紧配合，外圈与轴承盖之间留有适当的间隙，用来补偿制造上和零件装配上的公差，转轴因温度而热胀冷缩时，还可防止轴承的阻塞。

中小型异步电动机的滚动轴承用半固体状润滑脂润滑。为了防止润滑脂外泄和脏物进入轴承，必须加装轴承盖和油封，一般将轴承盖上加工成波纹油沟，而轴孔与轴之间留有一定的小间隙。这种类型的油封构造简单，加工方便，挡油作用可靠，应用很广。

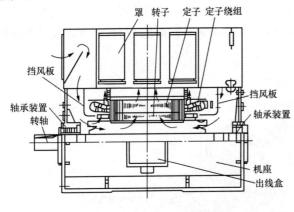

图 4-6　高压电动机结构图

二、高压电动机的结构

高压电动机的结构与低压电动机的结构基本相同，不同之处在于冷却系统。高压电动机的结构见图 4-6。

由于高压电动机功率较大，电动机运行中的散热就需要比较特殊的冷却装置，一般采用空—空冷却（即电动机内部空气循环通过空冷器与外界空气交换热量）或空—水冷却（电动机内部空气通过水冷器与水交换热量）方式。两种冷却方式电动机的冷却风路图分别见图 4-7、图 4-8。

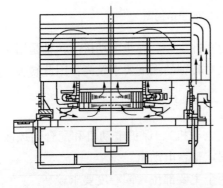
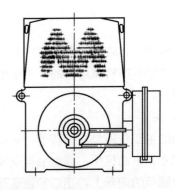

图 4-7　YKK 系列电动机的冷却风路图（空—空冷却）

由于高压电动机转子较重，根据功率大小及转速配备滚动轴承和滑动轴承。

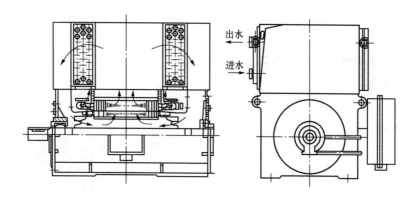

图 4-8　YKS 系列电动机的冷却风路图（空—水冷却）

三、直流电动机的结构

直流电动机由定子、转子（电枢）及其他零部件组成，见图 4-9。

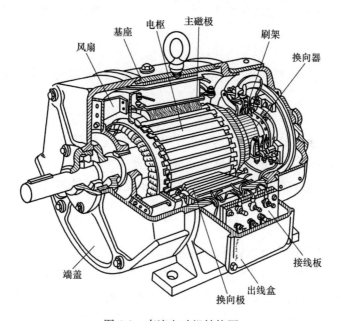

图 4-9　直流电动机结构图

（一）定子

直流电动机的定子用于产生电动机磁场，它可分为机座、磁极、励磁绕组等几部分。

1. 机座

机座不仅是电动机的外壳，还可作为保护与支承结构，同时还是电动机磁路的一部分（即磁轭），用铸钢或钢板焊成，具有良好的导磁性能及机械强度。

2. 磁极

磁极包括极身和极靴（又称为极掌）两部分，见图 4-10。极靴较极身宽，使磁极下面的磁通分布较均匀。为了减少极靴表面由于磁通脉动引起的铁损，磁极铁芯通常采用 1～2mm 厚的普通薄钢板（也有用 0.5mm 厚的硅钢片）叠压而成。对于大多数直流电动机，为了改善换向性能，在主极之间还装有换向极（又称为中间极）。

3. 励磁绕组

励磁绕组绕制在绕组架上，然后套在磁极铁芯上，通入直流电后在电动机中产生主磁通，磁路分布见图 4-11。

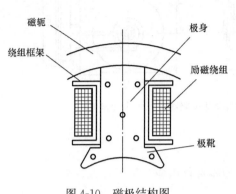

图 4-10　磁极结构图

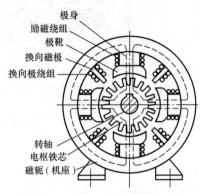

图 4-11　磁路分布图

（二）转子

转子即电枢，它有电枢铁芯、电枢绕组、换向器、转轴和风叶等组成，用于进行能量转换。

1. 电枢铁芯

电枢铁芯是主磁路的主要部分，同时用于嵌放电枢绕组。一般电枢铁芯采用由 0.5mm 厚的硅钢片冲制而成的冲片叠压而成，以降低电动机运行时电枢铁芯中产生的涡流损耗和磁滞损耗。叠成的铁芯固定在转轴或转子支架上。铁芯的外圆开有电枢槽，槽内嵌放电枢绕组。

2. 电枢绕组

电枢绕组的作用是产生电磁转矩和感应电动势，是直流电动机进行能量变换的关键部件，所以称为电枢。它是由许多线圈（以下称元件）按一定规律连接而成，线圈采用高强度漆包线或玻璃丝包扁铜线绕成，不同线圈的线圈边分上、下两层嵌放在电枢槽中，线圈与铁芯之间以及上、下两层线圈边之间都必须绝缘。为防止离心力将线圈边甩出槽外，槽口用槽楔固定。

3. 换向器

在直流电动机中，换向器配以电刷，能将外加直流电源转换为电枢绕组中的交变电流，使电磁转矩的方向恒定不变。换向器是由许多换向片组成的圆柱体，换向片之间用云母片绝缘。

4. 转轴

转轴起转子旋转的支撑作用，需有一定的机械强度和刚度，一般用圆钢加工而成。

（三）其他部件

1. 电刷

换向器通过电刷与外电路连接。电刷装在刷握内，刷握固定在与它绝缘的刷架上，所有的刷架又安装在刷架座上。刷架座可绕轴心移动，从而可以调节电刷在换向器上的位置。电刷位置调整好以后，将刷架固定在端盖上，不应再变动。普通的电刷装置及电刷刷握见图 4-12。

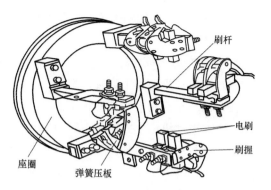

图 4-12　普通的电刷装置及电刷刷握结构图

2. 端盖

一般用铸铁制成，分前端盖和后端盖。其中后端盖设有观察窗，可检查电刷火花的大小。端盖通常作为转子的支撑和安装轴承，而大型电动机的轴承则装在轴承座上。

第三节　电 动 机 检 修

一、交流电动机检修

（一）检修项目

（1）解体、抽转子。

（2）定子清扫、检查。

（3）转子清扫、检查。

（4）启动装置、控制设备的清扫和检修。

（5）风道的清扫、检修。

（6）轴承的清洗、检查及更换。

（7）电刷装置的装配、调整及检修清扫。

（8）电气试验。

（9）试运及验收。

（二）检修前的准备工作

（1）根据设备的运行状况、历年检修情况及现场条件等因素制订出检修项目。

（2）根据检修项目申报工具、材料、备品。

（3）编制文件包及组织、安全、技术措施。

（4）组织项目负责人及相关检修人员熟悉检修项目，学习检修文件，明确检修目的、质量要求、安全要求及控制措施等内容。

（三）电动机的解体

电动机的解体，应根据各电动机的具体结构和现场检修条件正确实施并保证安全，起吊大型电动机时应有起重工配合。

1. 大型电动机解体的常规步骤

（1）拆开电缆头，将电缆头三相短路接地，并支撑保护好。

（2）拆卸电动机地脚螺栓、对轮螺栓、外壳接地线、拆除测温电缆及冷却装置等。

（3）拆卸对轮。

（4）先拆非负荷侧轴承盖、端盖，再拆负荷侧端盖、轴承盖。

（5）安装专用工具，抽出转子。

2. 抽转子的常规方法

（1）小电动机由人工直接抽出。

（2）用行车双钩接假轴抽转子。

（3）在电动机座上固定专用导轨抽转子。

（4）用行车或单轨悬臂工具抽转子。

（5）用倒链悬臂吊工具加小平车移动定子抽转子。

3. 解体的质量要求

（1）拆卸的各部件、地脚垫片应做好记号，拆开的引线做好相序记号，并妥善保管，原拆原装。

（2）检查各起吊工具的载荷量。起吊时钢丝绳与垂直方向的夹角不应大于 60°。

（3）拆卸时，应用专用工具正确拆卸。禁止乱撬乱打，要特别注意止口及各配合面不受损伤。

（4）对大电动机过紧的靠背轮，可用火烤把加热拆卸，加热应均匀，温度在 100～150℃ 时即可进行扒拆，加热温度不宜超过 200℃。

（5）抽转子时应用透光法进行监视，检查定、转子铁芯不得摩擦、碰撞，不得伤及定子绕组、风扇、轴颈、笼条等部件。

（6）抽出的转子应用道木垫好，防止滚动，并做好防尘、水、汽的措施。

4. 定子的检修及质量标准

（1）吹灰清扫定子时，应用 $2\sim3\text{kg/cm}^2$ 的清洁、无油、无水的压缩空气进行。除去绕组上的油污时可用航空汽油、四氯化碳、甲苯或带电清洗剂等进行擦拭，不得使用有害溶液或金属工具。

（2）绕组无接地、短路、断线等故障。绕组绝缘表面应无损伤、龟裂、变色、焦脆、磨损及严重变形等现象，否则应查明原因予以处理。各绑线、撑条、垫块、槽楔等应无松动、断裂。

（3）定子铁芯应无擦铁、过热、生锈、松动和变形等现象，通风沟畅通。撑铁和压板平整无松动，锁键紧固焊接可靠，否则应查明原因予以处理，必要时可做铁损试验进行鉴定。

（4）引线和跨接线良好，绑扎牢固、焊接可靠，各焊接头无过热现象，有足够的机械强度和绝缘强度。

（5）电动机接线端子相色齐全、正确，各载流螺栓、螺母和垫片均为铜质，且完好齐全。连接处应平整、紧密、良好，并要可靠锁紧。连接片绝缘良好无焦脆现象，绝缘子牢固无裂纹损伤。

（6）机座、端盖、接线盒、风罩和挡风板等应完好无损。止口无损伤和严重变形磨损。配合尺寸符合要求。否则应采用镶套、烧焊、电镀或更换等方法进行处理。

（7）绝缘电阻不符合要求的受潮电动机，应采取吹灰、清擦、干燥等方法进行处理。

5. 转子的检修及质量标准

（1）笼条无断裂、松动，短路环无开焊，对断裂的笼条采取焊接或更换等方法进行处理。新笼条的材料和截面与原笼条相同，焊接时一律采用银铜焊。

（2）转子铁芯应紧密平整，无过热、生锈、松动、变形和断齿等现象，槽楔应紧固完整，无空洞声。通风沟应畅通。转子撑铁和锁键无脱焊、松动。转子应用 $2\sim3kg/cm^2$ 压缩空气吹净。

（3）大轴无弯曲或裂纹，与铁芯的配合良好，轴颈应完整、无磨损、无毛刺。

（4）转子风扇固定牢固，无松动、裂纹，与轴的配合良好。平衡块无松动位移，顶丝锁紧可靠。

（5）靠背轮无裂纹，内孔配合面与找正面光洁，轴、孔、键三者配合符合要求，对轮配合螺栓正确并可靠锁紧。

（6）松动的转子部件，经处理或更新后，应做静平衡试验，必要时做动平衡试验。

6. 轴承的检修及质量标准

（1）轴承清洗后应无裂纹，表面无金属剥落、锈蚀、麻点和过热等现象，夹持器不应出现松动、变形、卡涩和严重磨损等现象，否则应予以更换。

（2）轴承间隙合适，转动灵活，无明显晃动或过热现象，一般轴承的间隙应符合表4-2的要求。

表 4-2　　　　　　　　　　　　对一般轴承的间隙要求

轴承类型	80mm 以下	80～100mm	100～120mm	120～140mm
滚珠（mm）	0.03～0.05	0.04～0.08	0.05～0.10	0.06～0.12
滚柱（mm）	0.05～0.07	0.05～0.08	0.06～0.10	0.07～0.12

（3）当轴承不符合上述要求时，或使用寿命到期、运行中有异音等，应更换新轴承，新轴承的型号与原轴承相同，精度及结构等应符合要求。

（4）新装轴承必须用油或轴承加热器均匀加热，温度不宜超过 $100℃$，装轴承必须加衬垫，不得用榔头直接敲打，并应检查安装到位，拉轴承时应使用合适的专用工具，一般大轴承应加热拉下，以免拉毛轴颈。

（5）润滑油脂应清洁无杂质、结块、水分、变质、型号正确，不得同时使用不同型号的润滑脂。一般常用的润滑脂为3、4号二硫化钼，加油量为轴承盖内腔的 $1/2\sim2/3$（高速 $1/2$，低速 $2/3$）。

（6）轴颈无偏心、椭圆、毛刺、裂纹及严重损伤痕迹，对有损伤的轴颈应采用镀铬、镀铁、补焊及镶套等方法进行处理，加工时应特别注意轴与铁芯的同心度及尺寸配合精度，大电动机轴烧焊后，应进行热处理，以防应力集中而发生断轴事故。

7. 电动机的组装

（1）电动机的组装与解体顺序相反。

（2）组装前应检查定子腔内无杂物及遗留工具，检查止口及各配合面光洁无毛刺，配合尺寸符合要求。

（3）装转子时要用透光法检查，不得碰伤定子绕组，吊装工具可靠，使用正确。

（4）电动机的气隙，对不可调整的大电动机，应在第一次大修时进行检查性测量，对可调整的轴瓦电动机，每次检修时应测量调整。各点气隙与平均值之差不应大于平均值的±5%，配合面磨损的电动机，应复查间隙。

（5）低压电动机，如电气单独检修，由电气自行找正。一般找正要求：靠背轮的轴向及轴径允许误差为0.05mm。

（6）接线绝缘子无裂纹损伤、固定牢固，电缆鼻子连接紧密，螺母可靠锁紧，电缆固定可靠，绝缘子不受应力，接线盒严密，重要电动机应装窥视孔于接线盒上。

8. 电动机的试验

（1）测量定子绕组各相直流电阻，相互差别不应超过最小值的2%。

（2）测量电动机绝缘电阻应不低于表4-3的规定，500kW以上的大型电动机还应测量吸收比 $R_{60}/R_{15} \geq 1.6$（环氧粉云母绝缘）。

表4-3　　　　　　　　　　　测量电动机绝缘电阻的最低限值

测量部位	绝缘电阻（MΩ）	绝缘电阻表（V）
380V 电动机		
定子绕组	0.5	1000
转子绕组	0.5	1000
6kV 电动机		
定子绕组	6（热态）	2500
转子绕组	0.5	1000

（3）定子绕组的耐压标准见表4-4。

表4-4　　　　　　　　　　　定子绕组的耐压标准

电动机标准电压等级	交流耐压（V）	持续时间（min）
380V	1000	1
6kV	9000	1

（4）500kW以上的电动机应进行定子绕组直流耐压及泄漏电流测量，电压标准为：全部更换绕组时，采用3倍额定电压；大修或局部更换绕组时，采用2.5倍额定电压。泄漏电流相互差别一般不大于最小值的100%，20μA以下者不做规定。

9. 电动机的试运及验收

（1）电动机的现场应清洁，标志齐全（转动方向及设备名称），各螺栓紧固，接线连接可靠，冷却系统及油系统投入正常。

（2）全部保护、测量、操作、信号应完整，并经试验合格。继电保护的整定值应选择正确，低压电动机的一次熔断器接触良好，熔丝选择正确。

（3）盘车检查时，应转动灵活，无卡涩及金属碰击异声。

（4）进行空载试运行30min，并测量三相空载电流，不平衡值不应超过平均值的10%。

（5）电动机轴承最高允许温度值见表4-5。

表 4-5 电动机轴承最高允许温度值

名称	滑动轴承	滚动轴承
最高允许温度值（℃）	80	95

（6）轴承振动允许双振幅值标准见表 4-6。

表 4-6 轴承振动允许双振幅值标准

同步转速（r/min）	3000	1500	1000	750 及以下
轴承振动允许双振幅（mm）	0.05	0.085	0.10	0.12

（7）滑环、换向器及电刷的工作应正常，火花等级在 1/2 以下。

二、直流电动机检修

（一）直流电动机解体检修工序

（1）拆除电动机地脚螺栓及联轴器螺栓。

（2）拆除电动机电枢及励磁引线，并做好标记。

（3）拆除电动机电刷装置引线、刷架。

（4）拆除电动机前、后端盖。

（5）抽出电动机转子，并放在枕木上。

（二）直流电动机检修项目及验收标准

1. 定子检修工艺标准

（1）定子主磁极铁芯无变色、过热、松动、损坏、短路等现象。

（2）定子主磁极绕组无变色、过热，绝缘无破损、流胶、老化等现象。

（3）定子主磁极绕组连线无松动、断裂、开焊等现象。

（4）换向极铁芯无变色、过热及松动。

（5）换向极绕组无过热，绝缘无破损、流胶等。

（6）换向极绕组之间连线无断线、开焊及松动等。

（7）对有补偿绕组的电动机应检查铁芯、绕组无变色、过热等现象。

（8）测量主磁极绕组，换向及补偿绕组对地绝缘应在 $2M\Omega$ 以上（用 500V 绝缘电阻表测）。

（9）测量各磁极绕组的直流电阻，并与历史数据比较，相差不允许超过 $\pm 2\%$。

2. 电枢检修工艺标准

（1）电枢铁芯无过热、变色、损坏等现象。

（2）电枢支架无裂纹、松动等现象。

（3）电枢绕组绝缘无破损、过热、变色等现象。

（4）电枢绕组与换向器焊接完好，无开焊、松动等现象。

（5）换向器各换向片之间无短路、爬电等现象。

（6）整流子表面应光滑，无凸凹不平之处或毛刺、黑斑等现象。

1）如有毛刺、黑斑可用 0 号砂纸进行打磨，并吹净碎屑，最后用玻璃砂纸涂上薄薄一层凡士林，打磨直至呈现出金属光泽为止。

2）整流子片的两边应打成 0.3mm×45°倒角，刮削时应防止刺伤其表面。

3）整流子不平度超过 0.05mm 时，应考虑车削或其他方法处理，整流子的偏心度不应大于 0.1mm。

4）整流子片间的云母绝缘应低于整流片 1～1.5mm，如不合格，应用专用工具打磨，不得出现 V 形。

（7）整流子片间直流电阻的最大值与最小值相差不得大于 10%。

3. 直流电动机的回装

（1）将电枢转子穿入定子腔内合适位置。在穿转子过程中不得使定、转子铁芯摩擦。

（2）安装电动机轴承及端盖，手盘转子活动自如、无异常。

（3）采用加热法安装电动机对轮。

（4）测量电动机各磁极绕组绝缘电阻，应大于 2MΩ。

（5）安装电动机引出线及电刷引线。

（6）安装电动机刷架及电刷。

（7）调整刷握与整流子表面间隙为 2～4mm，电刷与中心线对应并固定好，并使电刷与刷握之间间隙为 0.1～0.2mm，能活动自如。

（8）电刷压力弹簧应完好。

（9）电动机空载试转 60min，检查温度、声音振动正常，无火花放电现象。检查空载电流不超过额定值 1/3 左右。

第四节　电动机运行中的检查及故障处理

一、启动前后的检查

（一）启动前的检查

为了保证电动机能够正常启动，在启动前必须认真进行检查，以下所列启动前的检查项目不一定在每次启动前都必须逐项进行检查，但对第一次启动的电动机（包括检修后的电动机），必须全面检查。

启动前的检查项目如下：

（1）使用电源的种类和电压与电动机铭牌一致，电源容量与电动机容量及启动方法合适。

（2）使用的电缆规格合适，接线正确，端子无松动，接触良好。

（3）开关和接触器的容量合适，触头清洁，接触良好。

（4）熔断器和热继电器的额定电流与电动机的容量应匹配，热继电器已复位。

（5）盘车灵活，串动不超过规定。

（6）检查电动机润滑系统：油质符合标准，无缺油现象。对于油质不符合要求的电动机轴承，应用汽油或清洗剂清洗干净后，按规定量注入合适牌号的润滑油（脂）。

对强迫润滑的电动机，检查其油路系统无阻塞，油温合适，循环油量符合规定要求，并经润滑系统试运正常后方可启动电动机。

（7）检查传动装置、皮带，不得过松或过紧，连接要可靠，无裂伤现象，联轴器螺栓及销子应完整、紧固。

（8）电动机外壳已可靠接地。

（9）转子绕线电动机还要检查电刷与集电环接触是否良好，电刷压力是否正常。

（10）电动机绕组的相间绝缘及对地绝缘是否良好，各相绕组有无断线。

（11）旋转装置的防护罩等安全设施是否良好。

（12）如机械部分不允许反转，则电动机应先空载确定转向正确后方可与机械部分连接。

（二）启动后的检查

（1）检查启动电流正常，三相电流平衡，未超过额定值。

（2）检查电动机旋转方向正确。

（3）检查无异常振动和声音。

（4）使用滑动轴承时，检查其带油环转动是否灵活、正常。

（5）检查启动装置的动作正常，电动机加速过程正常、启动时间未超过规定值。

二、运行中的维护与检查

在日常运行中，要经常监视电动机的运行情况，利用眼看、耳听、鼻闻、手摸等简单方法就能及时发现电动机的异常情况，从而采取必要的措施。

电动机在运行时进行维护检查的项目如下：

（1）定期清理现场、擦拭设备，保持设备整洁。

（2）定期记录有关仪表读数，注意负载电流不能超过额定值。正常运行时，负载电流不应有急剧变化。

（3）轴承应定期加油，监听轴承声音是否正常。

（4）检查电动机振动情况。

（5）检查电动机通风冷却情况。

（6）检查电动机各部温升，不应有局部过热现象，各部温升不应超过规定数值。

（7）绕线式电动机应检查电刷与集电环间的接触情况与电刷磨损情况。

三、电动机的故障检查与处理

（一）电动机空载启动

1. 无声响又不转动

合闸后电动机无声响且不转动，首先检查电动机的电压，如无电压（或只有一相有电），说明电源没有接通，属供电设备的故障。如果电压已送到电动机出线端上且三相平衡，但电动机还是无声响也不转动，这说明电动机内部断线，最大可能是中性点没接好或引出线折断，查找出断点修好即可。

2. 电动机接通电源后有嗡嗡声但不转动

这时必须立即断开电源，按下述方法查找原因。

（1）很可能是缺相运行，先检查电源，看是否有熔断器一相已熔断而未更换熔体，或接触器一相接触不良，或电源线一相断线等。如电源侧无问题再检查电动机内部有无断线，找出断点后，修理好。

（2）也可能是电动机在机械方面被卡住，但在这种情况下，通电时将有较大的撞击声和很大的嗡嗡声，并且保护很快动作，这种故障利用盘车的方法很容易发现。

（3）绕线式电动机电刷与滑环没有接触好或转子绕组有两相断路也会有嗡嗡声，且不转动，这时虽将定子绕组接到三相电源上，电动机也不能转动，但嗡嗡声较小，且熔断器不熔断。

（4）电源电压过低或是三角形接线的电动机被接成星形，并且是带负载启动，电动机也可能转不起来，只要检查电源电压及电动机接线情况就可发现。

3. 通电后虽已开始转动但熔断器的熔体很快熔断（或过电流保护动作）

（1）出现启动后熔体很快熔断的现象时，首先要检查熔体的额定电流（或过电流保护的整定值）是否与电动机容量相匹配，因熔断器只保护短路而不保护过载，并要躲过启动电流的冲击，一般熔断器的额定电流计算公式为

$$熔体的额定电流＝电动机的启动电流/（1.5～2.5）$$

（2）如星形接线的电动机误接成三角形，通电后电动机虽能转动但声音不正常，熔体很快就熔断。

（3）电源线有线间短路，拆开电动机接线用绝缘电阻表检查电源线即可查明。

（4）电动机在重载下启动，启动方法又不合适，使启动时间过长或不能启动，检查时要根据电源容量、电动机容量及启动时的负载情况重新核算启动方法。这种情况只发生在电动机安装后第一次试运时。

（5）电动机绕组或引出线有相间或对地短路。

4. 三相电流不平衡

电动机启动后，测量三相空载电流，如果某一相电流与三相电流平均值相差大于平均值的 10%，即认为三相空载电流不平衡。

这时首先要检查电源三相电压是否平衡，如果电源电压平衡，问题则出在电动机的内部，可能的原因如下：

（1）电动机重绕后，三相绕组匝数相差较大。

（2）定子引出线极性接错。

（3）绕组内部有故障。

5. 启动后机壳带电

当电动机外壳没有可靠接地，而带电部分一相对地绝缘又有损坏时，电动机启动后即表现为机壳带电，具体原因如下：

（1）电动机引出线绝缘损坏而碰壳接地。

（2）绕组端部碰触端盖而接地。

（3）槽口绝缘损坏。

（4）槽内有毛刺或铁屑等杂物没除尽，导线嵌入后，刺破绝缘而接地。

（二）电动机带负载启动

一般新的或经过修理的电动机都经过空载试运检查，完全正常后方可再带负载运行。当电动机空载正常后带负载投入运行时，不能启动、启动困难或电动机虽能转动但长时间

达不到额定转速，随后还出现熔断器熔断（或热继电器动作），此情况可按下列方法进行检查。

1. 第一次带负载启动的电动机

第一次带负载启动的电动机需检查以下各项：

（1）检查所选择的启动方法是否合适。根据电源容量、电动机容量及启动时的负载情况考虑。如启动方法不当，应重新选择适当的启动方法。

（2）电动机与电源连接的导线是否过细。其导线截面要与电动机容量相匹配，同时还应考虑电动机与电源的距离，否则启动时线路压降过大也会启动困难。出现此现象后应更换合适的导线。

（3）电动机的容量与拖动的负载不匹配。电动机的容量过小或启动转矩小于负载转矩，造成不能启动，要重新选择合适的电动机。

（4）检查电动机接线。如是三角形接线的电动机，误接成星形，在空载时虽能启动，但在重载下就可能启动不起来。这时如果电源容量允许，可改为三角形接线直接启动。

2. 多次正常启动的电动机

多次正常启动的电动机启动时出现不能启动或启动困难时，需检查以下各项：

（1）测量电动机端子电压，如不正常，检查电源设备。

（2）检查负载设备是否被卡死或转动困难，如有问题，进行修复。

（3）转子绕组断线。如笼形转子有断条或绕线转子一相断线，此时空载虽可启动，但在重载下就不能启动。这时应检查转子绕组，找出故障点。

（三）滚动轴承发热

滚动轴承具有机械效率高、安装维护简单、储备和使用成本低等优点，在中小型电动机上滚动轴承得到了广泛应用。滚动轴承受冲击负荷能力较差，运行中噪声较大，使用寿命短，如果不正确使用和维护，将会引起滚动轴承过热及烧毁。

1. 滚动轴承过热及烧毁的现象

（1）轴承的滚珠、滚柱、滚道或内外套圈变色发黑。

（2）润滑脂变色、变质。

（3）保持架变色发黑或变形。

（4）轴承套变形。

（5）内、外轴承盖变形、开裂或止口磨损。

（6）轴承定位卡簧损坏。

（7）轴颈磨损变形。

（8）定、转子铁芯摩擦。

2. 滚动轴承过热的原因

（1）滚动轴承润滑方式不正确。如随意改变润滑脂压注方式，或压注润滑脂的油路不当，以及长期不清洗或不更换润滑脂和不定期加油。

（2）油路不畅，加油、排油孔堵塞。

（3）润滑脂牌号不当。

（4）润滑脂充填过多或过少。

（5）轴承质量不好或清洗不良。

（6）轴承型号不符，轴承精度等级降低。

（7）轴承与轴颈或轴承室配合过紧。

（8）转子动平衡不良或振动超限。

（9）端盖轴承室与转轴不同心。

（10）电动机轴与机械轴不同心。

3. 解决滚动轴承过热的方法

（1）核查润滑方式是否满足使用要求，恢复原润滑方式，保证油路畅通。

（2）选择合适牌号的润滑脂，可选用针入度较高的润滑脂，但要经过试验并在一定时间内监视轴承温升及使用情况。

（3）润滑脂填充量为轴承室空间的 1/3～2/3。2 极电动机填充润滑脂为轴承内外圈空腔的 1/3～1/2，2 极以上电动机为 2/3。

（4）轴承装配前应仔细检查、核对型号，以保证轴承精度和游隙。

（5）保证电动机安装时联轴器的同心度。

（6）消除各种原因引起的振动。

（7）不得长期超负荷运行。

（四）电动机的噪声及消除方法

电动机的噪声大致有通风噪声、机械振动噪声和电磁噪声三类。

1. 通风噪声

当电动机旋转起来以后，设法堵住其进出风口，或者拆除风扇后再启动电动机，此时噪声明显减弱就表明该噪声为通风噪声。注意此法只可做短时试验，不能运行时间过长。电动机的通风噪声主要是由风扇、进出风口和通风道设计不当引起的，改善或消除通风噪声的措施如下：

（1）调整风扇叶片数，可改善风扇笛声。

（2）适当减小风扇外径，可改善风扇涡流声。

（3）正确选用风扇材质和结构，单向旋转的高速电动机，可采用流线形后倾式离心风扇。对离心式风扇，带导向环的比不带导向环的噪声低。

（4）改进风路：加大风扇外缘与风扇罩端面内腔间隙，取消风道中的障碍，使风流方向平滑，可改善噪声。

2. 机械噪声

当噪声与电动机振动相关联并随电动机的转速高低而变化时，说明该噪声是机械噪声。电动机产生机械噪声的原因主要有以下几种：

（1）转动部分不平衡（包括电动机转子与负载机械的转动部分）。

（2）轴承安装不良或轴承损坏。

（3）异物进入电动机内。

（4）紧固件松动。

（5）电动机没找正，电动机轴伸与负载机械轴不同心。

改善或消除机械噪声的措施如下：

（1）打开联轴器，让电动机空转，如噪声消失，说明噪声是由负载机械传入的，需对负载机械进行处理。

（2）检查转子平衡，校验转子的静、动平衡。

（3）检查轴承，更换损坏轴承。

（4）紧固各零部件（如挡风板、风罩、地脚等）。

（5）重新找正，使电动机轴伸与负载机械轴同心。

3. 电磁噪声

断开电源后，电动机由于惯性仍在转动，噪声在断开电源的同时立即消失，当再合上电源后噪声又随即产生，说明此噪声是电磁噪声。电磁噪声主要是由于气隙中的磁场（包括基波磁场和各次谐波磁场）产生周期性变化的径向力或不平衡的磁场力使定、转子铁芯产生磁滞收缩和振动引起的，具体如下：

（1）转子笼条断裂。

（2）定子绕组不对称或有匝间短路。

（3）转子偏心。

（4）定、转子铁芯叠压不紧。

（5）高次谐波。

第五章

柴油发电机组

柴油发电机组是以柴油发动机（以下简称柴油机）带动发电机运行的发电装置，它由柴油发动机、发电机及其他附属系统组成（见图5-1），其中柴油机及发电机为主要部分。

某电厂共安装两种柴油发电机组，它们的技术参数见表 5-1。

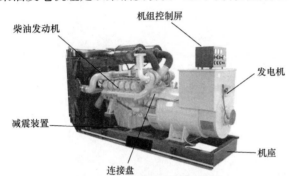

图 5-1　柴油发电机组结构图

表 5-1　350MW 机组柴油发电机组与 300MW 机组柴油发电机组技术参数

350MW 机组柴油发电机组			
柴油机部分			
项目	参数	项目	参数
型号	24V-71TA	额定功率	800kW
形式	四冲程、V 式 24 缸、空气冷却器、涡轮增压		
额定转速	1500r/min	最大允许转速	2100r/min
额定转速时最大功率	985kW	燃油消耗率	249L/h（额定功率下）
启动方式	24V 直流电启动	噪声水平	90dB（距离 1m 处）

发电机部分					
项目	参数	项目	参数	项目	参数
型号	5M4044	额定容量	1000kVA	额定功率	800kW
额定频率	50Hz	额定转速	1500r/min	额定电压	400V
相数	3	额定电流	1445A	功率因数	0.8
运行方式	连续	励磁方式	无刷自励磁	接地方式	66Ω 电阻

300MW 机组柴油发电机组

柴油机部分

项目	参数	项目	参数
型号	MTU（12V2000G22）	额定功率	500kW
形式	四冲程、V 式 12 缸、空气冷却器、涡轮增压		
额定转速	1500r/min	冷却方式	闭式循环带热交换器
启动方式	24V 直流电启动	噪声水平	102dB（距离 1m 处）
燃油消耗	140L/H	燃油消耗率	≤207g/kWh

发电机部分

项目	参数	项目	参数	项目	参数
型号	HCI544F1	额定容量	670kVA	额定功率	500kW
额定频率	50Hz	额定转速	1500r/min	额定电压	400V
相数	3	额定电流	967.1A	功率因数	0.9
运行方式	连续	励磁电压	43V	励磁电流	2.5A
环境温度	40℃	防护等级	IP32	绝缘等级	H
配用 AVR 板	SX440	励磁方式	无刷自励磁	接地方式	70Ω 电阻

第一节　概　　述

一、柴油机部分

柴油机是将柴油燃烧后产生的热能转化为动能的发动机，它的燃料是轻柴油，一般是通过喷油泵和喷油器将柴油直接喷入发动机气缸，在气缸内经均匀混合和压缩，在高温下自燃。这种发动机又称为压燃式发动机，其结构见图 5-2。

以下从四冲程柴油机的工作原理及结构两方面进行介绍。

（一）四冲程柴油机的工作原理

活塞走四个过程才能完成一个工作循环的柴油机称为四冲程柴油机，它的工作是由进气、压缩、燃烧膨胀和排气这四个过程来完成的，这四个过程构成了一个工作循环，以下对其工作过程进行说明，见图 5-3。

1. 进气冲程

第一冲程——进气，它的任务是使气缸内充满新鲜空气。当进气冲程开始时，活塞位于上止点，气缸内的燃烧室中还留有一些废气。

当曲轴旋转时，连杆使活塞由上止点（活塞距曲轴中心最远的位置）向下止点（活塞

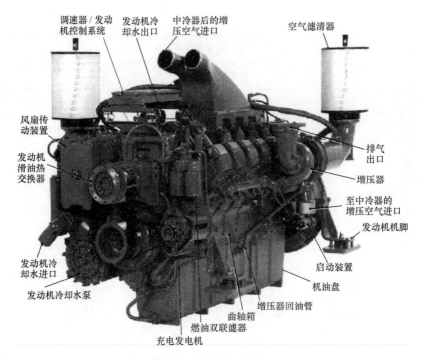

图 5-2 柴油机结构图

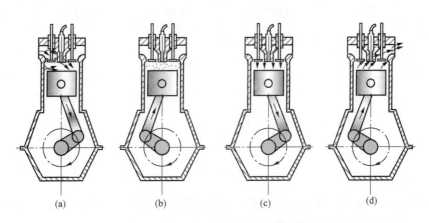

图 5-3 四冲程柴油机工作过程示意图

(a) 进气冲程；(b) 压缩冲程；(c) 燃烧膨胀冲程；(d) 排气冲程

距曲轴中心最近的位置）移动，同时，利用与曲轴相连的传动机构使进气阀打开。

随着活塞的向下运动，气缸内活塞上面的容积逐渐增大：造成气缸内的空气压力低于进气管内的压力，因此外面空气就不断地充入气缸。

当活塞向下运动接近下止点时，冲进气缸的气流仍具有很高的速度，惯性很大，为了利用气流的惯性来提高充气量，进气阀在活塞过了下止点以后才关闭。虽然此时活塞上行，但由于气流的惯性，气体仍能充入气缸。

2. 压缩冲程

第二冲程——压缩。压缩时活塞从下止点向上止点运动，这个冲程的有两个作用，一是提高空气的温度，为燃料自行发火做准备；二是为气体膨胀做功创造条件。当活塞上行，进气阀关闭以后，气缸内的空气受到压缩，随着容积的不断减小，空气的压力和温度也就不断升高，压缩终点的压力和湿度与空气的压缩程度有关，即与压缩比有关，一般压缩终点的压力和温度为：$P_c=4\sim8MPa$，$T_c=750\sim950K$。

柴油的自燃温度为 543～563K，压缩终点的温度要比柴油自燃的温度高很多，足以保证喷入气缸的燃油自行发火燃烧。

喷入气缸的柴油并不是立即发火的，而是经过物理化学变化之后才发火，这段时间为 0.001～0.005s，称为发火延迟期。因此，要在曲柄转至上止点前 10°～35°曲柄转角时将雾化的燃料喷入气缸，并使曲柄在上止点后 5°～10°时，在燃烧室内达到最高燃烧压力，迫使活塞向下运动。

3. 燃烧膨胀冲程

第三冲程——燃烧膨胀。在这个冲程开始时，大部分喷入燃烧室内的燃料都燃烧了。燃烧时放出大量的热量，因此气体的压力和温度便急剧升高，活塞在高温高压气体作用下向下运动，并通过连杆使曲轴转动，对外做功。所以，这一冲程又称为功或工作冲程。

随着活塞的下行，气缸的容积增大，气体的压力下降，工作冲程在活塞行至下止点、排气阀打开时结束。

4. 排气冲程

第四冲程——排气。排气冲程的功用是把膨胀后的废气排出去，以便充填新鲜空气，为下一个循环的进气做准备。当工作冲程活塞运动到下止点附近时，排气阀开启，活塞在曲轴和连杆的带动下，由下止点向上止点运动，并把废气排出气缸外。由于排气系统存在阻力，所以在排气冲程开始时，气缸内的气体压力比大气压力高 0.025～0.035MPa，其温度为 1000～1200K。为了减少排气时活塞运动的阻力，排气阀在下止点前就打开了。排气阀一打开，具有一定压力的气体就立即冲出缸外，缸内压力迅速下降，这样当活塞向上运动时，气缸内的废气依靠活塞上行排出去。为了利用排气时的气流惯性使废气排得干净，排气阀在上止点以后才关闭。

排气冲程结束之后，又开始了进气冲程，于是整个工作循环就依照上述过程重复进行。

四冲程柴油机每个工作循环中，只有燃烧膨胀冲程才做功，而进气、压缩和排气三个辅助冲程不但不做功，而且还消耗一部分功，用来压缩气体和克服进、排气时的阻力。因此，在柴油机运行时，由于各冲程中有的获得能量，有的则消耗能量，造成转速不均匀，有时加速有时减速。

柴油机运转不均匀性，既达不到匀速运转的要求，又使各运动零件在工作过程中受到冲击，引起零件的严重磨损，有时会造成损坏。因此，提高运转的均匀性是柴油机结构上的一个重要问题。

提高柴油机运转的均匀性，通常采用两种方法：①在曲轴上安装飞轮；②采用多缸结构。

飞轮是一个具有较大转动惯量的圆盘，安装在柴油机的曲轴后端。当柴油机在燃烧膨胀冲程中气体压力通过活塞连杆推动曲轴时，也带动飞轮一起转动。此时飞轮将获得的一部分能量"储存"起来。当柴油机运转到其他三个辅助冲程时，飞轮便放出所"储存"的能量，使曲轴仍然保持原有的转速，从而大大提高柴油机运转的均匀性。

因此，单缸柴油机上必须安装一个尺寸与质量相当大的飞轮，以保证它的正常运转。

由于社会生产的发展，要求柴油机的功率增加，于是就出现了多缸柴油机。多缸柴油机具有两个及两个以上的气缸，各缸的活塞连杆机构都连接在同一根曲轴上。一般常用的多缸柴油机有 4、6、8、12 缸和 16 缸。根据气缸排列方法的不同，又可分为直列式和 V 形等。

在多缸机中对每个气缸来讲，它是按照前述的单缸柴油机的工作过程进行工作的。但在同一时刻每缸所进行的工作过程却不相同。它们是根据气缸数目和曲柄排列方式的不同、按照一定的工作顺序而工作的。为了保证发动机运转均匀性和平衡性的要求，对四冲程柴油机，曲轴转动两转（即 720°）内，每个气缸都必须完成一个循环。因此，各缸应相隔一定的转角而均匀地发火。若多缸柴油机有 i 个气缸，则发火间隔角应为

$$\theta = 720/i$$

由上式可知，四缸机的发火间隔角为 180°。各缸的发火顺序可为：1—3—4—2，即表示第一缸发火以后，依次为第 3、4、2 缸的顺序相继发火。

表 5-2 为四缸柴油机发火顺序，四缸柴油机的曲轴由四个曲拐构成，各曲拐平面之间的相互夹角为 180°。若第 1、4 缸内的活塞运行到上止点位置时，第一缸进行做功冲程，则第四缸进行吸气冲程，而第三缸和第二缸分别开始进行压缩和排气冲程。在曲轴转过 180°后，则第二缸和第三缸的活塞处于上止点位置，第三缸开始进入做功冲程，第二缸为进气冲程。此时一、四缸分别为排气和压缩冲程。如此循环，使四个气缸每隔 180°曲轴转角，交替进入做功冲程推动活塞运动。

表 5-2		四缸柴油机发火顺序		
曲轴转角（°）	第一缸	第二缸	第三缸	第四缸
0~180	做功	排气	压缩	进气
180~360	排气	进气	做功	压缩
360~540	进气	压缩	排气	做功
540~720	压缩	做功	进气	排气

（二）柴油机的基本构造

1. 进气排气系统

进气排气系统图见图 5-4。空气通过空气滤清器进入气缸内，在排气冲程将废气排出送入涡轮增压器中做功，做完功的气体通过排气口排往大气。当空气滤清器堵塞后，空滤阻塞指示器就会显示为红色，提醒维护人员清理或更换空气滤清器。

2. 燃油供给和调速系统

燃油供给和调速系统（见图 5-5）的作用是将柴油按照一定规律喷入经压缩的空气中燃烧。它是由高压油泵、高压油管、喷油嘴、柴油滤清器、油水分离器组成。

高压油泵将燃油从油箱中吸出，经过进油管、油水分离器后将柴油送入柴油滤清器中过滤，过滤后的柴油经喷油嘴雾化后进入气缸。回油经高压柱塞泵通过管道回到油箱。

图 5-4　进气排气系统图

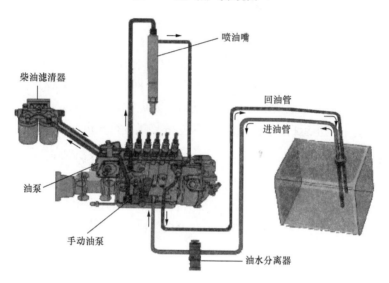

图 5-5　燃油供给和调速系统图

调速系统控制器将速度传感器上的转速信号引入后与给定的转速信号比较，通过控制喷油嘴的喷油量使柴油机的转速达到给定值。

3. 冷却系统

冷却系统的作用是将柴油机运行中产生的热量散发出去。它是由水泵、机油冷却器、冷却液滤清器、散热水箱、风扇、节温阀等构成，见图 5-6。

柴油发电机的冷却系统包括高温冷却回路和低温冷却回路，高温冷却回路冷却气缸套、气缸头等，低温冷却回路冷却进气及润滑油。

4. 润滑系统

润滑系统的作用是将润滑油供给摩擦件以减小摩擦阻力，减少机件间的磨损，并冷却摩擦零件，清洁摩擦表面。它由润滑油泵、润滑油滤清器、润滑油冷却器及管路组成。

5. 启动充电系统

启动充电系统用于柴油机的启动，由启动马达、蓄电池、充电器组成。

某电厂柴油发电机采用 DC 24V 启动机启动，其中 350MW 机组配备容量 100VA、电

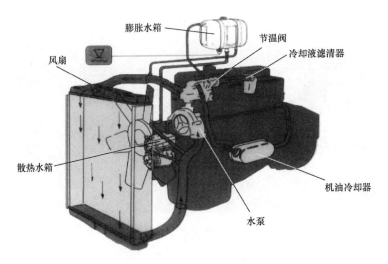

图 5-6　冷却系统图

压 12V 的 4 块蓄电池通过两串两并组成容量 200VA、电压 24V 的电源供启动机使用，该柴油发电机配备两个启动器；300MW 机组配备容量 200VA、电压 12V 的蓄电池两块串联供启动机使用，该柴油发电机配备一个启动器。发电机运行期间，柴油机本体的充电机对蓄电池进行充电，停止运行期间，由专门的充电装置进行充电。

二、发电机部分

柴油发电机组的发电机部分采用的是无刷自励磁方式，它们的原理也基本相同。无刷自励磁发电机原理见图 5-7，发电机的转子部分由旋转电枢式发电机转子、旋转半导体整流装置、发电机励磁绕组组成，发电机定子部分由发电机定子绕组及旋转电枢式发电机定子绕组组成。

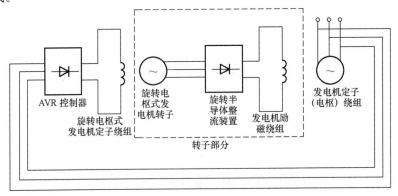

图 5-7　无刷自励磁发电机原理图

发电机的转速达到额定后，转子中的剩磁使发电机出口产生一定的剩磁电压，发电机的 AVR 控制器获取该电压后，将产生励磁电压送入旋转电枢式交流发电机的定子（励磁）绕组，使旋转电枢式发电机转子中产生的三相交流电经整流后送入发电机励磁绕组，增强了发电机转子磁场强度，使发电机出口电压升高，如此循环，直至发电机出口电压达到额定，该种励磁方式为自励磁。

由于旋转电枢式发电机转子、旋转半导体整流装置及发电机励磁绕组同在一个旋转体上，它们之间的连接就可采用固定连接而不需要电刷和集电环装置了，此种励磁方式也称为无刷励磁，所以该发电机励磁方式为无刷自励磁方式。

两台发电机均采用星形接线，中性点经电阻接地方式运行。350MW 发电机中性点接地电阻为 66Ω。它的接地电阻安装在发电机出口开关旁的接地电阻箱内。300MW 发电机中性点接地电阻为 70Ω，它的接地电阻安装在发电机出线盒内。接地电阻一端与地相连，另一端与发电机中性点相连。其中，300MW 柴油发电机的一次接线比较特殊，见图 5-8。

发电机运行中通过 AVR 控制装置进行电压及无功功率的调节，同时要对运行中的电压信号采集。350MW 柴油发电机在出线盒内安装了 AVR 控制装置、出线 TV 及 TA 等测量装置。300MW 机组在发电机出线盒安装

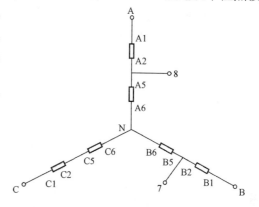

图 5-8　300MW 柴油发电机一次接线图

有 SX440 型 AVR 控制板、功率因数控制板、出线 TA 等装置。

350MW 柴油发电机测量及励磁系统接线见图 5-9。柴油发电机从发电机出口母线排上引出两组线，分别为 E1、E2、E3 及 L1、L2、L3，从发电机中性点母线排上引出 L0 线。E1、E2、E3 接入发电机出现盒内的 AVR 装置内，L1、L2、L3 分别接入发电机出线盒内的三只单相 TV 一次侧，三只 TV 一次侧末端连接起来与 L0 相连。发电机出线母线排上安装有出线 TA。TA 二次线及 TV 的二次线将电流、电压信号送至发电机控制屏上。

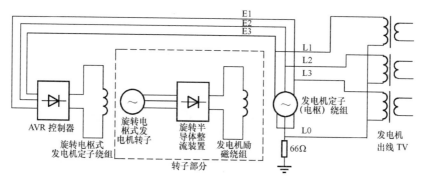

图 5-9　350MW 柴油发电机测量及励磁系统接线图

300MW 柴油发电机测量及励磁系统接线见图 5-10。AVR 控制板的 2、3 号端子及 P2、P3 号端子分别与发电机出口母线排 A、B 相引出的 7、8 号线相连，其中 P2、P3 号端子为 AVR 控制板的电源端子，2、3 号端子为 AVR 反馈电压输入。X 及 XX 端子为输出的励磁电源，它们分别与励磁机定子的 F1、F2 线相连，其中 X 端子及 F1 线为正极，XX 端子及 F2 线为负极。1、2 号端子通过导线与发电机控制屏上的调压电位器相连。S1、S2 端子与发电机出线 C 相上安装的调差电流互感器二次侧相连，调差电流互感器安

装在 C5 与 C2 端子间，取 C 相的 1/2 电流。

PFC（功率因数）控制板中 E1、E0 端子为控制板电源输入，它们分别与发电机出线端子的 A 相母线排与中性点母线排相连，电压为 220V。A1、A2 端子分别与 AVR 控制板上的 A1、A2 端子相连。CB1、CB2 端子与出线开关的动合辅助触点相连。

发电机的三相电压信号分别从其出线母线排及中性点母线排上取出，其中发电机出线 A、B、C 电压线通过二次端子箱内的熔断器后送入发电机控制屏，而中性线直接通过端子排送至发电机控制屏。同时发电机出口母线上套有电流互感器，其二次接线也通过二次端子箱内端子排后送入发电机控制屏。

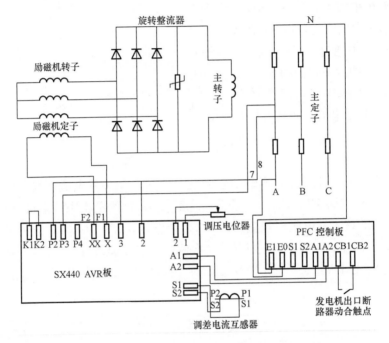

图 5-10　300MW 柴油发电机测量及励磁系统接线图

第二节　柴油发电机组维护

一、柴油机部分

1. 冷却系统的维护保养

（1）对冷却液及防冻液进行检查补充。

（2）用水或中性液体清理散热器的外部。

2. 润滑系统的维护保养

（1）润滑油检查更换。

（2）润滑油滤清器更换。

3. 燃油系统的维护保养

燃油滤清器更换。

4.进气排气系统的维护保养

空气滤清器更换。

5.启动系统的维护保养

启动机所用蓄电池的电压测量，每月进行一次。根据测量结果判断蓄电池状态，决定是否对其进行更换，更换周期大约三年。

二、发电机部分

应每年对发电机进行以下检查及维护：

（1）对发电机接线盒内的脏污进行清理，并检查接线盒内所有接线螺栓紧固，所有结合面无过热现象。

（2）通过发电机试运，检查发电机轴承声音是否均匀，无异常声音。

（3）对发电机进行电气试验，共有以下检查项目：

1）定子绕组绝缘电阻测试，要求使用 $500V$ 绝缘电阻表，绝缘电阻值大于 $1M\Omega$。

2）定子绕组直流电阻测试，分别测量三相绕组对中性点间的电阻（即相电阻），要求测量值与原始值比较不大于2％，且最大值与最小值的差与最小值之比小于1％。

3）励磁机定子绕组绝缘电阻，要求使用 $500V$ 绝缘电阻表，绝缘电阻值大于 $1M\Omega$。

4）励磁机定子绕组直流电阻，要求测量值不大于原始值的2％。

5）接地电阻测试，用万用表测量接地电阻值，要求不大于标准值的2％。

（4）进行电气试验时的注意事项。

1）350MW 柴油发电机测量前在发电机接线盒内甩开中性点引线及 L0 引线；将 AVR 控制装置上拔下 E1、E2、E3 引线，做好标记，并将其接线鼻子用绝缘胶带包好；将 L1、L2、L3 引线从出线 TV 一次端拔下，做好标记，并将其接线鼻子用绝缘胶带包好。

2）300MW 柴油发电机试验前在发电机接线盒内甩开中性点与接地电阻间引线；取下发电机本体端子箱内的熔断器，并在端子排上打开 N 端子与地间连接线；拔下 AVR 板上 2、3、P2、P3 端子上的线，做好标记，并将其接线鼻子用绝缘胶带包好；拔下功率因数板上电源输入线 E1、E0，做好标记，并将其接线鼻子用绝缘胶带包好。

3）试验完毕后将拆除的引线按照标记恢复。

第三篇

变 压 器

变压器是利用电磁感应原理制成的一种静止的交流电磁设备。铁芯和绕组是变压器最主要的部分，两者装配在一起构成变压器的器身，器身一般装在油箱或外壳内，再配置调压、冷却、保护、测温和出线等装置，成为了变压器的结构整体。

变压器分为电力变压器和特种变压器。电力变压器又分为油浸式和干式两种。目前，油浸式变压器用作升压变压器、降压变压器、联络变压器和配电变压器，干式变压器只在部分配电变压器中采用。本篇主要介绍油浸式电力变压器。

第六章

变 压 器 结 构

第一节 铁 芯

一、铁芯的作用和结构

变压器的铁芯是变压器的基本部件，是变压器导磁的主磁路，又是变压器器身的机械骨架。铁芯是框形闭合结构，其中套绕组的部分称为芯柱，不套绕组只起闭合磁路作用的部分称为铁轭。现在铁芯的芯柱和铁轭均在一个平面内，称为平面式铁芯，见图6-1。

铁芯分为两大类，一类为壳式铁芯，另一类为心式铁芯。铁轭包围了绕组，称为壳式铁芯，否则称为心式铁芯，见图6-2。

心式铁芯结构简单，以单相芯式变压器为例，它有两个芯柱，用上、下两个铁轭将芯柱连接起来，构成闭合磁路。两个芯柱上都套有高压绕组和低压绕组，通常将低压绕组放在内侧，高压绕组放在外侧。

壳式铁芯一般是水平放置的，芯柱截面为矩形，每柱有两个旁轭。以单相壳式变压器为例，它有一个中心芯柱和两个分支芯柱（也称为旁

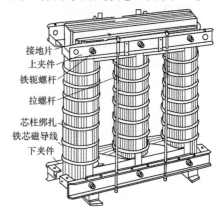

图 6-1 三相三柱心式变压器铁芯结构图

轭），中间芯柱的宽度为两个分支铁芯宽度之和，全部绕组放在中间的芯柱上，两个分支芯柱好像"外壳"似的围绕在绕组的外侧，因而有壳式变压器之称。

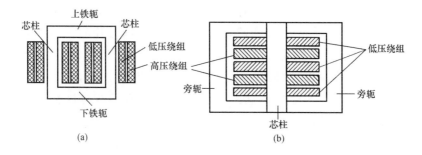

图 6-2 典型的心式和壳式变压器结构图

(a) 单相心式变压器；(b) 单相壳式变压器

壳式铁芯的优点是铁芯片规格少，芯柱截面大而且长度短，夹紧和固定方便，漏磁通有闭合回路，附加损耗小，易于油对流散热。缺点是绕组为矩形，工艺特殊，绝缘结构复杂，短路能力差，尤其是硅钢片用量多。心式铁芯的优、缺点正好与壳式相反。壳式与心式两种结构各有特色，很难断定其优劣，但其结构所决定的制造工艺则大有区别，一旦选定了某一种结构，就很难转而生产另一种结构。正由于这个原因，国内都采用心式铁芯，因此以下主要叙述心式铁芯的结构。

三相心式变压器有三相三柱式［见图6-3（a）］和三相旁轭式（也称为三相五柱式）

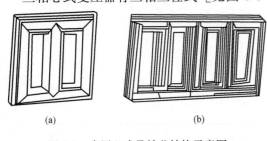

图 6-3　常用心式叠铁芯结构示意图
(a) 三相三柱式叠铁芯；(b) 三相三柱旁轭式叠铁芯

两种。三相三柱式铁芯是将A、B、C三相的三个绕组分别放在三个芯柱上，三个芯柱与上、下两个磁轭共同构成磁回路，它是三相变压器最为广泛应用的典型结构。大容量的三相电力变压器采用三相三柱旁轭式铁芯［见图6-3（b）］，它中间为三个芯柱，各自为一相，二边旁轭和上、下端轭截面是芯柱截面的

$1/\sqrt{3}$，主要是用来降低铁芯高度，便于运输。

二、铁芯的截面和叠积形式

变压器铁芯的截面分为芯柱截面和铁轭截面，芯柱截面形状与绕组截面形状是互相适应的。采用斜接缝铁芯，铁轭截面往往与芯柱截面形状相同，或者是级数与级宽相同。芯柱截面分为三种：矩形、多级圆形、多级椭圆形。心式变压器铁芯的芯柱截面均为多级圆形截面，这种截面的铁芯片每片宽度都不相同，分成若干组。电力变压器铁芯标准直径最小为 $\phi70$，最大达 $\phi1000$，当铁芯直径大于 400mm 时要设置油道。铁轭截面常见的也有三种：矩形、多级圆形、多级椭圆形。其中多级圆形截面的铁轭截面和芯柱截面完全相同，磁通分布均匀，是现在变压器的主要铁轭截面形状。

叠铁芯是由薄片的硅钢片叠积的，因而具有一定的叠积形式。铁芯的叠积形式一要保证不减弱硅钢片的磁性，二要在机械结构上对形成整体铁芯有利。铁芯的叠积形式是按芯柱和铁轭的接缝是否在一个平面内而分类：各个接合处的接缝在同一垂直平面内的称为对接，在两个或多个垂直平面内的称为搭接。对接式的芯柱片与铁轭片间可能短路，需要垫绝缘垫，且机械上没有联系，夹紧结构的可靠性要求高，因此，现在的铁芯不采用对接的叠积形式。搭接式的芯柱与铁轭的铁芯片的一部分交替地搭接在一起，使接缝交替遮盖，从而避免了对接式的缺点，为现在叠铁芯采用的唯一形式［见图6-4（a）］。铁芯在厚度方向是由铁芯片一层一层叠积的，每层是一片铁芯片时磁性最好，但增加了叠积的工作量，一般是用两片或三片铁芯片分层叠积的。作为冷轧取向硅钢片的铁芯材料，铁芯叠积接缝全部采用斜接缝［见图6-4（b）］，这样空载损耗大大降低。接缝在边柱角处的称为边柱角接缝，常见的有标准斜接缝和台阶斜接缝，标准斜接缝铁芯片为纯45°斜角片，铁轭外侧又尖角伸出，是小型铁芯采用的形式。台阶斜接缝铁芯片是45°带台阶的斜角片，其台阶正好填补了标准斜接缝的三角空穴，因

而磁通分布均匀，是广泛采用的接缝形式。

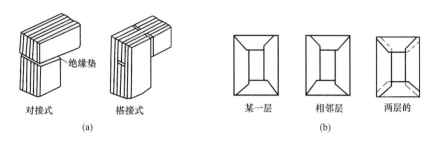

图 6-4 铁芯叠积示意图

(a) 芯柱和铁轭铁芯片叠积；(b) 全斜接缝单相二柱式铁芯叠积

三、铁芯的夹紧装置

铁芯的夹紧装置使铁芯本体成为一个紧固整体。采用冷轧硅钢片后，为了避免铁芯穿孔、槽局部磁通密度增大，以及使磁通偏离硅钢片的轧制方向，目前的夹紧结构主要是无孔绑扎结构。根据变压器的电压等级和容量的不同，夹紧结构大致分为以下两种。

（一）无孔绑扎、拉螺杆的夹紧结构

无孔绑拉、拉螺杆的夹紧结构常用于中小型变压器铁芯上，铁芯直径范围为 $\phi 80 \sim \phi 400$。大型变压器铁芯采用的较少，是由于旁螺杆夹紧强度不大，而拉螺杆又减小了对地绝缘距离的缘故。这种结构又采用经吊螺杆连箱盖的安装方式，典型结构及部件见图6-5。其结构件有铁轭夹件、旁螺杆、拉螺杆、芯柱绑扎带、铁轭拉带和垫脚等，绝缘件有夹件绝缘、螺杆绝缘、拉带绝缘、垫脚绝缘和垫脚垫块等。

1. 芯柱绑扎结构

当窗高小于600mm（芯柱直径 $D \leqslant 230\text{mm}$）时，芯柱不绑扎，其余的均用半干性玻璃黏带绑扎。由于没有拉板，在接缝处要加一纸板或硅钢片作为封片。

2. 铁轭夹紧结构

铁轭夹紧结构主要是由槽钢制成，借助于拉带和旁螺杆夹紧铁轭。夹件两端放置旁螺杆，铁轭不绑扎时，一根旁螺杆放在夹件高度的中心；铁轭仅外侧绑扎时，放在夹件高度中心向内侧偏移10mm，旁螺杆上套有2mm纸管。铁轭绑扎的拉带也用半干性玻璃黏带，玻璃黏带两端各套有U形螺杆，固定在夹件的支板上。支撑引线木件（线夹）固定在夹件的支板上，而压紧绕组的压板则焊在上夹件下侧。接地铜片插入铁芯离最小级 $2 \sim 3$ 级之间，插入深度 $50 \sim 70\text{mm}$，外露部分包绕皱纹纸。

3. 整体夹紧结构

上、下夹件穿上拉螺杆后，夹紧结构就形成一框架结构，下面需有一框底—垫脚，使框架成为框形兜住整个铁芯。铁芯的绝缘件见图6-5，结构件应有相应的绝缘件，使磁导体与夹紧结构互相绝缘。

（二）无孔绑扎、拉板的夹紧结构

无孔绑扎、拉板的夹紧结构常用于大型变压器铁芯上，中小型变压器铁芯采用的较少。这种结构固定在箱底，紧固件中用拉板代替拉螺杆，用侧梁代替旁螺杆，见图6-6。

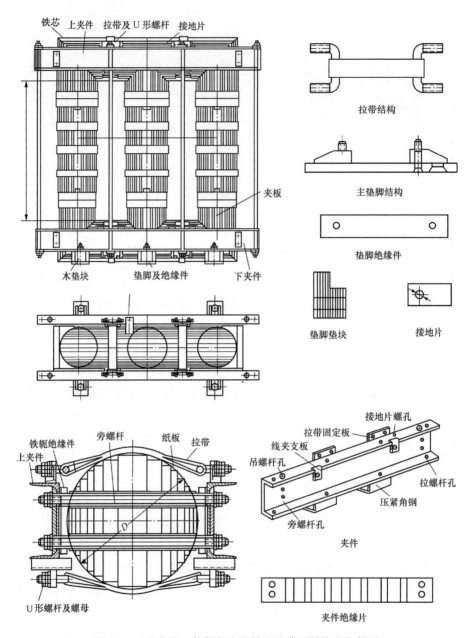

图 6-5　无孔绑扎、拉螺杆夹紧铁芯的典型结构及部件图

1. 芯柱绑扎结构

芯柱也均采用半干性玻璃黏带绑扎，由于有拉板不需要封片，在靠近上、下铁轭处要增加 2～3 道绑扎。

2. 铁轭夹紧结构

铁轭夹紧结构主要是由垂直的腰板和上、下肢板组成的焊接夹件。为了减少漏磁在夹件肢板中产生涡流损耗而局部过热，上夹件的下肢板和下夹件的上肢板做成细条状。夹件上有固定上梁和垫脚的固定孔、拉带的固定板、支持引线木件的支板、吊板以及固定侧梁、上梁、拉板的定位孔，夹件两端放置侧梁。铁轭的绑扎也采用了半干性玻璃黏带制成

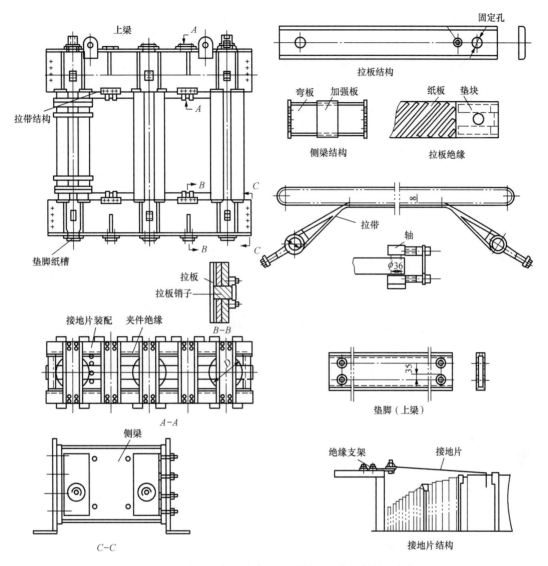

图 6-6　无孔绑扎、拉板夹紧三柱式铁芯的典型结构及部件图

的拉带，外侧绑扎借助于垫脚和上梁，即利用了空间又增加了绑扎强度。在三柱旁轭式铁芯中，旁轭采用钢带绑扎，增加了绑扎的强度，绑扎钢带必须用绝缘的卡子，不形成短路匝。铁芯接地片应插入铁轭的最大级中，插入深度不小于 140mm。

3. 整体夹紧结构

上、下夹件与拉板固定后，铁芯的夹紧结构就成为一框架结构，拉板设置在芯柱的两侧，并置于铁芯截面的外接圆内，来固定销与夹件。

四、铁芯的绝缘和接地

（一）铁芯的绝缘

铁芯绝缘不良将影响变压器的安全运行。铁芯的绝缘有两种：一种是片间绝缘，另一种是与结构件间的绝缘。

铁芯片间的绝缘是把芯柱和铁轭的截面分成许多细条形的小截面，磁通垂直通过这些小截面时，感应出的涡流很小，产生的损耗也很小。铁芯片间无绝缘时，磁通垂直流过的截面很大，感应的涡流大；铁芯片间绝缘过小时，片间电导率增大，穿过片间绝缘的泄漏电流增大，将增加附加的介质损耗；铁芯片间绝缘过大时，铁芯不是等电位，必须把各片均连接起来接地，否则片间将出现放电现象。因此，铁芯片间要有一定的绝缘，在标准的测量方法情况下一般在 $60\sim105\Omega\cdot cm^2$。现在采用的冷轧取向硅钢片的表面具有 $0.015\sim0.02mm$ 的无磷化膜可满足这一要求，其他的硅钢片则需要涂漆。

铁芯片与其夹紧结构件的绝缘是防止与结构件短路和短接。铁轭螺杆的绝缘不可损伤，否则有可能造成铁芯局部短路形成短路匝；旁螺杆、侧梁和垫脚的绝缘也应良好，否则铁芯片间的一边形成电气连接，产生短接铁芯片的现象；夹件绝缘是为了形成油道，避免铁轭磁通流入夹件而设置的。

整个铁芯是地电位，其间的绝缘非常简单，用 $2\sim6mm$ 厚的纸板或纸管就可以了（由机械强度决定）。

（二）铁芯的接地

铁芯及其金属结构件在电场作用下，具有不同的电位，且与油箱电位不同。虽然它们之间电位差不大，也将通过很小的绝缘距离而断续放电。因此铁芯及其金属结构件必须经油箱接地。

铁芯中通过磁通，当有多点接地时，等于通过接地片短接铁芯片，短接回路中有感应环流。这样，铁芯产生局部过热，接地片可能烧坏而放电，对大型变压器安全运行不利，因此铁芯必须一点接地。

第二节　绕　　组

绕组是变压器输入和输出电能的电气回路，是变压器的基本部件，它是由铜、铝的圆、扁导线绕制，再配各种绝缘件组成的。

一、变压器绕组结构的特点

因变压器容量和电压的不同，绕组所具有的结构特点也不相同。这些特点是匝数、导线截面、并联导线换位、绕向、绕组连接方式和形式等。

（一）导线和电流密度

绕组常用的导线为漆包圆铜线和纸包圆铜、铝线以及纸包扁铜、铝线。直径在 $\phi1.0\sim\phi2.0$ 时优先采用漆包线，因纸包线在直径较小时绝缘包的不紧实，所以在直径超过 $\phi2.0$ 时，一般才选择纸包线。扁线的窄边为 $1.12\sim5.60mm$，宽边为 $3.0\sim16.0mm$，层式绕组宽窄比要小些，饼式绕组要大些，太厚的扁线使线饼不易绕制，太薄的扁线不易平弯，且焊接困难。

导线的电流密度为相电流和导线总截面的比值，由于有变压器负载损耗、温升的限制和动、热稳定的要求，导线的电流密度不宜过大，一般铜导线为 $3.0\sim4.0A/mm^2$。变压器绕组设计合理，可以取大值，为了得到足够大的导线截面，可以采用多根导线。

（二）绕组的绕向和连接

绕组的绕向是导线缠绕的方向，只有两种：左绕向和右绕向，一般采用左绕向。绕组的绕向是由绕组起绕头决定的，如线匝从起绕头向内所缠绕的方向是逆时针方向，称为左绕向，反之称为右绕向。如果一个绕组由几个分绕组或不同绕向线段相接而成，其连接应保证极性一致。

（三）并联导线的换位

当变压器电流较大时，绕组的线匝不只是由一根而是由数根并联导线组成。为了保证并联导线间电流分布均匀，并联导线的长度应相等，而且与漏磁场的磁链应相同。这样导线的电阻相同，漏磁引起的电势相互抵消，则导线间就没有循环电流了，电流均匀分布就可以得到。因此并联导线必须对换位置，简称换位。

（四）绕组的冷却油道

油浸式变压器在绝缘结构中，如静电环、静电屏、端环、角环、隔板等零件均具有由撑条、垫块等构成的满足电气强度的油道，这些油道还必须满足散热的要求。作为散热的冷却油道，应尽力减小油流阻力，避免"死油区"。变压器绕组内通常采用的冷却油道结构见图6-7。

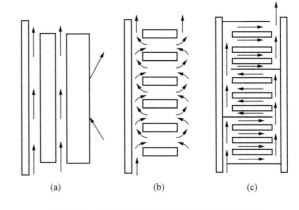

图 6-7 绕组内部油道及油流方向示意图
（a）垂直油道；（b）垂直兼有水平油道；（c）强迫油循环导向油道

（五）绕组的形式

绕组形式主要是根据绕组的电压等级和容量大小来选择，根据绕组匝数、尺寸、截面形状、并联导线根数来确定。变压器的绕组大致分为层式和饼式两种，绕组的线匝沿其轴向按层依次排列的称为层式绕组，绕组的线匝在辐向形成线饼（线段）后，再沿轴向排列的称为饼式绕组。变压器绕组形式分类如下：

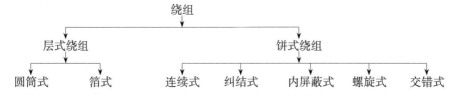

二、圆筒式绕组

低压圆筒式绕组一般用于630kVA及以下变压器的0.4kV电压等级的低压绕组，主要特点是电压等级低、用扁导线绕制而无酚醛纸筒、线匝呈螺旋状前进，见图6-8（a）。导线多用0.45mm绝缘纸包扁导线，干式的用漆包线或丝包扁导线，并联根数最多6根，可平绕也可立绕。一般为双层或四层，层间绝缘为油道撑条，用层压纸板构成，如用硬木条或竹条则两面扣纸板槽，以防其棱角卡坏匝绝缘。端部采用由酚醛纸筒割制而成的纸筒型斜端圈，其斜坡用来填平导线的螺旋端面。轴向并联导线的长度相等，又因为在同一层，感应电势相等无循环电流，不需要换位。辐向并联的导线一般仅为2根，在每层的一半处进行一次换位，即里外导线位置对换。换位后感应电势大小相等而方向相反，所以没有循环电流，是完全的换位，但换位后增加了绕组的高度。

高压圆筒式绕组一般用于 630kVA 及以下变压器的 3～35kV 电压等级的高压绕组，主要特点是多用圆线绕制，需要酚醛纸筒做骨架，由于是高压绕组，有分接头引出，见图 6-8（b）。导线多为 0.45mm 绝缘的纸包圆线或漆包圆线，导线并联根数最多为 2 根；层间绝缘一般用电缆纸敷设，6 层以上的层间绝缘为了散热改用油道撑条；端绝缘采用纸板条型和黏条型；绕组中有层间油道时，则与低压圆筒式绕组一样采用纸筒型；酚醛纸筒用单面酚醛上胶纸在卷纸机上加热卷制而成，构成绕组骨架，并起绝缘作用；35kV 级绕组设有静电屏，电屏用 0.3mm 厚铜板或铝板制成，开口 30～35mm，包扎绝缘也要开口 10mm。

三、饼式绕组

（一）连续式绕组

连续式绕组是典型的饼式绕组，使用的电压级差大（3～110kV），容量范围广（800～10 000kVA 及以上），且高、中、低压绕组均可采用，见图 6-9。它的饼间以油道和纸圈交错放置时又称为半连续式绕组。

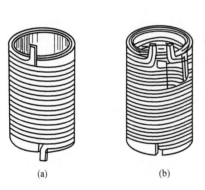

图 6-8　圆筒式绕组结构示意图

（a）低压圆筒式；（b）高压圆筒式

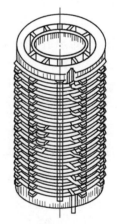

图 6-9　连续式绕组结构示意图

连续式绕组用扁导线绕制，线段数为 30～100 段，且为偶数（端部出线）或 4 的倍数（中部出线），并联导线根数一般不大于 4 根，最多达 8 根。从首端数起，奇数段为反段（反饼），导线从外向里绕进；偶数段为正段（正饼），导线从里向外绕出。一个反段和一个相邻正段组成一个单元，称为双段单元。单元内油道称为向外油道，单元间油道称为向内油道。连续式绕组的导线缠绕顺序是按自然数序排列的，其线匝排列顺序和端面图见图 6-10。

连续式绕组的换位采用标准换位法（包括纠结式、内屏蔽式），且在每饼的外部和内部进行，所以用一对双饼换位可以反映出整个绕组的换位特征。其中内部换位称为底位，外部换位称为连位，底位是"先换下，后换上"，连为是"先换上，后换下"以使换位不升高或降低。标准换位就是一根一根导线依次调换位置的对称换位，这种换位导线长度一

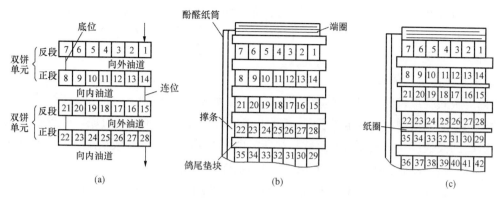

图 6-10 连续式绕组的线匝排列顺序和端面图

（a）线匝排列顺序；（b）连续式断面；（c）半连续式断面

致，但每根导线所占漏磁空间位置不完全相同，即漏磁感应电势不完全相同，除 2 根导线并联外换位是不完全的。

（二）纠结式绕组

纠结式绕组是由纠结饼组成，全部是纠结线饼的称为全纠结式绕组，用于 220kV 及以上电压等级。一部分纠结线饼和一部分连续线饼组成的绕组称为纠结连续式绕组，用于 63～220kV 电压等级。纠结式绕组的外形与连续式绕组类似。

纠结式绕组的结构与连续式的不同之处，只在于线匝的排列顺序。它的线匝不以自然数序排列，而是在相邻数序线匝间插入不相邻数序的线匝。这样原连续式绕组段间线匝须借助纠结换位（纠位），进行交错纠连形成纠结线段，从而组成纠结式绕组。连续式绕组是以一个反段和一个正段组成双段单元，纠结式绕组也常以此两段组成一个"纠结单元"，称为双段纠结。双段纠结中按每段匝数的奇、偶数不同，分为双—双、单—单、双—单和单—双纠结此外还有四段纠结和部分纠结。传统的纠结式绕组连位在外、纠位在内，向内油道内表面产生轴向电场的电位差偏大，容易造成某点发生沿内撑条或纸筒的表面放电，见图 6-11（a）；改进纠结式绕组连位在内、纠位在外，电位差大大减小，所以目前均采用改进后的结构，见图 6-11（b）。

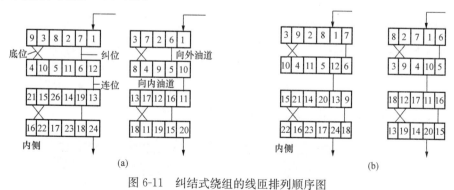

图 6-11 纠结式绕组的线匝排列顺序图

（a）传统纠结式（内纠位）的纠结示意图；（b）改进纠结式（内纠位）的纠结示意图

纠结式绕组的换位除多了就位外，也是标准换位，但是，由于采用了改进的结构，在整数匝时其底位的换位有变异。目前，底位换位常采用"传统底位交叉布置"法，这种方法底位仍用传统换位方法，但要把奇数纠结单元的底位和偶数纠结单元的底位各自成行排列，即以某撑条为中心，按纠结单元序号左右交叉布置，2个纠结单元为一个循环。

（三）内屏蔽式绕组

内屏蔽式绕组目前仅用于220kV级及以上的大容量高压绕组，它是在连续式线段外侧的匝间，插入仅增加纵向电容而不流通工作电流的导线（屏线）而成，外形很像纠结式。屏蔽的段数以及每段插入的匝数，视所需电容的大小而定。一般情况下，内屏蔽式绕组往往具有纠结段或连续段，后者又称为内屏蔽连续式绕组。

内屏蔽式绕组所用的零部件与连续式不同。屏线上无工作电流，通常采用很薄的导线，且比工作导线轴向高度小，以不承受机械力为准，但是绝缘较厚（两边绝缘一般为2mm以上），并视所需电容的大小而定。内屏蔽式绕组绕制类似于单根纠结式绕组，线匝只在线段外侧绕几匝，既无奇、偶匝的不同，又无底位和连位，所以绕制甚为简单，不同段的屏线即可剪断相焊接，又可留出一定长度绕制正段屏线，屏线两端为悬浮端，必须光滑圆整，其绝缘包扎可靠。

（四）螺旋式绕组

螺旋式绕组一般用于低电压（≤10kV）大电流变压器低压绕组上，虽然其本质是多根导线叠、并绕制的单层圆筒式绕组，但由于匝间有幅向油道而形成了线饼，所以属饼式绕组更宜。一匝为一个线饼的称为单螺旋式绕组，一匝为两个和四个线饼的称为双螺旋和四螺旋式绕组，当温升和绝缘允许时可采用半螺旋式绕组。

螺旋式绕组的结构组成同连续式绕组，主要特点是并联导线根数多，线饼成螺旋状，饼中线匝属于一匝的线匝。单螺旋式绕组的换位为三种：一次标准换位法、"2、1、2"换位法、"4、2、4"和"2、4、2"换位法；双螺旋式绕组的换位通常采用"一次均匀交叉换位"法；四螺旋式绕组的换位通常按两个双螺旋式绕组进行均匀交叉换位。

第三节 变压器内绝缘

变压器的内绝缘分主绝缘和纵绝缘两大部分。主绝缘是指绕组对地之间、相间和同一相而不同电压等级的绕组之间的绝缘；纵向绝缘是指同一电压等级的一个绕组，其不同部位之间，如层间、匝间、绕组对静电屏之间的绝缘。在变压器中绝缘材料起着散热、冷却、支撑、固定、灭弧、改善电位梯度、防潮、防霉和保护导体等作用。

油浸式变压器内绝缘的组合方式有纯油间隙绝缘、全固体绝缘等形式，见图6-12。

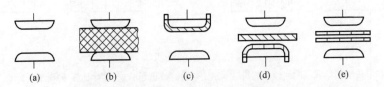

图6-12 油浸式变压器的内绝缘组合方式图

(a) 纯油间隙；(b) 全固体；(c) 覆盖或绝缘层；(d) 覆盖与极间隔板；(e) 多层极间隔板

一、变压器内绝缘的主要材料

（一）变压器油

变压器油的成分很复杂，主要的是由环烷烃、烷烃和芳香烃构成，它的相对介电常数在 2.2～2.4 之间。纯净的变压器油的耐电强度极高，可达 4000kV/cm 以上，但是工程上用的净化变压器油，只能达到 50～60kV/2.5mm，这主要是因为存在杂质，且运行中受电场和热的影响，油会分解出气体和聚和物。在高电场中，这些分解出来的气体，以及油中的水分和纤维等杂质，在电场作用下，顺着电场方向，形成泄漏的通道，情况严重时，导致击穿，使油的耐电强度降低。因此，变压器内部绝缘的结构，要考虑上述因素，采取必要的措施，防止形成泄漏通道。

（二）绝缘纸板

它是由硫酸盐纸浆压制而成，它与变压器油结合以后，绝缘性能非常好，因为纤维板在油中起了隔板的作用，隔断了泄漏通道，油又填充了纸板中的空隙，所以它的短时间耐电强度可达 100kV/mm 以上。因此在变压器的内绝缘中，得到了极为广泛的应用。例如，作为绝缘纸筒、撑条、垫条、隔板、角环等。

（三）电缆纸

它是由硫酸盐纸浆压制而成，纸质坚韧、匀整，有较高的抗张、耐折和撕裂强度高，主要用作导线外表面包绕的绝缘和绕组中的层间绝缘。

（四）皱纹纸

皱纹纸是由电工用绝缘纸经起皱加工而制成的。沿其横向有皱纹，拉伸时皱纹被拉开，因起皱加工程序不同，可制成伸长率不同的皱纹纸。它在油中的电气性能很好，表现为平均击穿电压高，可达 40kV/2mm，介质损耗因数 tanδ 很小，20℃时小于 0.3%。皱纹纸主要作为变压器出线处的绝缘包扎，具有工艺好，又平滑、紧密、美观等优点，包扎后的引线还能弯曲，因此目前被广泛地应用在包扎裸导线和绕组端部绝缘等处。

（五）电工层压制品

电工层压制品是由纸、布及木质单板做底材，浸涂不同的胶黏剂，经热压或卷制而制成层状结构的绝缘材料。层压制品主要包括层压板、层压木、层压管、棒和其他特种型材等。层压制品的性能取决于底材和胶黏剂的性质及其成型工艺。

二、主绝缘结构

变压器内绝缘的主绝缘主要为油—隔板绝缘结构，这种结构通常采用三种形式：

（1）加覆盖层。它是用电缆纸、漆布等在电极上加一薄层，厚度在 1mm 以下。它的作用是阻止杂质形成泄漏通道而将两极短接。加覆盖层后能使工频击穿电压显著提高，特别是在均匀电场中，可提高 70%～100%，但对极不均匀的电场，则提高较少；而对冲击电压无显著效果。

（2）包绝缘层。用电缆纸、皱纹纸、漆布等在电极上包一较厚的绝缘层，通常为几毫米～十几毫米。它不但起着覆盖作用，而且是承受着一定比例的工作电压，结果可使油中的电场强度降低些，对冲击电压和工频电压都有显著的作用。特别是在极不均匀的电场中，在曲率半径较小的电极上，包以绝缘层后，可以显著地提高油隙的击穿电压，所以在变压器的引出线、绕组的首末端处线段上，都用这个方法来加强绝缘。但在均匀的电场中，效果却相反，因为电场强度按介电常数成反比分配，油的介电常数为 2.2～2.4，纸板的介电常数为 3.6，当包扎了一定厚度的绝缘层后，因为油隙比原来减小了，油中的电场强度反而比原来增高。

（3）隔板油隙。在油隙中放置比电极稍大些的固体绝缘材料称为隔板油隙。它的作用之一是阻止杂质搭成泄漏通道；其二是隔板在电场中积聚了自由电荷，形成附加电场，改变了原来的电场分布，使电场变得均匀些。对越不均匀的电场，效果越好。当隔板放置得合适，可使油隙的击穿电压提高到无隔板时的 2～2.5 倍。但对均匀电场中放置隔板，只能提高 25% 左右，因此效果是不好的。

主绝缘部件很多，结构比较复杂，如图 6-13 所示，下面分类叙述。

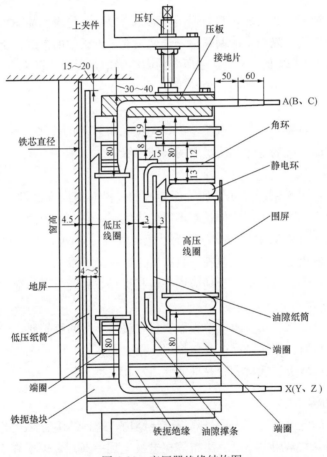

图 6-13　变压器绝缘结构图

（1）绕组与铁芯之间。铁芯包括芯柱和铁轭。铁芯是接地的，绕组对铁芯和铁轭之间的绝缘，就是绕组对地的绝缘。绕组对铁芯的绝缘用数张绝缘纸板，围着芯柱构成的绝缘纸筒。纸筒的厚度可根据变压器靠近铁芯绕组的电压高低来调整。纸筒的外径与绕组的内径之间用撑条垫开，以形成一定宽度的油隙绝缘。油隙不仅起到了绝缘的作用，还起到了散热的作用。电压较高时，可用纸筒—撑条—纸筒—撑条重复的办法开构成。

每相绕组的上、下两端，绕组与上部的钢压板、下部的铁轭之间的绝缘，称为端部绝缘或铁轭绝缘。铁轭绝缘是用绝缘纸板制成的圆垫圈，两侧用绝缘钉固定或胶合的径向垫块，垫块由层压纸板做成，见图 6-14。

（2）绕组与绕组之间。同一相而不同电压的绕组之间的绝缘采用的是纸筒油隙绝缘。与绕组与铁芯之间的绝缘相似，也就是用纸板围成一层纸筒，再加一层撑条，然后再围上一层纸筒，如此重复数层，其断面见图 6-15。

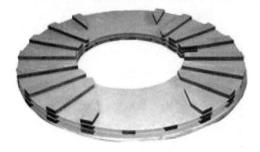

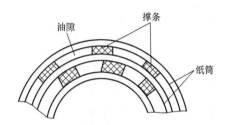

图 6-14　铁轭绝缘实物图　　　　　　图 6-15　纸筒油隙绝缘断面图

为了防止沿着绕组端部绝缘发生沿面放电，延长端部绝缘沿面放电的距离，在绝缘纸筒的端部放置有角环，角环是由 0.5mm 的绝缘纸板数层黏合而成。相邻两层的缺口互相错开，角环圆筒部分的高度在 150mm 左右，折边宽度则随着绕组幅向尺寸而定。其形状见图 6-16。

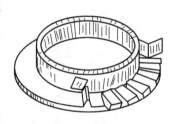

两相之间的绝缘距离不够时，就要放置相间隔板。相间隔板是由绝缘纸板做成，它不仅是高压绕组相间隔板，同时又是高压绕组外端面和铁轭之间的隔板。

图 6-16　角环的结构图

（3）绕组与油箱之间。最外层的绕组与油箱之间的绝缘，在电压为 110kV 以下时，是依靠绝缘油的宽度来实现的。也就是说绕组要和油箱之间保证有一定的安全距离。

三、纵向绝缘结构

纵向绝缘是指同一绕组的匝间、层间以及与静电屏之间的绝缘。变压器匝间绝缘是由包在导线上的电缆纸构成，其厚度是金属导线两侧绝缘厚度之和，主要为全固绝缘形式。层间绝缘是指一个线饼与另一个线饼之间的绝缘，它由导线电缆纸绝缘和饼间油绝缘构成，主要为加覆盖层绝缘形式。当高压绕组电压为 110kV 及以上时，绕组的始端部都接有静电屏（静电环），它是由静电屏、导线的绝缘以及其间的绝缘构成。

第四节　变压器附件

一、油箱

油浸式变压器油箱具有容纳器身、充注变压器油以及散热冷却的作用，因此油箱结构随变压器容量的大小而不同。变压器又要借助油箱装配各种附件（组件），因此油箱局部结构又随其附件的种类的多少、大小而各异。

变压器油箱有两种基本形式，平顶油箱和拱顶（包括梯形顶）油箱，见图 6-17。平顶油箱为桶形结构，下部主体为油桶形，顶部为平面箱盖，而在其间用箱沿和胶条结合成整体，所以也称为桶式油箱。拱顶油箱为钟罩式结构，下底（下节油箱）为盘形或槽形，上部为钟罩（上节油箱），其间也用箱沿和胶条结合成整体，有时也称为钟罩式油箱。

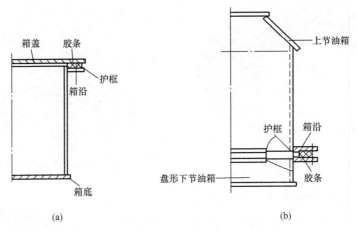

图 6-17　油箱结构图

(a) 平顶油箱；(b) 拱顶油箱

　　平顶油箱多用于容量 6300kVA 及以下的变压器，截面多为椭圆形，少数为长方形。除 100kVA 以下的变压器为平滑箱壁外，100～2500kVA 时常用管式油箱，变压器容量再增加时就采用散热器。平顶箱壁上焊有箱沿、箱底、散热器、吊拌、定位钉、接地螺栓座、地字牌、油样活门座等，箱壁上还焊有装设组件的各种管接头和各种底板等，见图 6-18。

　　拱顶油箱常用于容量 630kVA 及以上变压器，为了上部定位需要，现在常采用梯形顶油箱。拱顶油箱上节油箱拱顶上焊有类似于桶式油箱箱盖的结构件，箱壁上有类似于桶式油箱箱壁的结构件，见图 6-19。所不同的是为了需要，增加了升高座、风扇支持件、配线底板、TA 端子底板等。下节油箱为了节油常采用槽形下节油箱，下节油箱底板有

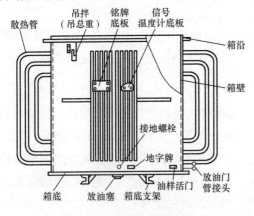

图 6-18　平顶油箱结构图

4 块（或 8 块）千斤顶底板，借助它可以用千斤顶均匀顶起变压器。

二、分接开关

　　为了使电网供给稳定的电压、控制电力潮或调节负载电流，均需对变压器进行电压调整。

　　目前，变压器调整电压的方法是在其某一侧绕组上设置分接开关，以切除或增加一部分线匝，改变匝数，从而达到改变电压比的有级调整电压方法。这种绕组抽出分接以供调

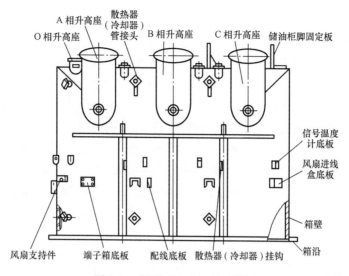

O相升高座　A相升高座　散热器（冷却器）管接头　B相升高座　C相升高座　储油柜脚固定板　信号温度计底板　风扇进线盒底板　箱壁　箱沿　风扇支持件　端子箱底板　配线底板　散热器（冷却器）挂钩

图 6-19　钟罩式上节油箱结构图

压的电路所采用的组件，称为分接开关。一般情况下是在高压绕组上抽出适当的分接，因为高压绕组一则常套在外面，引出分接方便；二则高压侧电流小，分接引线和分接开关的载流部分截面小，开关接触触头也较容易制造。变压器二次侧不带负载，一次也与电网断开的调压，称为无励磁调压；带负荷进行变换绕组分接的调压，称为有载调压。因此，变压器的分接开关分为两种：无励磁分接开关和有载分接开关。

（一）无励磁分接开关

无励磁调压电路中，由绕组抽出分接方式的不同约分为 4 种：中性点调压电路（一般用于电压等级为 35kV 级及以下多层圆筒式绕组）、中性点反接调压电路（适用于电压等级为 15kV 级及以下连续式绕组）、中部调压电路、中部并联调压电路，前两种电路是用三相中性点调压无励磁分接开关，后两种电路适用于电压为 35kV 级及以上连续式、纠结式绕组，则采用三相或单相中部调压无励磁分接开关，其调压范围为 $\pm 5\%$ 或 $\pm 2 \times 2.5\%$，见图 6-20。

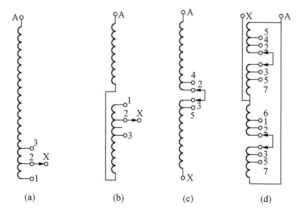

图 6-20　无励磁调压时的调压电路图（只显示 A 相）

（a）中性点调压；（b）中性点反接调压；（c）中部调压；（d）中部并联调压

1. 三相中性点调压无励磁分接开关

这种九触头盘形开关均为立式放置，它由接触系统、绝缘系统和操动机构三部分组成。接触系统由动触头和静触头以及相应的支持件和紧固件构成。一般情况下，静触头（黄铜）用铜螺栓固定在绝缘座上，经自身或铜螺栓与绕组分接引线的接线片相连；动触头则用黄铜板冲压成星形，以冲出的半球面作为接触点。以一片用公共弹簧与静触头接通的为普通式，以两片用三个圆柱弹簧夹紧静触头的为夹片式。操动机构由转轴、定位件、手柄定位组成。绝缘管上端为安装用法兰，它与圆螺母配合夹在箱盖开孔的四周。绝缘轴上端为转轴，以操动分接位置。固定静触头的绝缘座和固定静触头的绝缘轴即为开关的绝缘系统，一般用酚醛塑料压制而成。绝缘座由一圆盘和圆筒绝缘件构成，或压制成一整体，圆盘尺寸决定于定触头间绝缘距离，而圆筒绝缘件的长短决定于主绝缘距离，见图 6-21。

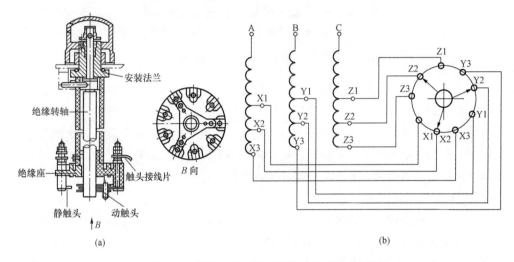

图 6-21　三相中性点调压无励磁分接开关图

（a）三相中性点调压无励磁分接开关结构图；（b）三相中性点调压无励磁分接开关接线原理图

2. 三相中部调压无励磁分接开关

这种开关的典型结构为半笼形水平放置夹片式，见图 6-22。动、静触头分相沿水平方向间隔分布，而每相触头处于同一垂直面上，由其与三相绕组的接线可知，动触头使两个相邻静触头连通，从而接通了中部抽头的分接绕组的上、下两部分。

3. 单相中部调压无励磁分接开关

这种单相分接开关广泛地用于 110kV 级及以上的大型变压器上，一般分为两种：竖条型（夹片式）和鼓形（鼓形、楔形）。

竖形开关结构简单，外形尺寸小。静触头用铜管模压成型垂直布置在绝缘杆上，动触头用 8mm 厚的铜板做成夹片式装在绝缘螺母上，由绝缘丝杠的转动而上下移动，并构成绝缘系统，在正常工作位置，动触头接于两相邻静触头间。这种开关本体与操动机构在结构上是分开的，而在变压器安装时用可拆卸的操动杆把两者连接起来。调整开关分接位置时把操动机构罩拿掉，抬起定位销，操动手柄，转轴每转动 4 周，则露出一个阿拉伯数字，当指示数字和指示盘指示标志对正时即完成一次分接变换，这时定位销定位锁住。

146

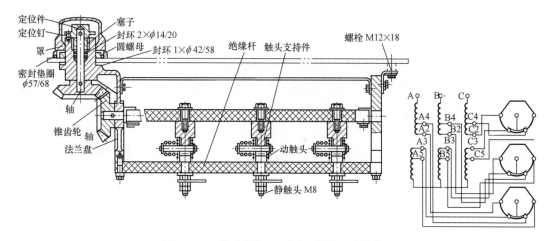

图 6-22　三相中部调压无励磁分接开关结构图

DW 型开关是典型的鼓形分接开关，静触头为六柱触头式，见图 6-23。由于动触头为环形，嵌入静触头间以接通分接，动触头必须采用平面涡形弹簧，该弹簧的工艺要求高，不易保证质量，但这种开关电场分布好。为了克服旧式开关的缺点，新生产的这种开关改为楔形动触头，涡形弹簧改为圆柱弹簧，采用偏转推进机构。分接开关通过上、下两个绝缘筒固定在外绝缘筒中，然后固定在变压器的木件上。操动机构是通过三个压块固定在变压器上，以操动轴与分接开关本体连接。

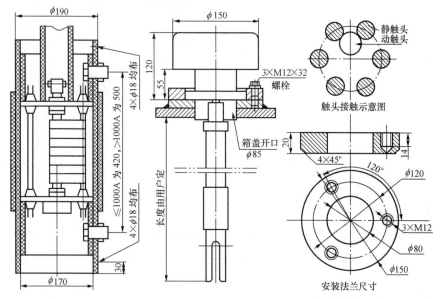

图 6-23　典型的鼓形分接开关结构图

（二）有载分接开关

有载分接开关与无励磁分接开关的区别，就在于前者能在变压器带负载（或励磁）的状态下切换位置。因此在切换分接的过程中必然要在某一瞬间同时连接（桥接）两个分接以保证负载电流的连续性。而在桥接的两个分接间，必须串入阻抗以限制循环电流，保证不发生分接间短路，使分接切换顺利进行。如图 6-24（a）中，仅靠一个动触头无法做到在切换过程中不断电。如图 6-24 (b) 中，变压器在抽头 1 上运动，动触头 a、b 都接在 1 上；当要将运行抽头 1 切换到 2 上时，可先将触头 b 转换到抽头 2 上，然后再使 a 与 1 断开并转换到 2 上，在此切换过程中，就实现了不停电切换。这就是有载分接调压的基本原理。

有载分接开关的电路分为三个部分(见图 6-25)：调压电路、选择电路和过渡电路。调压电路与无励磁开关一样，是变压器绕组调压时形成的电路。选择电路是选择绕组分接设计的一套电路，所对应的机构为分接选择器和转换选择器等。而过渡电路就是短路分接间串接阻抗的电路，对应的机构为切换开关(包括快速机构)。此外开关的操作是电动的，所以还有驱动机构。

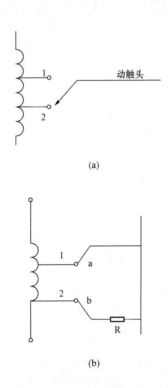

图 6-24　有载分接调压原理图

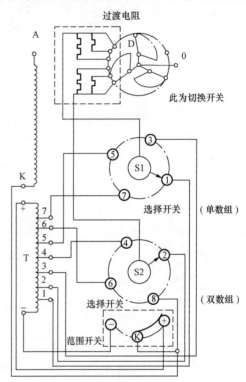

图 6-25　有载分接开关示意图

三、变压器套管

变压器套管是将变压器内部高、低压引线引到油箱外部的绝缘套管，不但作为引线对地绝缘，而且担负着固定引线的作用。变压器套管是变压器载流元件，在变压器运行中长期通过负载电流，当变压器外部发生短路时通过短路电流。因此变压器套管必须具有规定的电气强度和足够的机械强度，还必须具有良好的热稳定性，并能承受短路时的瞬间过热，同时还要求外形小、质量轻、密封性能好、通用性强和便于检修等。

变压器套管从绝缘结构上分为油纸电容式、充油式、纯瓷式三种，由于充油套管结构复杂维护量大，目前基本不采用，所以仅对纯瓷式套管及油纸电容式套管进行介绍。

（一）纯瓷式套管

纯瓷式套管一般适用于额定电压较低、额定电流较小的套管，分为穿缆式及导杆式两类。其型号意义如下：

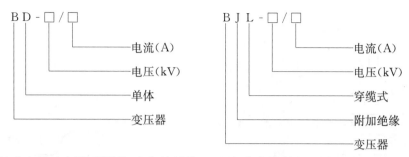

以导杆式套管为例说明纯瓷式套管结构，纯瓷式套管就是一个导电杆穿在瓷套中，瓷套两边用螺钉紧固住，导电杆与瓷套间、瓷套与变压器油箱盖间均设有密封垫防止变压器油漏出，见图6-26。

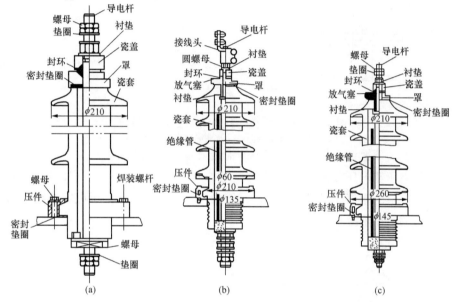

图6-26　BD-15/400～800、BJ-35/1000、BJ-35/600 型纯瓷套管结构图

(a) BD-15/400～800 型；(b) BJ-35/1000 型；(c) BJ-35/600 型

（二）油纸电容式套管

油纸电容式套管一般用于电压等级较高或电流较大的套管，套管以变压器油浸的电缆纸和铝箔均压电极组成的多层圆柱形电容器（简称电容芯子）作为主绝缘，瓷套作为外绝缘及变压器油的容器。套管为全密封结构，其内部的变压器油为独立系统，不受大气影响。油纸电容式型号表示方法与纯瓷套管区别在于 B 后面加 R 为油纸电容式符号。

主变压器低压侧电流较大，如某电厂 300MW 机组主变压器，其低压侧电流达到一万多安的电流，为了保证低压侧电流正常流通同时保证其绝缘强度，必须使用大电流变压器油纸电容式套管，其结构见图6-27。

套管为全密封结构，其整体连接采用了机械卡装辅助以蝶形弹簧的结构，通过套管底部的弹簧装置和拉杆配合将上部接线端子与瓷套间固定牢固，以形成轴向压力压紧耐油橡胶垫圈。套管上部留有气腔供油膨胀时调节内部压力，顶部设有油塞孔可以打开探测油位。套管中部设有供测量套管介质损耗及电容量的测量引线装置、抽取套管内部油样用的油塞和变压器连通的油塞，还有释放变压器内部气体的放气塞。套管的上、下接线端子铝

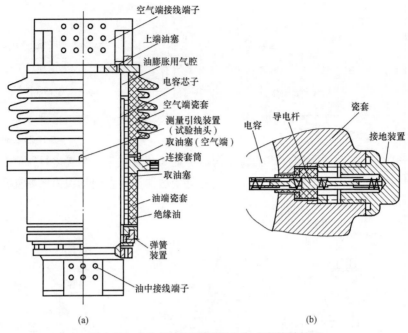

图 6-27　大电流变压器油纸电容式套管结构图
（a）套管整体结构图；（b）测量引出装置结构图

板两面镀银，上、下镀银面与变压器绕组的铜线或铜软线相连接。

主变压器高压侧电压较高，220kV 的变压器其引线对地电压达到 127kV，这就要求变压器套管在有限的距离内尽可能地提高绝缘强度，于是就采用油纸电容绝缘的套管来满足变压器引线的对地绝缘，其结构见图 6-28。

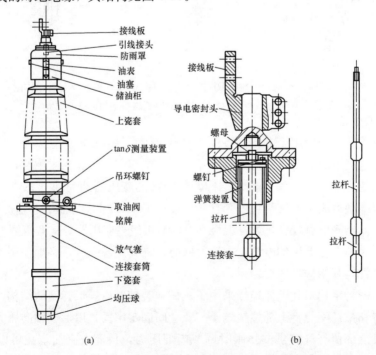

图 6-28　高电压等级油纸电容式变压器套管结构图
（a）套管整体外形图；（b）套管头部结构图

套管为全密封结构，其内部变压器油位独立系统，不受大气影响。套管的整体连接采用强力弹簧机械紧固的方法，通过套管顶部的弹簧装置和拉杆配合将底座、导电管与瓷套间固定牢固，以保证密封并补偿由于温度变化而引起的套管各部件长度变化。套管头部设有储油柜，为了调节因温度变化而引起的油体积变化使套管内部免受压力。储油柜上设有油表供运行时监视油面，油表有三类：管状玻璃油表、双棱镜玻璃油表、磁铁式指针油表。此外储油柜上还设有油塞。套管储油柜里装的弹性板或波纹管以补偿各零部件因温度变化而引起的长度变化，储油柜顶部设有防雨罩以防雨水冲蚀内部零件。套管连接套筒上设有供测量套管介质损耗及电容量的测量引线装置（见图6-29）、供抽取套管内部油样的取油阀、供变压器注油时放出其上部空气的放油塞，按要求连接套筒上留有装电流互感器的位置。套管尾部设有改善套管尾部电场分布的均压球，见图6-30。

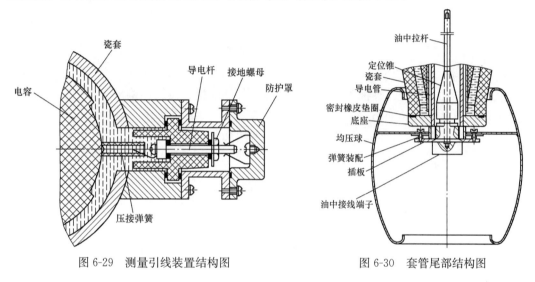

图 6-29　测量引线装置结构图　　　　　图 6-30　套管尾部结构图

四、储油柜及油位计

　　储油柜（旧称油枕），安装于变压器油箱顶部，通过管道、气体继电器与本体相连，是为变压器油的热胀冷缩提供足够的空间而设置。按照变压器油与空气是否接触可分为敞开式储油柜和密封式储油柜。

（一）敞开式储油柜

敞开式储油柜的型号表示方法如下：

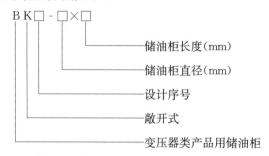

BK□-□×□

储油柜长度(mm)

储油柜直径(mm)

设计序号

敞开式

变压器类产品用储油柜

敞开式储油柜主要由柜体、注放油管、油位计、吸湿器等组成，能满足变压器油随温度变化而引起的体积膨胀和收缩。变压器油通过吸湿器与大气相连，通过吸湿器可将储油柜中水分吸收，起到保护油的作用，见图 6-31。

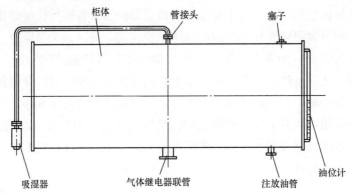

图 6-31 敞开式储油柜结构图

（二）密封式储油柜

密封式储油柜是变压器油不与空气直接接触的储油柜，按其结构可分为耐油橡胶密封式和金属波纹密封式储油柜。

（1）耐油橡胶密封式储油柜产品型号表示方法如下：

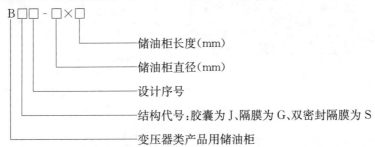

耐油橡胶密封式储油柜有胶囊式和隔膜式两类，主要由柜体、胶囊（或隔膜）、注放油管、吸湿器、集污盒及油位计构成。变压器油与空气通过耐油橡胶隔离，防止空气中的氧和水分侵入，可以延长变压器油的使用寿命，具有良好的防油老化作用。此处仅以胶囊密封式储油柜为例进行介绍，其结构如图 6-32 所示。储油柜柜体能承受 50kPa、30min 的

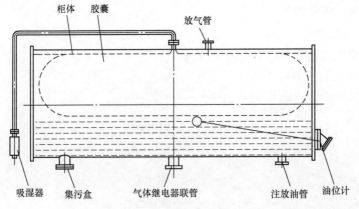

图 6-32 胶囊密封式储油柜结构图

压力无渗漏，且释压后无变形。胶囊内承受 20kPa、30min 的压力无渗漏，储油柜真空注油时应在隔膜或胶囊内外同时抽真空，见图 6-33。

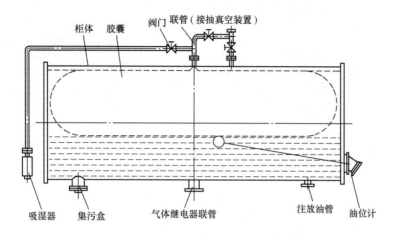

图 6-33 真空注油时胶囊密封式储油柜原理图

（2）金属波纹密封式储油柜分为内油和外油式（波纹管式及盒式）两种，其型号表示方法如下：

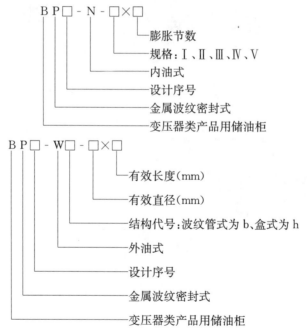

金属波纹密封式储油柜是由可伸缩的金属波纹芯体构成的容积可变的容器，它能使变压器油与空气完全隔离，从而防止变压器受潮氧化，延缓老化过程，它是目前大容量变压器储油柜的发展趋势，主要由金属波纹芯体、柜体、油位指示、排气管、注油管等组成。其结构见图 6-34～图 6-36。

（三）油位计

油位计是为了运行中指示储油柜中油面的高度，不同的储油柜所配备的油位计不同。对于敞开式储油柜，一般配备玻璃管式油位计；耐油橡胶式储油柜一般配备 YZ 系类油

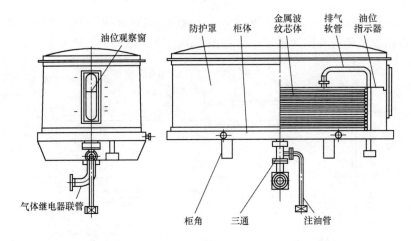

图 6-34　金属波纹（内油波纹管式）密封式储油柜结构图

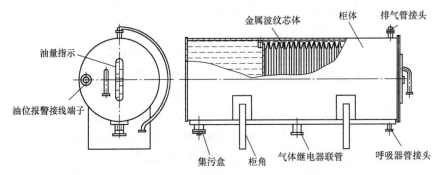

图 6-35　金属波纹（外油波纹管式）密封式储油柜结构图

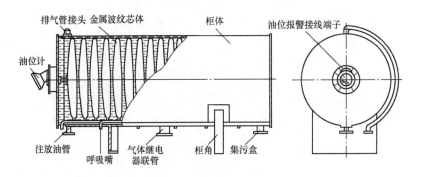

图 6-36　金属波纹（外油盒式）密封式储油柜结构图

位计。

　　玻璃管式油位计利用的是 U 形管的原理，油位计的顶端、底端分别与油箱顶端和底端相连接的玻璃管。玻璃管中放置浮标，浮标浮在管中油面上，当储油柜中油面发生变化，玻璃管中的浮标也随油面变化。变压器油位计上标有 -30、$+20℃$ 和 $+40℃$ 分别指变压器在停状态下环境温度在 -30、$+20℃$ 和 $+40℃$ 时的油面高度线，根据这三个标志可判断是否需要加油或排油，如变压器停运状态下油温在 $+20℃$，此时检查变压器油位不应高于 $+20℃$ 的标志。

　　YZ 系列油位计的型号表示方法如下：

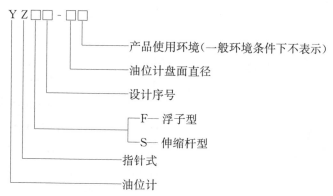

注：产品使用环境：干热地区 TA，湿热带地区 TH，干湿热带地区 T。

油位计由连杆、传动机构、从动机构、报警机构、度盘、指针等组成，作为一种液位测量仪器，当变压器储油柜内油位发生变化时通过感受元件带动连杆发生位移，通过传动机构转至从动机构液位在度盘上用指针的形式指示出来，同时在两极限位置可以发出报警信号，连杆动作范围为 $0°\sim45°$，其结构见图 6-37。

胶囊式储油柜采用浮子式油位计，隔膜式储油柜采用伸缩杆型油位计，其表头原理相同，区别在于浮子式油位计的连杆的工作角度范围在 $0°\sim45°$，伸缩杆型油位计连杆的工作角度范围在 $-45°\sim0°$，以上两类油位计与储油柜的配合参照储油柜的结构图。

五、吸湿器及净油器

吸湿器的结构见图 6-38，它通过阀门、储油柜顶部的联管与储油柜相连接，其主体是一玻璃筒，内盛有氧化钴浸渍过的硅胶（变色硅胶）作为干燥剂，下部油杯中装有变压器油作为硅胶和外部大气的隔离介质。吸湿器按其所装硅胶质量分为 0.2、0.5、1.0、1.5、3kg 和 5kg 六种规格。变色硅胶在干燥状态下呈蓝色，粒度要求 $\phi2.8\sim\phi7$，吸收潮气后变为粉红色说明硅胶已失去吸湿效能必须进行干燥或更换。当变压器由于负荷或环境温度的变化而使变压器油体积发生膨胀或收缩时，储油柜内的气体通过吸湿器呼吸，以清除空气中的杂物和潮气，防止变压器油和胶囊的老化。

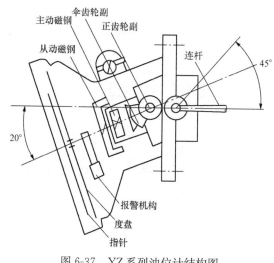

图 6-37 YZ 系列油位计结构图

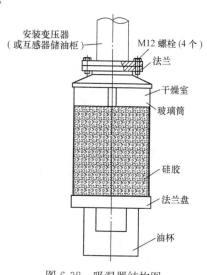

图 6-38 吸湿器结构图

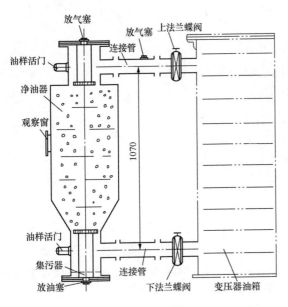

图 6-39　净油器结构图

净油器的结构见图 6-39，它是一个充有吸附剂（硅胶）的容器，主要用于油浸自冷或油浸风冷式变压器，按其所装硅胶质量可分为 25、50、100、150kg 四种规格，其中硅胶粒度要求大小为 $\phi2.8 \sim \phi7$。在变压器运行中，油箱内上、下层油的温度不同引起变压器油的重力差使油相对循环，其中一部分油流经净油器的吸附剂，油中所带的水分、游离酸等杂质皆被吸收，使变压器油得到连续再生。

六、气体继电器及气体收集器

（一）气体继电器

气体继电器（旧称瓦斯继电器），它是油浸式变压器及油浸式有载开关所用的一种保护装置，安装在变压器油箱盖通往储油柜的联管上，继电器管路轴线与油箱盖平行，允许通往储油柜的一端稍高，但其轴线与水平面的倾斜度不超过 4%。当变压器内部故障使油分解产生气体或造成油流冲击时，气体继电器的触点动作，以接通指定的控制回路，并及时发出信号或自动切除变压器。气体继电器按照管路直径分为 25、50、80mm 三种，其型号及含义如下：

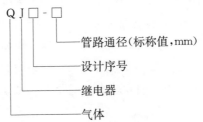

气体继电器芯子结构见图 6-40，其上部由开口杯（浮子）、重锤、磁铁、干簧管触点（信号用）构成动作于信号的容积装置，下部由挡板、与弹簧连接的调节杆、磁铁、干簧管触点（跳闸用）构成动作于跳闸的流速装置。

变压器正常运行时，继电器内部充满变压器油。当变压器内部发生轻微故障，油分解产生的气体聚集在上部气室内，迫使继电器内油面下降，开口杯失去浮力随即下降到某一限位，其上的磁铁使干簧管触点吸合并动作于信号；若因变压器漏油造成油面下降同样可以发

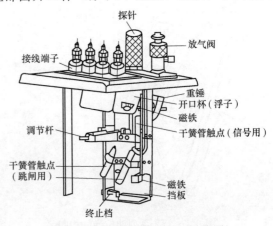

图 6-40　气体继电器芯子结构图

出信号。如果变压器内部发生严重故障，油箱压力瞬时升高，将会出现油的涌浪，油箱内的变压器油会通过气体继电器冲往储油柜，油流冲击挡板，使挡板旋转到某一限定位置时，其上的磁铁使干簧管触点吸合并动作于跳闸，切断变压器连接的所有电源，从而起到保护变压器的作用。

（二）气体收集器

气体收集器又称为取气盒或导气盒，它是为收集变压器故障时产生的气体以便用来分析故障性质而设置。气体收集器由一个具有大观察窗的盒子和几个阀门构成，除了通过管子连接至气体继电器外，还装有两个小阀门，用作排气和排油。气体收集器结构见图6-41。

安装气体收集器时，用铜连接管将气体收集器和气体继电器气体接头相连（见图6-42），打开气体收集器上的排气阀，将气体排出，使其内充满变压器油，然后关闭排气阀（注意铜联管连接时要缓慢弯曲，严禁将铜联管弯扁）。当气体继电器中气体信号报警时，打开取气盒下部

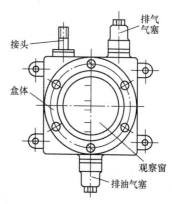

图6-41 气体收集器结构图

的排油阀放出气体收集器内的油，当油面下降，气体继电器内的气体通过联管进入气体收集器内，从观察窗看气体量至所需量后关闭排油阀。将取气容器接至排气阀处，轻轻打开排气阀使气体进入容器后拧紧排气阀。

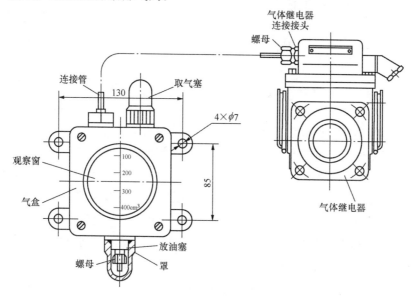

图6-42 气体继电器及集气盒连接图

七、压力释放阀

当变压器发生故障或穿越性的短路未及时切除，电弧或过电流产生的热量使变压器油发生分解，产生大量高压气体，使油箱承受巨大的压力，严重时可能使油箱变形甚至破裂，并将变压器油喷出。压力释放阀在这种情况下动作，排出故障产生的高压气体和油，以减轻和解除油箱所承受的压力，保证油箱的安全。以前的变压器用防爆气道和防爆膜来

保护变压器油箱,现已逐渐被压力释放阀取代。

压力释放阀的型号及含义表示如下:

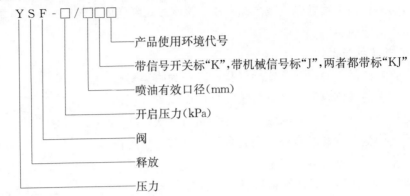

注:产品使用环境:干热地区 TA,湿热带地区 TH,干湿热带地区 T。

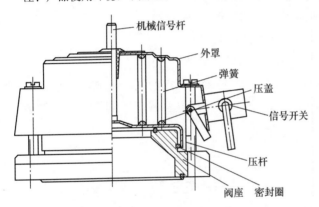

图 6-43 压力释放阀结构图

压力释放阀是由弹簧控制的。当油箱内的压力达到压力释放阀的开启压力时,阀盖上升力超过了弹簧压力而动作,阀盖打开,把油箱内部的压力释放;同时阀盖带动传动装置,拨动信号开关发出信号,信号杆同时也被顶起。当油箱内压力降低或恢复到正常值后,阀盖依靠弹簧自动复位。这样防止了变压器由于内部故障引起的压力过大造成事故扩大,又避免了变压器内部压力解除后仍继续喷油和雨水空气侵入变压器内部的现象发生。机械信号杆和信号开关动作后必须进行手动复位后方可再次正常工作。压力释放阀结构见图 6-43。

大型变压器在压力释放阀外还安装有压力释放阀导油罩,用以保护压力释放阀及供压力释放阀动作喷油后的油流导向,更好的保护变压器。导油罩主要由罩、密封垫等组成,它就相当于在压力释放阀外扣了一个罩子,在导油罩上有法兰与排油管相连,可将喷出的油通往指定地点。压力释放阀动作后,变压器油由导油罩喷出,同时机械信号杆使导油罩盖打开,指示杆露出导油罩 13mm。待处理完故障后,信号杆复位,盖好导油罩顶盖,拆下手孔盖板,将手伸进按动微动开关扳手使微动开关复位,再重新装好手孔盖及密封垫。压力释放阀导油罩结构见图 6-44。

八、冷却器

变压器运行中由于铜损和铁损产生一定热量,当产生的热量大于散发的热量时,就导致变压器温度一直升高,无法满足运行的要求。对于大容量油浸式变压器,根据其冷却方式可采用强油循环冷却器或片式散热器。

冷却器冷却方式代表符号表示含义:OFAF—强油循环风冷;ODAF—强油导向循环

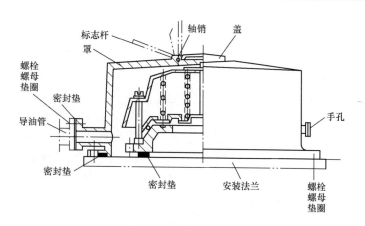

图 6-44　压力释放阀导油罩结构图

风冷；ONAN—油自然循环自冷；ONAF—油自然循环风冷。

（一）强油循环冷却器

强油循环冷却器用于大型变压器散热，可以直接安装在变压器的箱壁上，也可以独立安装在变压器产品附近的支架上，它由风冷却器本体、变压器油泵、变压器用风机、风罩、分控箱（或接线端子箱）、蝶阀、油流继电器和联管构成。

强油循环冷却器中冷却管采用铝轧制片管，两端在端板上涨紧固定成整体，管束单通道回路，管内装有扰流丝，两端相互连接固定。变压器油泵安装在风冷却器本体下方，油泵外壳上标有叶轮旋转方向。油流继电器安装在油泵出口方向的联管上，当油泵运转不正常或发生故障时，油流继电器的微动开关发出报警信号。风机安装在风冷却器风罩内，风机安装的位置根据结构而不同，为了安全和保护叶轮，在风罩出口侧设有保护网，风机由叶轮和电动机两部分组成。强油循环冷却器结构见图 6-45。

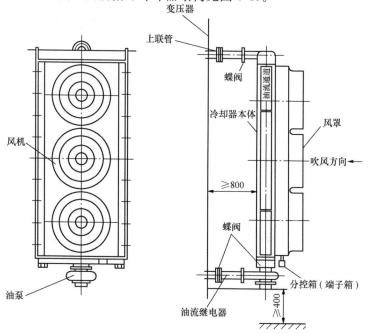

图 6-45　强油循环冷却器结构图

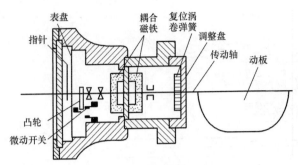

图 6-46 油流继电器结构图

1. 油流继电器

油流继电器（以下简称继电器）是显示变压器强油循环冷却系统内油流量变化的装置，用来监视强油循环冷却系统的油泵运行情况。其结构见图 6-46。如油泵转向是否正确、阀门是否开启、管路是否有堵塞等情况，当油流量达不到动作或减少到返回油流量时均能发出警报信号。

当变压器冷却系统的油泵启动后就有油流循环，油流量达到动作油流量以上时，冲击继电器的动板旋转到最终位置，通过磁铁的耦合作用带动指示部分同步转动，指针指到流动位置，微动开关动合触点闭合发出正常工作信号；当油流量减少到返回油流量（或达不到动作油流量）时，动板借助复位涡卷弹簧的作用动板返回，使微动开关的动合触点打开，动断触点闭合发出故障信号。

2. 盘式电动机变压器油泵

盘式电动机变压器油泵（以下简称油泵，见图 6-47）是一种新型电动离心式油泵，主要用于大型变压器、电炉变压器、电力机车变压器及其他专用变压器的冷却系统中强迫变压器油循环。它采用轴向气隙感应盘式电动机，电动机直接嵌入泵壳内装配，其电动机转子安装在油泵叶轮上组成泵机一体。油泵运行时，电动机的轴向磁拉力与叶轮轴向离心力相互抵消，从而提高轴承寿命。

油泵在运行中电动机部分里也充满了变压器油以冷却电动机，同时也使叶轮转子旋转的轴承得到润滑。运行中要注意检查油泵渗漏油、声音、温

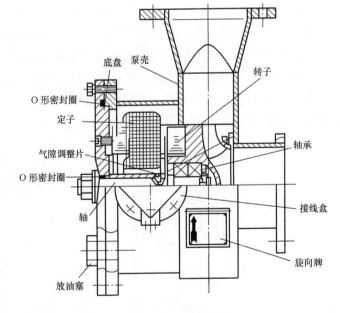

图 6-47 油泵结构图

度、振动等情况，综合判断是否存在严重问题。油泵采用的是进口角接触轴承，背面组合安装，运行中要用听针检查轴承声音，正常声音应为和谐的滑动声音、油摩擦音、轴承保持架轻微振动音，除此外应无其他声音。

由于油泵整个电动机浸泡在变压器油中，轴承损毁后的金属颗粒进入变压器后有可能造成绝缘损坏，所以《防止电力生产事故的二十五项重点要求及编制释义》上规定轴承应选用 D 级或 E 级轴承，此处 D、E 级指轴承精度，对应目前轴承的精度等级为 P5、P6 级。

变压器在运行中若油泵前后蝶阀关闭不严则无法对油泵缺陷处理，更无法进行解体检修，所以应利用变压器停运机会，对油泵进行彻底检修。检修过程中应对泵壳内部进行详细清理，更换轴承、密封垫等易损部件。在空载试运时在油泵内充入少量变压器油，点动检查油泵转向正确，启动灵活无异音，运行时间不超过 3s。

（二）片式散热器

片式散热器是由若干片状散热片组合而成，它可以通过法兰与变压器连接，也可直接与变压器油箱焊接连接。它采用 1mm 厚的 ST13 型优质冷轧钢板焊接，油槽深度达到 10mm，焊后形成的内腔作为变压器油循环通道，通过钢板向外界散热。根据变压器冷却方式不同，可在冷却器下部或侧面配备冷却风机加强散热器的换热效果。散热器应经 120kPa 油或气压力试验，20min 内应无渗漏或变形。

九、温度控制器

（一）油温度计

变压器温度控制器主要由弹性元件、毛细管、温包和微动开关组成。当温包受热时，温包内感温介质受热膨胀所产生的体积增量，通过毛细管传递到弹性元件上，使弹性元件产生一个位移，这个位移经过机构放大后指示出被测温度并带动微动开关工作，从而控制冷却系统的投入或退出。

温度控制器型号代表意义：B—变压器；W—温度计；Y—液体压力式；80—线性刻度；3—温度开关数量；A—带 PT100 铂电阻；TH—湿热带防护。

变压器温度控制器采用复合传感器技术，即仪表温包推动弹性元件的同时，能同步输出 PT100 热电阻信号，此信号可远传到数百米以外的控制室，通过 XMT 数显温控仪同步显示变压器油温。也可通过数显仪表，将 PT100 热电阻信号转换成与计算机联网的直流标准信号（0~5V、1~5V 或 4~20mA）输出。

（二）绕组温度计

变压器绕组温度计是变压器专用仪表，该仪表采用附加温升的原理而设计，主要由弹性元件、传感导管、感温部件、电热元件、温度变送器、一体化变流器和数显仪组成。变压器绕组温度计的温包插在变压器油箱顶层的油孔内，当变压器负荷为零时，绕组温度计的读数为变压器油的温度。当变压器带上负荷后，通过变压器电流互感器取出的与负荷成正比的电流，经变流器调整后流经嵌装在波纹管内的电热元件。电热元件产生的热量，使弹性元件的位移量增大。因此在变压器带上负荷后，弹性元件的位移量是由变压器顶层油温和变压器负荷电流两者所决定。变压器绕组温度计指示的温度是变压器顶层油温与绕组对油的温升之和，反映了被测变压器绕组的最热部位温度。

绕组温度计型号代表的意义：B—变压器；W—温度计；R—绕组；04—开关数量；J—机电一体化、输出（4~20）mA 电流信号；TH—湿热带防护。

十、速动压力继电器

速动压力继电器室安装在油浸式变压器上的一种安全装置，它能对变压器内部故障所产生的异常压力进行监察，具有有效地保护变压器本体的作用。

速动压力继电器壳体采用铝合金铸件，分上、下两部分用螺栓紧固连接而成，壳体内

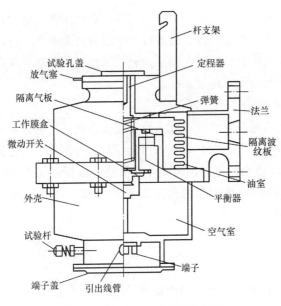

图 6-48 速动压力继电器结构图

部由隔离波纹管分成两部分：空气室和油室。在空气室内装有工作膜盒、平衡器、微动开关等零部件，在油室内装有定程器、放气塞。速动压力继电器安装在油箱的侧壁上，离储油柜油面距离1～3m。其结构见图6-48。

在变压器正常运行时，处在油中的隔离波纹管只受到很低的正常静油压，而当内部故障使油箱内压力以一定速率增加时，隔离波纹将受到压缩，而使隔离波纹管内腔压力迅速增加，从而使工作膜盒伸长，在压力增加速率超过安全速率值 3kPa/s 时，工作膜伸长使微动开关动作，发出电信号，使断路器跳闸，切断故障能源，保护了变压器。

第五节 主变压器介绍

本节主要介绍户外、三相强油风冷、油浸式、双绕组、铜线圈、无励磁调压升压变压器。

一、技术参数

1、2号主变压器技术参数见表6-1，3、4号主变压器技术参数见表6-2。

表 6-1　　　　　　　　　　　　1、2号主变压器技术参数

项目	参数	项目	参数
型号	SFP9-420000/220	产品代号	ISB.710.5742.1
绝缘水平	LI950AC395-LI400AC200/LI200ACBS	海拔	1000m
设备种类	户外式	冷却方式	ODAF
类型	油浸式（DB-25）	额定频率	50Hz
调压方式	无载调压	额定容量	420 000kVA
相数	3 相	低压额定电压	23 000kV
高压额定电压	242±2×2.5%/23kV	低压额定电流	10 543A
高压额定电流	1002A	油面温升	55K
联结组标号	YNd11	空载电流	0.11%（0.11%）
阻抗电压	14.3%（14.43%）	负载损耗	822.00kW（825.18kW）
空载损耗	189.17kW（179.9kW）	器身质量	186 600kg
上节油箱质量	13 000kg	运输质量	充氮 199 600kg
油质量	36 000kg	总质量	256 000kg

注　括号外为1号主变压器参数，括号内为2号主变压器参数。

表 6-2　　　　　　　　　　　　　　3、4 号主变压器技术参数

项目	参数	项目	参数
型号	SFP10-370000/220	产品代号	1SB.7106189.1
绝缘水平	HV 线路端子 SI/LI750/950kV	海拔	<1000m
	LV 线路端子 LI/AC12/55kV	额定频率	50Hz
	HV 中性点端子 LI/AC400/200kV	额定容量	370 000/370 000kVA
使用条件	户外式	联结组标号	YNd11
冷却方式	ODAF	短路阻抗	14.39%（14.35%）
相数	3 相	空载损耗	168.32kW（168.98kW）
额定电压	242±2×2.5%/20kV	上节油箱质量	13 000kg
油面温升	55K	器身质量	187 000kg
空载电流	0.29%（0.20%）	运输质量	198 900kg（充氮）
负载损耗	676.47kW（677.54kW）		
下节油箱质量	5200kg		
油质量	38 700kg		

注　括号外为 3 号主变压器参数，括号内为 4 号主变压器参数。

二、结构特点

（一）铁芯

铁芯采用三相三柱旁轭式叠铁芯（五柱铁芯），它中间为三个芯柱，各自为一相，二边旁轭和上、下端轭截面的为芯柱截面的 $1/\sqrt{3}$，主要是用来降低铁芯高度，便于运输，同时三相五柱式铁芯各相磁通可经旁轭闭合，当有不对称负载时，各相零序电流产生的零序磁通可经旁轭而闭合。芯柱截面为圆形截面，铁轭截面为多级椭圆形截面，芯柱和铁轭边柱角接缝为台阶斜接缝结构，水平分段留有间隙形成冷却通道。铁芯的夹紧装置是无孔绑扎、拉板的夹紧结构，芯柱用半干性玻璃黏带绑扎，铁轭通过拉带和侧梁夹紧通过拉板形成整体框架结构。铁芯取材冷轧取向硅钢片，具有良好的性能，铁芯的接地片引接于铁芯上铁轭最大一级铁芯片间。

（二）绕组

低压绕组为连续式，端部出线，纸包扁铜线，匝间绝缘 0.45mm。绝缘纸板制成的内撑条作为内部的支撑和轴向油道，垫块垫在层间形成幅向油道，鸽尾垫块卡在支撑条上，纸板层压制成的绝缘端圈形成端部绝缘。高压绕组为纠结式，中部出线，纸包扁铜线，匝间绝缘 1.95mm。在端部绝缘外侧加装了静电环以改善端部电场。

高、低压绕组是同心式布置。三相芯柱上首先是一层地屏（旁轭靠近绕组半侧有地屏），然后是软纸筒的绝缘层，垫上支撑条形成油道后，是低压绕组的布置。低压绕组和高压绕组之间有撑条和纸筒相互固定在铁轭绝缘块上形成幅向紧固，高压绕组最外层是纸筒围屏，围屏用上、中、下三道抱箍式围带紧固。高、低压绕组通过夹件肢板上的压钉压接压板、铁轭绝缘形成轴向紧固。

（三）分接开关

分接开关为单相并联调压无励磁分接开关，其调压范围为 ±2×2.5%。图 6-49 所示为老型 DW 型鼓形分接开关，静触头为六柱触头式。A 相分接开关布置在低压侧 A 相绕组的外圆侧；C 相分接开关布置在低压侧 C 相绕组的外圆侧；某电厂 350MW 机组主变压

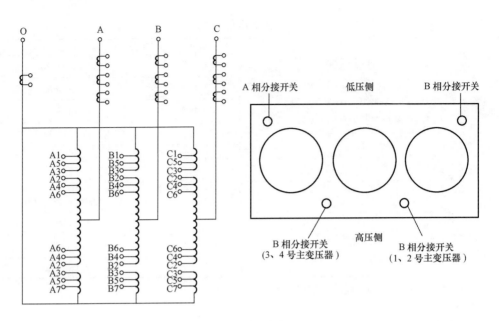

图 6-49　分接开关布置图

器 B 相分接开关布置在 B、C 两相高压侧中间，300MW 机组主变压器分接开关布置在 A、B 两相高压侧中间。分接开关的开口侧用固定在木支架上的数层槽型纸板绝缘隔离。

（四）引线结构

高压绕组引线从中部通过围屏的圆孔引出，分接调压的引线从绕组底部引出，固定到木支架上。低压绕组引线从端部出线，绕组下部引线出线焊接在布置在箱底的下部铜排上，低压绕组上铁轭处引出的引线焊接在上夹件的铜排上，组成三角形接法后由软连接裸接在 A、B、C 三相套管下部端子上。

（五）油箱

油箱为钟罩梯形油箱。油箱底部南侧设有放油阀，南、北两侧设有人孔门和器身定位装置，上、下部均设有油样活门。350MW 机组主变压器为槽形下油箱，上节油箱只有低压侧箱壁布有防磁隔板；而 300MW 机组主变压器为盘形下油箱，上接油箱高、低压侧箱壁上均有防磁隔板。

（六）套管

高、低压及中性点套管都是油纸电容式套管，套管经升高座后分别布置在高、低压侧，见图 6-50。所有升高座上部均装有连通导管并最终汇到顶部一根联管上，与油箱通往气体继电器的导管上连通以避免形成死区，升高座顶部还设有放气塞用以检修时进行排气。铁芯接地套管选用是纯瓷穿缆式套管，350MW 机组主变压器铁芯接地引出后直接接在箱顶，经油箱与地网连通；300MW 机组主变压器铁芯接地引出后，经油箱上的绝缘子用母线排引接到下部与地线连通。高压套管每相升高座内装有 2 组电流互感器，一组用于测量，另一组用于保护；中性点套管升高座内装有 1 组电流互感器，用于零序保护。高、低压套管下部引线连接处均设有手孔门便于引线的拆接。

（七）储油柜

胶囊式抽真空储油柜安装在主变压器低压侧的北侧。储油柜用以储存因温度变化所产

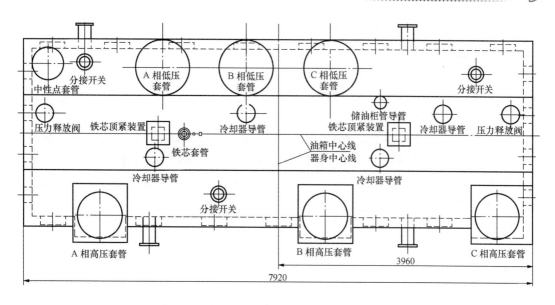

图 6-50　主变压器套管布置图

生体积改变的油，储油柜端部装有 YZ 型油位计，在油面升、降过程中指示出油位，300MW 机组主变压器还将上、下限报警触点引接到控制室用来报警。胶囊通过联管及吸湿器与大气连通来平衡内外压力。

（八）净油器

350MW 机组主变压器还装有净油器。净油器装在主变压器的北侧中部，变压器运行时上下温差促使油流形成，当流过静油器内吸附剂时，油中的水分和游离酸被吸收。通过净油器上、下管路上的取样活门取样试验来判断吸附剂是否失效，如果需要更换净油器内的吸附剂，关闭上、下管道上的蝶阀即可。

（九）冷却装置

350MW 机组主变压器高压侧箱壁伸出 4 条支腿与上、下冷却母管框架形成一个整体的立式框架。上母管为进油母管且两端设有放气塞，有 4 根管道通往变压器油箱顶部，2 根通向低压侧，2 根通向高压侧。下母管为出油母管，两端设有放气塞，共有 4 根管道经下油箱高压侧通向变压器内。主变压器共有 6 组强油风冷冷却器，每组冷却器有 3 台风扇、1 台潜油泵、1 台油流继电器、1 台分控箱。每组冷却器以及母管管道上均设有蝶阀用以冷却期切除或投入。

300MW 机组主变压器高压侧上、下冷却母管框架与 4 处落地支撑形成一个整体的立式框架。上母管为进油母管且两端设有放气塞，有 4 根管道通往变压器油箱顶部，2 根通向低压侧，2 根通向高压侧。下母管为出油母管也在两端设有放气塞，下母管有 2 根出油管通往变压器南、北两侧，南、北两侧的管道分别分为 2 路进入变压器油箱高、低压侧。主变压器共有 5 组强油风冷冷却器，每组冷却器有 3 台风扇、1 台潜油泵、1 台油流继电器、1 个端子箱。每组冷却器以及母管管道上均设有蝶阀用以冷却期的切除或投入。

（十）气体继电器

主变压器与气体继电器连通管路直径为 80mm，在气体继电器前、后均设有蝶阀用以切断油路拆除气体继电器。气体继电器上部引出取气导管接通到下方的集气盒内以便于取样。

（十一）压力释放阀

两组压力释放阀分别装于主变压器油箱顶部南、北两侧，并有导油罩和导油管道通到下方。每组压力释放阀均配有触点引接于控制室用来报警。

（十二）温度控制器

350MW 机组主变压器上层油温度测点有三处，选用的是 BWY 型温度控制器（简称温控器）。其端子见图 6-51。一处温包安装在油箱顶南侧中部，温控器的表头安装在主变压器本体南侧，主要为启（$K_2=55℃$）、停（$K_1=45℃$）辅助风扇提供硬触点，同时 PT100 送往控制室显示适时温度；另两处温包安装在油箱顶北侧中部，温控器表头一块装于北侧低压侧，主要用于温度高报警，当高于 $K_2=85℃$ 时将信号送与远方实现报警功能；另一块温控器表头装于北侧中部，主要是配合主变压器冷却器全停温度高于 $K_2=85℃$ 跳闸。

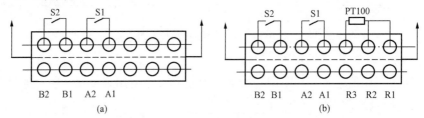

图 6-51 温度控制器端子图

（a）不带 PT100 的端子图；（b）带 PT100 的端子图

主变压器温控器启停辅助风扇控制回路见图 6-52，当主变压器油温上升到 45℃ 时触点闭合，此时辅助继电器 3KZ 触点不通，3KZ 线圈无法带电，当油温上升到 55℃，55℃的触点闭合使继电器 3KZ 带电，一方面 3KZ 触点导通让 45℃ 回路保持通路，另一方面 3KZ 触点导通使辅助风扇启动。1 组冷却器电源开关 1SZ 合上，热偶不动作保持闭合，当切换开关在辅助位置时，F 保持导通，此时风扇启、停的取决条件就在于 3KZ 触点的闭合上。当 3KZ 触点导通辅助风扇就启动，加强冷却后温度慢慢下降，当下降到 55℃ 以下

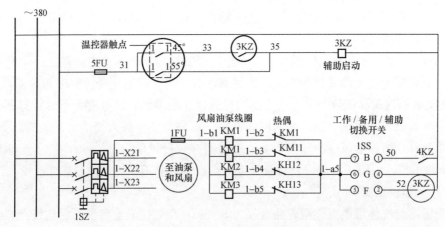

图 6-52 主变压器温控器启停辅助风扇控制回路图

时，55℃的触点断开，此时继电器 3KZ 通过 45℃ 回路保持，一直下降到 45℃ 以下，45℃ 的触点断开，辅助继电器 3KZ 失电，其触点全部断开，辅助风扇也就停运。

主变压器油温 85℃ 配合冷却器全停跳闸见图 6-53。冷却器自动投入回路：当主变压器冷却器自动投入 1S 导通，继电器 KZ 就靠进线断路器跳位继电器控制，断路器在合位 KZ 不带电，断路器在跳位 KZ 带电；当自动冷却器自动不投入 1S 断开，此时 KZ 一直保持不带电。冷却器全停延时跳闸启动回路：冷却期自动投入情况下，断路器在合位 KZ 触点闭合，冷却器两路电源带电，触点断开，3 个触点中只要有任何一个断开，2 个延时继电器 KCB 都不带电；如果此时冷却器全停，断路器在合位 KZ 触点闭合，冷却器两路电源失电触点闭合，这样 KZ、1C、2C 触点全部导通，延时继电器 1KCB、2KCB 带电，启动跳闸回路。冷却器全停跳闸回路：继电器 1KBC 带电触点延时 20 分钟后闭合，如果变压器温度迅速上升到 85℃，触点 2KW1 闭合，动作保护柜跳闸；如果变压器温度上升很慢，当延时 60min 后 2KCB 闭合，动作保护柜直接跳闸。如果此时，延时继电器 1KCB、2KCB 失电，其触点瞬时动作断开，切断跳闸回路。

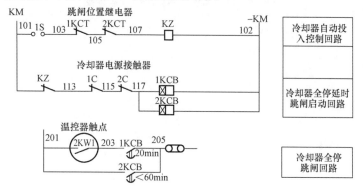

图 6-53 主变压器油温 85℃ 配合冷却器全停跳闸回路图

300MW 机组主变压器温度测点共有三处：一处为 BWR 型绕组温度计，温包安装在油箱顶 B 相高压侧处，温控器表头安装在主变压器本体 B 相高压侧下，主要用于绕组温度高报警（85℃），并与冷却器全停配合（85℃）延时 20min 动作于全停，同时送到控制室显示绕组温度；另两处为 BWY 型温度控制器，一处温包安装在箱顶南侧，温控器表头安装在主变压器本体 A 相高压侧下，主要为启（55℃）、停（45℃）辅助风扇提供硬触点；另一处温包安装在箱顶的北侧，温控器的表头安装在主变压本体 C 相高压侧下，主要用于上层油温高报警（85℃），同时送到控制室显示油温温度。

第六节 高压厂用变压器

本节主要介绍户外、三相、油浸风冷、双分裂绕组、铜绕组、无励磁调压、降压变压器。

一、技术参数

某电厂 350MW 机组、300MW 机组高压厂用变压器技术参数分别见表 6-3、表 6-4。

167

表 6-3   **350MW 机组高压厂用变压器技术参数**

项目	参数		项目	参数	
型号	SFF9-50000/23		产品代号	ISO. 710.5750. 1	
绝缘水平	LI200AC85/LI60AC25-LI60AC25		海拔	1000m	
使用条件	户外式		额定频率	50Hz	
冷却方式	ONAN/ONAF		额定容量	32.5-2×16.25/50-2×25MVA	
相数	3 相		额定电压	23/6.3-6.3kV	
联结组标号	Dyn1yn1		上节油箱质量	3.9t	
油面温升	55K		器身连下油箱质量	39.5t	
总质量	57.8t		运输质量（带油）	52.8t	
总油质量	12.2t		空载电流	1 号高压厂用变压器	0.19%
空载损耗	1 号高压厂用变压器	27.27kW		2 号高压厂用变压器	0.55%
	2 号高压厂用变压器	28.08kW	分裂系数	1 号高压厂用变压器	5.38
负载损耗	1 号高压厂用变压器	193.26kW		2 号高压厂用变压器	5.39
	2 号高压厂用变压器	195.74kW	半穿越阻抗 50MVA	1 号高压厂用变压器	16.00%
				2 号高压厂用变压器	16.08%

表 6-4   **300MW 机组高压厂用变压器技术参数**

项目	参数		项目	参数	
型号	SFF9-50000/20W3		产品代号	1XTB. 710. 2197	
绝缘水平	HV 线路端子 LI/AC 200/85kV		海拔	404m	
	LV 线路端子 LI/AC 75/35kV		额定频率	50Hz	
使用条件	户外式		额定容量	50 000/31 500-31 500kVA	
冷却方式	ONAF		额定电压	20×（1±2×2.5%）/6.3-6.3kV	
相数	3 相		上节油箱质量	5455kg	
联结组标号	Dyn1yn1		额定电流	1443.38/2886.75-2886.75A	
油面温升	55K		器身质量	34 700kg	
总质量	60 700kg		运输质量（带油）	50 500kg	
总油质量	10 840kg		空载电流	3 号高压厂用变压器	0.10%
空载损耗	3 号高压厂用变压器	27.75kW		4 号高压厂用变压器	0.10%
	4 号高压厂用变压器	28.88kW	分裂阻抗 低压 1-低压 2	3 号高压厂用变压器	31.59%
负载损耗	3 号高压厂用变压器	221.73kW		4 号高压厂用变压器	31.51%
	4 号高压厂用变压器	212.71kW	半穿越阻抗 高压-低压 2	3 号高压厂用变压器	17.06%
半穿越阻抗 高压-低压 1	3 号高压厂用变压器	16.75%		4 号高压厂用变压器	16.97%
	4 号高压厂用变压器	17.04%			

二、结构特点

（一）铁芯

铁芯采用三相三柱式叠铁芯，芯柱和铁轭截面均采用多级圆形截面，芯柱和铁轭边柱角接缝为台阶斜接缝结构，水平分段留有间隙形成冷却通道。铁芯的夹紧装置是无孔绑扎、拉板的夹紧结构，芯柱用半干性玻璃黏带绑扎，铁轭通过拉带和侧梁夹紧与拉板形成整体框架结构。铁芯取材冷轧取向硅钢片，具有良好的性能，铁芯的接地片引接于铁芯上铁轭最大一级铁芯片间。

（二）绕组

350MW 机组高压厂用变压器三相分裂绕组为径向布置，绕组为连续式，端部出线，纸包扁铜线，匝间绝缘 0.45mm。绝缘纸板制成的内撑条作为内部的支撑和轴向油道，垫块垫在层间形成幅向油道，鸽尾垫块卡在支撑条上，纸板层压制成的绝缘端圈形成端部绝缘。各绕组是同心式布置，紧靠三相芯柱的是软纸筒的绝缘层，支撑条形成油道后，布置第一个低压绕组；接着是高压绕组和第二个低压绕组，各绕组之间有撑条和纸筒相互固定在铁轭绝缘块上形成幅向紧固，高、低压绕组通过夹件肢板上的压钉压接压板、铁轭绝缘形成轴向紧固，见图 6-54。

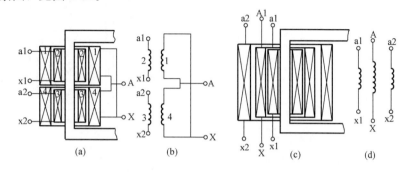

图 6-54　双分裂绕组的结构布置图

(a) 三相芯柱轴向布置时绕组排列情况；(b) 三相芯柱轴向布置时绕组原理接线图；
(c) 三相芯柱径向布置时绕组排列情况；(d) 三相铁芯柱径向布置时绕组原理接线图

300MW 机组高压厂用变压器三相分裂绕组为轴向布置，绕组为连续式，纸包扁铜线，匝间绝缘 0.45mm，高压绕组为中部出线。上、下绕组分段布置，并有分段绝缘，并在高压绕组外装有围屏靠半干性玻璃丝带分三道包紧。层间、线饼间以及端部固定同350MW 机组高压厂用变压器。

（三）分接开关

350MW 机组高压厂用变压器分接开关为单相中性点调压无励磁分接开关，其调压范围为±2×2.5％，为老型 DW 型鼓形分接开关，静触头为六柱触头式。A 相分接开关布置在高压侧 A 相绕组的南侧，B 相分接开关布置在高压侧 A、B 绕组之间，C 相分接开关布置在高压侧 B、C 绕组之间，见图 6-55（a）。

300MW 机组高压厂用变压器分接开关为单相中部并联调压无励磁分接开关，其调压范围为±2×2.5％，为老型 DW 型鼓形分接开关，静触头为六柱触头式。A 相分接开关布置在高压侧 A、B 绕组之间，B、C 相分接开关分上、下两层共用一个操动杆布置在高压侧 B、C 绕组之间，见图 6-55（b）。

（四）引线结构

350MW 机组高压厂用变压器绕组出线都是端部出线，靠布置在箱底和上夹件上的木支架来固定，低压绕组出线先铜焊到铜排上，然后与低压套管下部端子连接。300MW 机组高压厂用变压器既有端部出线也有中部出线，也是靠布置在箱底和上夹件上的木制架来固定。

（五）油箱

高压厂用变压器油箱为钟罩式油箱。底部的一侧设有放油阀，油箱顶部有器身定位装置，上、下部设有油样活门。上节油箱为平顶钟罩，下节油箱位槽形油箱。

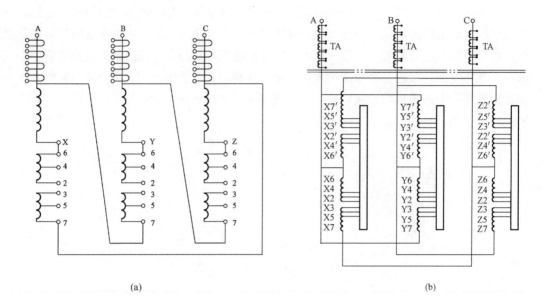

图 6-55　高压厂用变压器高压绕组接线图
(a) 350MW 机组；(b) 300MW 机组

（六）套管

高压厂用变压器套管全部是纯瓷套管，三相高压套管经升高座后布置在高、低压侧，两组三相低压套管经两个升高座后分南（绕组 a）、北（绕组 b）布置在低压侧，两个中性地套管也分别布置在南、北两侧。所有升高座上部均有连通导管汇通到顶部一根导管上，与油箱通往气体继电器的导管连通以避免形成死区，同时升高座上均设有放气塞可以进行排气。铁芯接地套管选用是纯瓷穿缆式套管，350MW 机组高压厂用变压器铁芯接地引出后直接接在油箱顶部；300MW 机组高压厂用变压器铁芯接地引出后，经油箱上的绝缘子用母线排引接到下部与地线相连。高压套管每相升高座内装有电流互感器 4 组，1 组用于测量，3 组用于保护，中性点套管升高座内各装有一组电流互感器，用于零序保护。高压套管升高座下方均设有手孔门以便于引线的拆接。

（七）储油柜

胶囊式抽真空储油柜安装在变压器低压侧的北侧。储油柜用以储存因温度变化所产生体积改变的油，柜端装有 YZ 型油位计，在油面升、降过程中指示出油位，300MW 机组高压厂用变压器还将上、下限报警触点引接到控制室用来报警。

（八）净油器

350MW 机组高压厂用变压器还装有净油器。净油器装在高压厂用变压器的南侧中部，变压器运行时上下温差促使油流形成，当流过净油器内吸附剂时，油中的水分和游离酸被吸收。通过上、下管路上的取样活门可以取样试验判断吸附剂是否失效，需要更换净油器内吸附剂时，关闭净油器上、下管道的蝶阀即可进行。

（九）冷却装置

350MW 机组高压厂用变压器在高、低压侧各装有五组片式散热器。在高、低压南侧第一组和第六组散热器上横向装有一组风机向内吹风冷却。300MW 机组高压厂用变压器在高、低压侧各装有四组片式散热器。在每组散热器底部装有一组风机向上吹风冷却。

（十）气体继电器

高压厂用变压器与气体继电器连通管路直径为 80mm，在气体继电器前、后均设有蝶阀用以切断油路拆除气体继电器。气体继电器上部引出取气导管接通到下方的集气盒内以便于取样。

（十一）压力释放阀

压力释放阀装于高压厂用变压器顶部南侧，并有导油罩和导油管道通到下方。压力释放阀均有触点引接于控制室用来报警。

（十二）温度计控制器

350MW 机组高压厂用变压器上层油温度测点有两处，选用的是 BWY 型温度控制器。一处温包安装在油箱顶南侧，温控器的表头安装在变压器本体的南侧，主要为启（55℃）、停（45℃）风扇提供硬触点；另一处温包安装在油箱顶北侧，温控器表头也装在北侧，主要用于温度显示，同时送与控制室显示适时温度。

高压厂用变压器风扇控制图见图 6-56，电源接通 1、2kV 闭合，变压器油温一直上升到 55℃ 时，继电器 KZ 带电，其触点一方面使油温 45℃ 回路保持导通，另一方面让风扇自动投入导通，使线圈 KM 带电，这样接触器 KM 带电启动所有风扇；如果此时温度下降至 45℃ 以下，继电器 KZ 失电，线圈 KM 也失电，风扇停运。

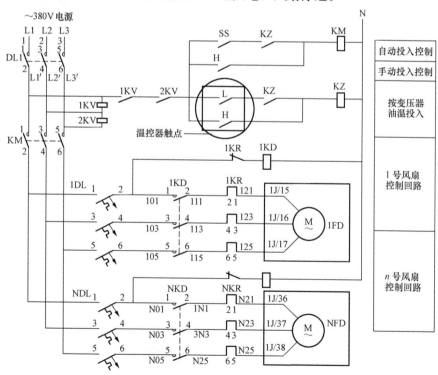

图 6-56　高压厂用变压器风扇控制图

300MW 机组高压厂用变压器温度测点共有三处：一处为 BWR 型绕组温度计，温包安装在油箱顶北侧，温控器表头安装在变压器本体高压侧北侧，主要用于绕组温度高报警

（85℃），同时送到控制室显示绕组温度。另两处为 BWY 型温度控制器用于上层油温的测量，一处温包安装在油箱顶北侧，温控器表头安装在变压器本体北侧，主要用于上层油温高报警（85℃），同时送到控制室显示油温温度；另一处温包安装在油箱顶的南侧，温控器的表头安装在变压器本体 A 相高压侧下，主要为启（55℃）、停（45℃）辅助风扇提供硬触点，同时用于上层油温高报警（85℃）。

（十三）速动压力继电器

300MW 机组高压厂用变压器在高压南侧中部装有速动压力继电器。它是油浸式变压器的一种安全保护装置，它能对变压器内部故障所产生的异常压力进行监察，具有有效地保护变压器本体的作用。它的工作压力稳定在 25kPa（1±20％），当变压器内部增长速率高于 3kPa/s 速动压力继电器动作。

第七章

变压器检修

电力变压器在正常运行中由于温度、振动、热胀冷缩等种种原因，会造成部分构件状况发生变化，如任其发展，将导致变压器运行状况恶化，甚至造成事故的发生，所以要对变压器进行定期检查及修理。以下分别对油浸式变压器和干式变压器的检修进行介绍。

第一节　油浸式变压器检修

油浸式变压器结构复杂、附件较多，在大型变压器中应用较多，其检修工作也比较麻烦。DL/T 573—2010《电力变压器检修导则》对油浸式变压器的检修做了明确的规定。

一、检修周期

（一）大修周期

变压器大修一般在投运后 5 年内，以后每隔 10 年进行一次大修。

（二）小修周期

小修一般每年一次。

（三）附属装置的检修周期

（1）盘式油泵电动机检修按照说明书的规定应为 5 年，但目前国内进行盘式电动机解体检修的较少。

（2）风扇电动机的解体检修，一般 1～2 年一次。

（3）冷却器的清理，一般每年高温季节来临前进行检查清理。

（4）净油器中硅胶的更换视油质化验结果决定，吸湿器中的硅胶视失效程度更换。

（5）变压器的套管随本体进行，套管的更换根据试验结果确定。

（6）自动及控制回路的检查，一般每年进行一次。

二、检修项目

（一）大修项目

（1）吊开钟罩检查器身或吊出器身进行检查。

（2）绕组、引线及磁（电）屏蔽检修。

（3）铁芯、铁芯紧固件（穿心螺杆、夹件、拉带、绑带等）、压钉、压板及接地片的检修。

（4）油箱及附件的检修，包括套管、吸湿器等。

（5）冷却器、油泵、风扇、阀门及管道等附属设施的检修。

（6）安全保护装置的检修（包括压力释放阀、气体继电器等）。

（7）油保护装置的检修（包括储油柜、油位计、净油器、吸湿器等）。

（8）测温装置校验。

（9）控制箱的检修和试验。

（10）分接开关检修。

（11）全部密封垫更换及组件试漏。

（12）变压器油处理。

（13）清理变压器本体并喷漆。

（14）大修试验及试运行。

（二）小修项目

（1）处理发现的缺陷。

（2）放出储油柜集污器中的污泥。

（3）检修油位计，调整油位。

（4）冷却装置检修，包括风扇检修、冷却管束清理。

（5）安全保护装置的检修，包括压力释放阀、气体继电器等的检修。

（6）油保护装置的检修，包括储油柜、油位计、净油器、吸湿器等的检修。

（7）检修测温装置。

（8）检修调压装置、测量装置及控制箱，并进行调试。

（9）检查接地系统。

（10）检修全部阀门和塞子，检查全部密封状态，处理渗漏油。

（11）清扫油箱和附件，必要时补油。

（12）清扫外绝缘和检查导电头。

（13）按有关规程进行测量和试验。

（三）临时检修项目

根据变压器运行中的缺陷和要进行的改造项目等具体来定。

三、变压器检修前的准备工作

（一）查阅档案了解变压器运行状况

（1）运行中所发现的缺陷和异常（事故）情况，出口短路的次数情况。

（2）负载、温度和附属装置的运行情况。

（3）查阅上次大修总结报告和技术档案。

（4）查阅试验记录（包括油的化验和色谱分析），了解绝缘状况。

（5）检查渗漏部位并做出标记。

（6）进行大修前的试验，确定附加检修项目。

（二）编制大修技术、组织措施计划

（1）人员组织及分工。

（2）施工项目及进度表。

（3）特殊项目的施工方案。

（4）确保施工安全、质量的技术措施和现场防火措施。

（5）主要施工工具、设备明细表，主要材料明细表。

（6）绘制必要的施工图。

（三）施工场地要求

（1）变压器的检修工作，如条件许可，应尽量安排在检修间内进行。

（2）如果在施工现场进行检修，需做好防雨、防潮、防尘和消防措施，同时应注意与带电设备保持安全距离，准备充足的施工电源及照明，安排好储油容器、大型机具、拆卸附件的放置地点和消防器材的合理布置等。

四、变压器的解体检修与组装

（一）解体检修

（1）办理工作票、停电，拆除变压器的外部电气连接引线和二次接线，进行检修前的检查和试验。

（2）部分排油后拆卸套管、升高座、储油柜、冷却器、气体继电器、净油器、压力释放阀、联管、温度计等附属装置，并分别进行校验和检修，在储油柜放油时应检查油位计指示是否正确。

（3）排出全部油进行处理。

（4）拆除无励磁分接开关操作杆，各类有载分接开关的拆卸方法参见 DL/T 574—2010《变压器分接开关运行维修导则》，拆卸中腰法兰或大盖连接螺栓后吊钟罩（或器身）。

（5）检查器身状况，进行各部件的紧固并测试绝缘。

（6）更换密封胶垫、检修全部阀门，清洗、检修铁芯、绕组及油箱。

（二）组装

（1）装回钟罩（或器身）紧固螺栓后按规定注油。

（2）适量排油后安装套管，并装好内部引线，进行二次注油。

（3）安装冷却器等附属装置。

（4）整体密封试验。

（5）注油至规定的油位线。

（6）检修后进行电气和油的试验。

（三）解体检修和组装时的注意事项

（1）拆卸的螺栓等零件应清洗干净，分类妥善保管，如有损坏应检修或更换。

（2）拆卸时，首先拆卸小型仪表和套管，后拆大型组件，组装时顺序相反。

（3）冷却器、压力释放阀、净油器及储油柜等部件拆下后，应用盖板密封，对带有电流互感器的升高座应注入合格的变压器油（或采取其他防潮密封措施）。

（4）套管、油位计、温度计等易损部件拆下后应妥善保管，防止损坏和受潮；电容式套管应垂直放置。

（5）组装后要检查冷却器、净油器和气体继电器阀门，按照规定开启或关闭。

（6）对套管升高座、上部管道孔盖、冷却器和净油器等上部的放气孔应进行多次排气，直至排尽为止，并重新密封好，擦净油迹。

（7）拆卸无励磁分接开关操作杆时，应记录分接开关的位置，并做好标记；拆卸有载分接开关时，分接头应置于中间位置（或按制造厂的规定执行）。

（8）组装后的变压器各零件应完整无损。

（9）认真做好现场记录工作。

（四）检修中的起重工作及注意事项

（1）起重工作应分工明确，专人指挥，并有统一信号。

（2）根据变压器钟罩（或器身）的重量选择起重工具，包括起重机、钢丝绳、吊环、U 形挂环、千斤顶、枕木等。

（3）起重前应先拆除影响起重工作的各种连接。

（4）如系吊器身，应先紧固器身有关螺栓。

（5）起吊变压器整体或钟罩（器身）时，钢丝绳应分别挂在专用起吊装置上，遇棱角处应放置衬垫；起吊 100mm 左右时应停留检查悬挂及捆绑情况，确认可靠后再继续起吊。

（6）起吊时钢丝绳的夹角不应小于 60°，否则应采用专用吊具或调整钢丝绳套。

（7）起吊或落回钟罩（或器身）时，四角应系缆绳，由专人扶持，使其保持平稳。

（8）起吊或降落速度应均匀，掌握好重心，防止倾斜。

（9）起吊或落回钟罩（或器身）时，应使高、低压侧引线，分接开关支架与箱壁间保持一定的间隙，防止碰伤器身。

（10）当钟罩（或器身）因受条件限制，起吊后不能移动而需要在空中停留时，应采取支撑等防止坠落措施。

（11）吊装套管时，其斜度应与套管升高座的斜度基本一致，并用缆绳绑扎好，防止倾倒损坏瓷件。

（12）采用汽车吊起重时，应检查支撑稳定性，注意起重臂伸张的角度、回转范围与临近带电设备的安全距离，并设专人监护。

五、变压器的器身检查

（一）施工条件及要求

（1）吊钟罩（或器身）一般宜在室内进行，以保持器身的清洁。如在露天进行时，应选在无尘土飞扬及其他污染的晴天进行。器身暴露在空气中的时间应不超过如下规定：空气相对湿度不大于 65% 时，为 16h；空气相对湿度不大于 75% 时，为 12h。器身暴露时间是从变压器放油时起至开始抽真空或注油时为止；如暴露时间需超过上述规定，宜接入干燥空气装置进行施工。

（2）器身温度应不低于周围环境温度，否则应用真空滤油机循环加热油，将变压器加热，使器身温度高于环境温度 5℃ 以上。

（3）检查器身时，应由专人进行，穿着专用的检修工作服和鞋，并戴清洁手套，寒冷天气还应戴口罩，照明应采用低压行灯。

（4）进行器身检查所使用的工具应由专人保管并应编号登记，防止遗留在油箱内或器身上；进入变压器油箱内检修时，需考虑通风，防止工作人员窒息。

（二）绕组检修

（1）检查相间隔板和围屏（宜解开一相）有无破损、变色、变形、放电痕迹，如发现异常应打开其他两相围屏进行检查。要求如下：

1）围屏清洁无破损，绑扎紧固完整，分接引线出口处封闭良好，围屏无变形、发热和树枝状放电痕迹。

2）围屏的起头应放在绕组的垫块上，接头处一定要错开搭接，并防止油道堵塞。

3）检查支撑围屏的长垫块应无爬电痕迹，若长垫块在中部高场强区时，应尽可能割短相间距离最小处的幅向垫块 2～4 个。

4）相间隔板完整并固定牢固。

（2）检查绕组表面是否清洁，匝绝缘有无破损。要求如下：

1）绕组应清洁，表面无油垢，无变形。

2）整个绕组无倾斜、位移，导线幅向无明显弹出现象。

（3）检查绕组各部垫块有无位移和松动情况。各部垫块应排列整齐，幅向间距相等，轴向成一垂直线，支撑牢固有适当紧力，垫块外露绕组的长度至少应超过绕组导线的厚度。

（4）检查绕组绝缘有无损坏、油道有无被绝缘、油垢或杂物（如硅胶粉末）堵塞现象，必要时可用软毛刷（或用绸布、泡沫塑料）轻轻擦拭，绕组线匝表面如有破损裸露导线处，应进行包扎处理。要求如下：

1）油道保持畅通，无油垢及其他杂物积存。

2）外观整齐清洁，绝缘及导线无破损。

3）特别注意导线的统包绝缘，不可将油道堵塞，以防局部发热、老化。

（5）用手指按压绕组表面检查其绝缘状态。绝缘状态可分为：

一级绝缘：绝缘有弹性，用手指按压后无残留变形，属良好状态。

二级绝缘：绝缘仍有弹性，用手指按压时无裂纹、脆化，属合格状态。

三级绝缘：绝缘脆化，呈深褐色，用手指按压时有少量裂纹和变形，属勉强可用状态。

四级绝缘：绝缘已严重脆化，呈黑褐色，用手指按压时即酥脆、变形、脱落，甚至可见裸露导线，属不合格状态。

（三）铁芯检修

（1）检查铁芯外表面是否平整，有无片间短路或变色、放电烧伤痕迹，绝缘漆膜有无脱落，上铁轭的顶部和下铁轭的底部是否有油垢杂物，可用洁净的白布或泡沫塑料擦拭，若叠片有翘起或不规整之处，可用木锤或铜锤敲打平整。铁芯应平整，绝缘漆膜无脱落，叠片紧密，边侧的硅钢片不应翘起或成波浪状，铁芯各部表面应无油垢和杂质，片间应无短路、搭接现象，接缝间隙符合要求。

（2）检查铁芯上、下夹件、方铁、绕组压板的紧固程度和绝缘状况，绝缘压板有无爬电烧伤和放电痕迹。要求如下：

1）铁芯与上、下夹件、方铁、压板、地脚板间均应保持良好绝缘。

2）钢压板与铁芯间要有明显的均匀间隙；绝缘压板应保持完整、无破损和裂纹，并有适当紧固度。

3）钢压板不得构成闭合回路，同时应有一点接地。

4）打开上夹件与铁芯间的连接片和钢压板与上夹件的连接片后，测量铁芯与上、下夹件间和钢压板与铁芯间的绝缘电阻，与历次试验相比较应无明显变化。

（3）检查压钉、绝缘垫圈的接触情况，用专用扳手逐个紧固上、下夹件、方铁、压钉等各部位紧固螺栓。螺栓应紧固，夹件上的正、反压钉和锁紧螺母无松动，与绝缘垫圈接触良好，无放电烧伤痕迹，反压钉与上夹件有足够距离。

（4）用专用扳手紧固上、下铁芯的螺栓，检查与测量绝缘情况，穿心螺栓紧固，其绝缘电阻与历次试验比较无明显变化。

（5）检查铁芯间和铁芯与夹件间的油路，油路应畅通，油道垫块无脱落和堵塞，且应排列整齐。

（6）检查铁芯接地片的连接及绝缘状况。铁芯只允许一点接地，接地片用厚度0.5mm，宽度不小于30mm的紫铜片，插入3～4级铁芯间，对大型变压器插入深度不小于80mm，其外露部分应包扎绝缘，防止短路铁芯。

（7）检查无孔结构铁芯的拉板和钢带，应紧固并有足够的机械强度，绝缘良好不构成环路，不与铁芯相接触。

（8）检查铁芯电场屏蔽绝缘及接地情况，绝缘应良好，接地可靠。

（四）引线及绝缘支架检修

（1）检查引线及引线锥的绝缘包扎有无变形、变脆、破损，引线有无断股，引线与引线接头处焊接情况是否良好，有无过热现象。要求如下：

1）引线绝缘包扎应完好，无变形、变脆，引线无断股卡伤情况。

2）对穿缆引线，为防止引线与套管的导管接触处产生分流烧伤，应将引线用白布带半迭包绕一层，220kV引线接头焊接处去毛刺，表面光洁，包金属屏蔽层后再加包绝缘。

3）如采用锡焊的引线接头应尽可能改为磷铜或银焊接。

4）接头表面应平整、清洁、光滑无毛刺，并不得有其他杂质。

5）引线长短适宜，不应有扭曲现象。

（2）检查绕组至分接开关的引线，其长度、绝缘包扎的厚度、引线接头的焊接（或连接）、引线对各部位的绝缘距离、引线的固定情况是否符合要求。

（3）检查绝缘支架有无松动、损坏和位移，检查引线在绝缘支架内的固定情况。要求如下：

1）绝缘支架应无损坏、裂纹、弯曲变形及烧伤现象。

2）绝缘支架与铁夹件的固定可用钢螺栓，绝缘件与绝缘支架的固定应用绝缘螺栓；两种固定螺栓均需有防松措施（220kV级变压器不得应用环氧螺栓）。

3）绝缘夹件固定引线处应垫以附加绝缘，以防卡伤引线绝缘。

4）引线固定用绝缘夹件的间距，应考虑在电动力的作用下，不致发生引线短路。

（4）检查引线与各部位之间的绝缘距离。要求如下：

1）引线与各部位之间的绝缘距离，根据引线包扎绝缘的厚度不同而已，但应不小于规定。

2）对大电流引线（铜排或铝排）与箱壁间距，一般应大于 100mm，以防漏磁发热，铜（铝）排表面应包扎一层绝缘，以防异物形成短路或接地。

（五）无励磁分接开关检修

（1）检查开关各部件是否齐全完整。

（2）转动操作手柄，检查动触头转动是否灵活，若转动不灵活应进一步检查卡滞的原因；检查绕组实际分接是否与上部指示值一致，否则应进行调整。

（3）检查动、静触头间接触是否良好，触头表面是否清洁，有无氧化变色、镀层脱落及碰伤痕迹，弹簧有无松动，发现氧化膜用碳化钼和白布带穿入触柱来回擦拭清除；触柱如有严重烧损时应更换。触头接触电阻小于 $500\mu\Omega$，触头表面应保持光洁，无氧化变质、碰伤及镀层脱落，触头接触压力用弹簧秤测量应在 $0.25\sim0.5$MPa 之间，或用 0.02mm 塞尺检查应无间隙、接触严密。

（4）检查触头分接线是否紧固，发现松动应拧紧、锁住。

（5）检查分接开关绝缘件有无受潮、剥裂或变形，表面是否清洁，发现表面脏污应用无绒毛的白布擦拭干净，绝缘筒如有严重剥裂变形时应更换；操作杆拆下后，应放入油中或用塑料布包上。

（6）检修的分接开关，拆前做好明显标记，拆装前后指示位置必须一致，各相手柄及传动机构不得互换。

（7）检查绝缘操作杆 U 形拨叉接触是否良好，如有接触不良或放电痕迹应加装弹簧片。

（六）油箱检修

（1）对油箱上焊点、焊缝中存在的砂眼等渗漏点进行补焊，消除渗漏点。

（2）清扫油箱内部，清除积存在箱底的油垢杂质，检查油箱内部洁净，无锈蚀，漆膜完整。

（3）清扫强油循环管路，检查固定于下夹件上的导向绝缘管，连接是否牢固，表面有无放电痕迹，打开检查孔，清扫联箱和集油盒内杂质。

（4）检查钟罩（或油箱）法兰结合面是否平整，发现沟痕，应补焊磨平。

（5）检查器身定位钉，防止定位钉造成铁芯多点接地，定位钉无影响可不退出。

（6）检查磁（电）屏蔽装置，有无松动放电现象，磁（电）屏蔽装置应固定牢固无放电痕迹，可靠接地。

（7）检查钟罩（或油箱）的密封胶垫，接头。胶垫接头黏合牢固，并放置在油箱法兰直线部位的两螺栓的中间，搭接面平放，搭接面长度不少于胶垫宽度的 $2\sim3$ 倍，胶垫压缩量为其厚度的 1/3 左右（胶棒压缩量为 1/2 左右）。

（8）检查内部油漆情况，对局部脱漆和锈蚀部位应处理，重新补漆，保证内部漆膜完整，附着牢固。

六、变压器的附件检修

（一）冷却装置的检修

1. 散热器的检修

（1）采用气焊或电焊，对渗漏点进行补焊处理，焊点准确，焊接牢固，严禁将焊渣掉入散热器内。

（2）对带法兰盖板的上、下油室应打开法兰盖板，清除油室内的焊渣、油垢，然后更换胶垫。

（3）清扫散热器表面，油垢严重时可用金属洗净剂（去污剂）清洗，然后用清水冲净晾干，清洗时管接头应可靠密封，防止进水。

（4）用盖板将接头法兰密封，加油压进行试漏，片状散热器：0.05～0.1MPa、10h；管状散热器：0.1～0.15MPa、10h。

（5）用合格的变压器油对内部进行循环冲洗。

（6）重新安装散热器。注意阀门的开闭位置，阀门的安装方向应统一，指示开闭的标志应明显、清晰，安装好散热器的拉紧钢带。

2. 强油风冷却器的检修

（1）打开上、下油室端盖，检查冷却管有无堵塞现象，更换密封垫。

（2）更换放气塞、放油塞的密封垫。

（3）进行冷却器的试漏和内部冲洗。管路有渗漏时，可用锥形黄铜棒将渗漏管的两端堵塞（如有条件可用胀管法更换新管），但所堵塞的管子数量每回路不得超过2根，否则应降容使用，试验标准：0.25～0.275MPa、30min应无渗漏。

（4）清扫冷却器表面，并用0.1MPa压力的压缩空气（或水压）吹净管束间堵塞的灰尘、昆虫、草屑等杂物，若油垢严重可用金属洗净剂擦洗干净。

（二）套管检修

1. 压油式套管检修（与本体油连通的附加绝缘套管）

（1）检查瓷套有无损坏，套管应保持清洁，无放电痕迹，无裂纹，裙边无破损。

（2）套管解体时，应依次对角松动法兰螺栓，防止松动法兰时受力不均损坏套管。

（3）拆卸瓷套前应先轻轻晃动，使法兰与密封胶垫间产生缝隙后再拆下瓷套，防止瓷套碎裂。

（4）拆导电杆和法兰螺栓前，应防止导电杆摇晃损坏瓷套，拆下的螺栓应进行清洗，丝扣损坏的应进行更换和修整。

（5）取出绝缘筒（包括带覆盖层的导电杆），擦除油垢，绝缘筒及在导电杆表面的覆盖层应妥善保管（必要时应干燥）。

（6）检查瓷套内部，并用白布擦拭干净，在套管外侧根部根据情况喷涂半导体漆。

（7）有条件时，应将拆下的瓷套和绝缘件送入干燥室进行轻度干燥，然后再组装。干燥温度70～80℃，时间不少于4h，升温速度不超过10℃/h，防止瓷套裂纹。

（8）更换新胶垫，位置要放正，胶垫压缩均匀，密封良好。

（9）将套管垂直放置于套管架上，组装时与拆卸顺序相反，绝缘筒与导电杆之间应有固定圈防止窜动，导电杆应处于瓷套的中心位置。

2. 油纸电容型套管的检修

电容芯轻度受潮时，可用热油循环，将送油管接到套管顶部的油塞孔上，回油管接到套管尾端的放油孔上，通过不高于80℃的热油循环，使套管的$\tan\delta$值达到正常数值为止。

变压器在大修过程中，油纸电容型套管一般不做解体检修，只有在套管$\tan\delta$不合格，需要进行干燥或套管本身存在严重缺陷，不解体无法消除时，才分解检修。

（三）套管型电流互感器的检修

（1）检查引出线的标识是否齐全，引出线的标识应与铭牌相符。

（2）更换引出线接线柱的密封胶垫，胶垫更换后不应有渗漏，接线柱螺栓止动帽和垫圈应齐全。

（3）必要时进行变比和伏安特性试验。

（4）用 2500V 绝缘电阻表测量绕组的绝缘电阻，绝缘电阻应不小于 1MΩ。

（四）油保护装置检修

1. 储油柜的检修

（1）打开储油柜的侧盖，检查气体继电器联管是否伸入储油柜，一般伸入部分高出底面 20～50mm。

（2）清扫内外表面锈蚀及油垢并重新刷漆，内壁刷绝缘漆，外壁刷油漆，要求平整有光泽。

（3）清扫积污器、油位计、塞子等零部件，油位计内部无油垢，红色浮标清晰可见。

（4）更换各部密封垫，密封良好无渗漏，应耐受油压 0.05MPa、6h 无渗漏。

（5）油位标示线指示清晰，并符合规定。

2. 胶囊式储油柜的检修

（1）放出储油柜内的存油，取出胶囊，倒出积水，清扫储油柜。

（2）胶囊无老化开裂现象，检查胶囊的密封性能，进行气压试验，压力为 0.02～0.03MPa，时间 12h（或浸泡在水池中检查有无冒气泡）应无渗漏。

（3）用白布擦净胶囊，从端部将胶囊放入储油柜，防止胶囊堵塞气体继电器联管，联管口应加焊挡罩。

（4）将胶囊挂在挂钩上，连接好引出口。

（5）更换密封胶垫，装复端盖。

3. 净油器的检修

（1）关闭净油器进出口的阀门，阀门应严密不渗漏。

（2）打开净油器底部的放油阀，准备适当容器，防止变压器油溅出，放尽内部的变压器油（打开上部的放气塞，控制排油速度）。

（3）拆下净油器的上盖板和下底板，倒出原有吸附剂，用合格的变压器油将净油器内部和联管清洗干净。

（4）检查各部件应完整无损并进行清扫，检查下部滤网有无堵塞，洗净后更换胶垫，装复下盖板和滤网，进油口的滤网应装在挡板的外侧，出油口的滤网应装在挡板内侧，以防吸附剂和破损滤网进入油箱。密封良好。

（5）吸附剂的重量占变压器总油量的 1% 左右，经干燥并筛去粉末后，装至距离顶面 50mm 左右，装回上盖板并加以密封，填装时间不宜超过 1h。

（6）打开净油器下部阀门，使油徐徐进入净油器的同时打开上部放气塞排气，直至冒油为止，必须将气体排尽，防止残余气体进入油箱。

（7）打开净油器上部阀门，使净油器投入运行。

（8）对于强油冷却的净油器，在净油器出入口阀门关闭后，即可卸下净油器，将内部的吸附剂倒出，然后进行检修和清理，并对出入口滤网进行检查，对原来采用的金属滤网，应更换为尼龙网。

4. 吸湿器的检修

（1）将吸湿器从变压器上卸下，倒出内部吸附剂，检查玻璃罩应完好，并进行清扫。

（2）把干燥的吸附剂装入吸湿器内，为便于监视吸附剂的工作性能，一般可采用变色硅胶，并在顶盖下面留出 $1/5 \sim 1/6$ 高度的空隙，新装吸附剂应经干燥，颗粒不小于 3mm。

（3）失效的吸附剂由蓝色变为粉红色，可置入烘箱干燥，干燥温度从 120℃升至160℃，时间 5h；还原后再用。

（4）更换胶垫。

（5）下部的油封罩内注入变压器油，并将罩拧紧（新装吸湿器，应将密封垫拆除），加油至正常油位线，能起到呼吸作用。

（6）为防止吸湿器摇晃，可用卡具将其固定在变压器油箱上。

（五）安全保护装置检修

1. 压力释放阀的检修

（1）从变压器邮箱上拆除压力释放阀。

（2）压力释放阀返厂校验修理，要求：更换所有密封垫，校验压力释放阀开启压力、返回压力及密封压力、压力释放阀信号开关动作情况及二次回路绝缘情况。

（3）检修校验合格后将压力释放阀回装。

2. 气体继电器检修

（1）将气体继电器拆下，检查容器、玻璃窗、放气阀门、放油塞、接线端子盒、小套管等是否完整，接线端子及盖板上箭头标示是否清晰，将继电器内充满变压器油，常温下加压 0.15MPa，各接合处持续 30min 无渗漏。

（2）将继电器用合格的变压器油冲洗干净。

（3）气体继电器应由专业人员检验，动作可靠，绝缘、流速校验合格：自冷变压器流速在 $0.8 \sim 1.0$m/s 之间，强油循环变压器在 $1.0 \sim 1.2$m/s 之间，120MVA 以上变压器在 $1.2 \sim 1.3$m/s 之间。

（4）气体继电器连接管径应与继电器管径相同，其弯曲部分应大于 90°：7500kVA 及以上变压器连接管径为 $\phi 80$，6300kVA 以下变压器连接管径为 $\phi 50$。

（5）气体继电器先装两侧联管，联管与阀门、联管与油箱顶盖间的连接螺栓暂不完全拧紧，此时将气体继电器安装于其间，用水平尺找准位置并使入出口联管和气体继电器三者处于同一中心位置，后再将螺栓拧紧。

（6）气体继电器的安装，应使箭头朝向储油柜，复装完毕后打开联管上的阀门，使储油柜与变压器本体油路连通，打开气体继电器的放气塞排气。

（7）连接气体继电器二次引线，并做传动试验。

3. 阀门及塞子检修

（1）检查阀门的转轴、挡板等部件完整、灵活和严密，更换密封垫圈，必要时更换零件。

（2）对变压器本体和附件各处的放油（气）塞、油样阀门进行检查，更换密封垫，检查丝扣是否完好，有损坏无法修理者予以更换。

（六）盘式油泵电动机检修

1. 油泵解体

（1）从接线盒内卸下外部导线。

（2）隔离系统油路后，从变压器冷却器上卸下油泵。

（3）卸去接线盒，解开内部导线。

（4）分离泵壳和底盘。

（5）卸下轴端部的紧固螺母、垫圈与泵壳连接的螺栓以及轴端密封圈，从泵壳里卸下一整体装置的叶轮转子。

（6）卸下轴上的销子，并卸下气隙调整片，挡油盘。

（7）卸下挡圈，从叶轮转子上卸下组装在一体的轴和轴承。

（8）卸下轴上的组合角接触轴承，拆卸时注意不要损伤各零件，特别不要损伤轴承的配合部位，拆卸场地应清洁无尘。

（9）用500V绝缘电阻表测量定子绕组的绝缘电阻，应大于0.5MΩ。

2. 油泵装配

按照与拆卸顺序相反的过程进行装配，同时注意：

（1）用变压器油清洗泵壳，定子、转子及油泵内部零件，严禁混入异物。

（2）若更换轴承，应先用汽油将轴承内润滑脂仔细清洗，并保持干燥；不使异物和水分进入轴承。

（3）轴承按背靠背安装（过盈配合），装配时注意装配质量，否则，会影响调换后的轴承寿命。

（4）更换所有部位的O形密封圈。

3. 油泵试运

（1）将油泵内注入少量变压器油，接线运转，确认旋转方向正确无误，与油泵铭牌上旋向所指方向一致，油泵启动灵活而无异常声音，注意运行时间不能超过3s。

（2）将油泵与变压器本体连接后，彻底打开油泵进出口阀门，使泵内充满变压器油。

（3）启动油泵，检查电动机任何一相电流与三相电流的平均值偏差量应小于10%。

（4）检查油流继电器应工作平稳。

（5）排净泵内空气，检查完好后开始运行。

（七）风扇电动机检修

风扇电动机检修按照电动机解体的一般步骤进行。

（八）压力式温度计检修

（1）拆卸时拧下密封螺母连同温包一起取出，然后将温度表从油箱上拆下，将金属细管盘好，其弯曲半径不得小于75mm，不得扭曲、损伤和变形，包装好后进行校验，并进行警报信号的整定，校验精度全刻度±2.0℃。

（2）经校验合格，并将玻璃外罩密封好，安装于变压器箱盖上的测温座中，座中预先注入适量的变压器油，将座拧紧不渗油。

（3）将温度计固定在油箱座板上，其出气孔不得堵塞，并防止雨水侵入，金属软管应盘好妥善固定。

（九）油流继电器检查

（1）检查挡板转动是否灵活，转动方向是否正确。

（2）检查油流继电器的微动触点动作可靠正常。

（3）用500V绝缘电阻表检查油流继电器二次回路的绝缘电阻应不小于0.5MΩ。

（十）冷却器控制箱检修

1. 分控箱的检修

（1）清扫分控箱内部灰尘及杂物。

（2）检查开关和热继电器触点有无烧损或接触不良，必要时进行更换。

（3）检查各部触点及端子板连接螺栓有无松动或丢失，并进行补齐。

（4）用1000V绝缘电阻表测量各回路绝缘电阻，应不小于1MΩ。

（5）分别对油泵和风扇进行动作试验，检查油泵和风扇的运转声音是否正常，转动方向是否正确。

（6）检查分控箱的密封情况，并更换密封衬垫。

（7）外壳除锈并进行油漆。

2. 总控制箱的检修

（1）清扫控制箱内部灰尘及杂物。

（2）检查电源开关和熔断器接触情况。

（3）逐个检查开关和继电器的触点有无烧损，必要时进行更换并进行调试。

（4）检查切换开关接触情况及其指示位置是否符合实际情况。

（5）检查信号灯指示情况，如有损坏应补齐。

（6）用1000V绝缘电阻表测量二次回路（含电缆）的绝缘电阻，应不小于1MΩ。

（7）进行联动试验，检查主电源是否互为备用，在故障状态下备用冷却器能否正确启动。

（8）检查箱柜的密封情况，必要时更换密封衬垫。

（9）箱柜除锈后进行油漆。

七、变压器的排油及注油

（一）排油及注油的一般注意事项

（1）检查清理油罐、油桶、管路、滤油机、油泵等，应保持清洁干燥，无灰尘杂质和水分。

（2）排、注油时，必须将变压器和油罐的放气孔打开，放气孔宜接入干燥空气装置，以防潮气侵入。

（3）储油柜内油不需放出时，可将储油柜下面的阀门关闭。将油箱内的变压器油全部放出。

（4）有载调压变压器的有载分接开关油室内的油应分开抽出。

（5）可利用本体箱盖阀门或气体继电器联管处阀门安装抽空管，有载分接开关与本体应安装连通管，以便与本体等压，同时抽空注油，注油后应予拆除恢复正常。

（6）向变压器油箱内注油时，应经压力滤油机（220kV 变压器宜用真空滤油机）。

（二）真空注油

220kV 变压器必须进行真空注油，其他变压器有条件时也应采用真空注油，真空注油应遵守制造厂规定，或按下述方法进行。

通过试抽真空检查油箱的强度，一般局部弹性变形不应超过箱壁厚度的 2 倍，并检查真空系统的严密性。

（1）以均匀的速度抽真空，达到指定真空度 0.098MPa（相对标准大气压而言，换算至残压大约为 3kPa），并保持 6h 后，开始向变压器油箱内注油（一般抽空时间＝1/3～1/2暴露空气时间），注油温度宜略高于器身温度。

（2）以 3～5t/h 的速度将油注入变压器距箱顶约 200mm 时停止，并继续抽真空后保持 6h 以上。

（3）变压器补油：变压器经真空注油后补油时，需经储油柜注油管注入，严禁从下部注油阀注入，注油时应使油流缓慢注入变压器至规定的油面为止，再静置 72h。

（三）散热器注油方法

（1）首先，将散热器上部的放气塞旋至开启位置（不必将塞拧下，仅将塞子旋至放气孔完全露出即可），以便在注油时可以排掉散热器内部的气体，然后，将散热器下联管管接头处阀门缓慢打开到开启位置，使变压器油可以从变压器油箱内流入散热器内。当散热器上部的放气塞开始冒变压器油后，应立即将该放气塞旋回至关闭位置，该台散热器注油完毕。当全部散热器注油完毕后，将刚注满油的散热器上联管管接头处阀门打开至开启位置，再打开变压器顶部的放气塞，放出散热器内可能残存的气体。

（2）将散热器上、下管接头处阀门打开至开启位置，并将散热器上部的放气塞打开，然后，随同变压器一起注油。散热器注满油后要将散热器放气塞关闭。

（3）将散热器上、下管接头处阀门打开至开启位置，然后，随同变压器一起真空注油。

（四）胶囊式储油柜的补油

（1）进行胶囊排气：打开储油柜上部排气孔，由注油管将油注满储油柜，直至排气孔出油，再关闭注油管和排气孔。

（2）从变压器下部注油阀排油，此时空气经吸湿器进入储油柜胶囊内部，至油位计指示正常油位为止。

八、变压器油处理

（一）一般要求

（1）大修后注入变压器内的变压器油，其质量应符合 GB/T 7665—2005《传感器通用术语》规定。

（2）注油后，应从变压器底部放油阀（塞）或取样阀采取油样进行化验与色谱分析。

（3）根据地区最低温度，可以选用不同牌号的变压器油。

（4）注入套管内的变压器油亦应符合 GB/T 7665—2005 规定。

（5）补充不同牌号的变压器油时，应先做混油试验，合格后方可使用。

（二）压力滤油

（1）采用压力式滤油机过滤油中的水分和杂质，为提高滤油速度和质量，可将油加温至 50～60℃。

（2）滤油机使用前应先检查电源情况，滤油机及滤网是否清洁，极板内是否装有经干燥的滤油纸，转动方向是否正确，外壳有无接地，压力表指示是否正确。

（3）启动滤油机应先开出油阀门，后开进油阀门，停止时操作顺序相反。当装有加热器时，应先启动滤油机，当油流通过后，再投入加热器，停止时操作顺序相反。

（三）真空滤油

（1）简易真空滤油管路连接见图 7-1。储油罐中的油被抽出，经加热器加温，由滤油机除去杂质，喷成油雾进入真空罐。油中水分蒸发后被真空泵抽出排除，真空罐下部的油抽入储油罐再进行处理，直至合格为止。真空罐的真空度根据罐的情况确定，一般残压为 0.021MPa。

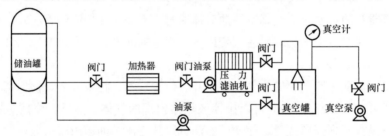

图 7-1　简易真空滤油管路连接图

（2）采用真空滤油机进行油处理，其系统连接及操作注意事项参照使用说明书。

九、接地装置检查

检查变压器本体接地、铁芯接地、中性点接地等部位与接地网连接良好，连接处无腐蚀、氧化等现象。

第二节　干式变压器检修

干式变压器的检修一般每年一次，主要任务是清理灰尘、预防性试验及本体、附属装置的检查。

一、灰尘的清理

使用吹风机或干燥的压缩空气 $[(2～5)\times1.01\times10^5\text{Pa}]$ 对变压器本体及通风道中间的灰尘进行彻底清理，吹完后要用柔软的布子对变压器的绝缘子、下垫块等处进行擦拭，严禁用甲苯、汽油和丙酮等类稀料进行擦拭。

二、绕组及引线检查

（1）检查绕组表面是否清洁，匝绝缘有无破损。要求如下：

1）绕组应清洁，表面无污垢，无变形。

2）整个绕组无倾斜、位移，导线幅向无明显弹出现象。

（2）检查绕组各部垫块有无位移和松动情况。

各部垫块应排列整齐，幅向间距相等，轴向成一垂直线，支撑牢固有适当紧力，垫块外露绕组的长度至少应超过绕组导线的厚度。

（3）检查绕组绝缘有无损坏、通风道有无被绝缘或杂物堵塞现象，绕组线匝表面如有破损裸露导线处，应进行包扎处理。要求如下：

1）通风道保持畅通，无杂物积存。

2）外观整齐清洁，绝缘及导线无破损。

3）特别注意导线的统包绝缘，不可将通风道堵塞，以防局部发热、老化。

（4）检查所有导电部分连接处有无腐蚀、氧化过热现象，若有，应检查接触面光滑、接触良好及连接螺钉紧固。检查绝缘子无灰尘、无裂纹及破损现象。

（5）用 2500V 绝缘电阻表对变压器绕组进行绝缘电阻及直流电阻测量，大修时还需对变压器绕组进行交流耐压试验，要求绕组对地绝缘电阻大于 200MΩ（湿度不大于 90%）。

三、铁芯检查

检查铁芯引线及所有金属部件是否有腐蚀现象，如发现腐蚀仅为局部现象，则将锈除去，涂上硅树脂绝缘漆，若发现大面积腐蚀则有必要检查室内空气成分，并针对情况采取适当措施。用 2500V 绝缘电阻表对铁芯对地绝缘电阻进行测量，要求铁芯对地绝缘电阻不小于 5MΩ（湿度不大于 90%）。

四、接地装置检查

检查变压器本体与接地装置连接良好，变压器中性点引线或电阻与接地线间连接牢固，变压器外壳与接地线间连接良好。

五、附属设备检查

（一）冷却风扇检查

对于长时间运行的变压器，一般每 3 年对风扇进行一次解体检修，更换轴承；对于按照温度设定值进行运行的冷却风扇，可在停机前对冷却风扇进行试运，检查其是否正常，有问题者进行解体检修。

（二）温控装置检查

在机组 A 修或 B 修中对温控装置进行校验，并检查校验温控器的各项设定值，温控器的设定值见表 7-1～表 7-3（以某电厂 350MW 机组和 300MW 机组的励磁变压器为例）。

表 7-1　　　　　　　　　　350MW 机组励磁变压器温度定值

功能		启动风扇	停止风扇	温度高报警，GCP 盘报励磁变压器异常
设定值（℃）	350MW 机组励磁变压器（F 级）	35	25	80

表 7-2　　　　　　　　　　300MW 机组励磁变压器温度定值

功能		启动风扇	停止风扇	超温报警低值（DCS）	超温报警高值（保护 C 柜）
设定值（℃）	300MW 机组励磁变压器（F 级）	85	50	100	120

表 7-3 低压厂用变压器温度定值

功能		启动风扇	停止风扇	超温报警	超温跳闸
设定值（℃）	低压厂用变压器（F 级）	110	75	120	140
	低压厂用变压器（H 级）	115	80	125	145

六、外壳检查

检查变压器外壳无变形、锈蚀等现象，变压器柜门开关灵活，合页、门锁等完整齐全。

第八章

变 压 器 试 验

变压器是电力系统的核心，它能否可靠工作，直接影响供电的质量。因此，对于变压器这种大型电力设备来说，为了及早发现缺陷，对变压器进行预防性试验显得尤为重要。

第一节　变压器试验项目及分类

一、变压器试验项目

（1）油中溶解气体色谱分析。

（2）绕组的直流电阻。

（3）绕组绝缘电阻、吸收比或极化指数。

（4）绕组连同套管的介质损耗。

（5）电容型套管的介质损耗和电容值。

（6）绝缘油试验。

（7）交流耐压试验。

（8）铁芯绝缘电阻。

（9）穿心螺栓、夹件、绑扎钢带、铁芯、绕组压环及屏蔽等的绝缘电阻。

（10）绕组泄漏电流。

（11）变压器绕组电压比。

（12）三相变压器的接线组别或单相变压器的极性。

（13）变压器空载电流和空载损耗。

（14）变压器短路阻抗和负载损耗。

（15）局部放电。

（16）有载调压装置的试验和检查。

（17）测温装置及其二次回路试验。

（18）气体继电器及其二次回路试验。

（19）压力释放器试验。

（20）整体密封检查。

（21）冷却装置及其二次回路试验。

（22）套管电流互感器试验。

(23) 变压器全电压下冲击合闸。

(24) 油中糠醛含量。

(25) 绝缘纸聚合度。

(26) 绝缘纸含水量。

(27) 电抗器阻抗测量。

(28) 振动。

(29) 噪声。

(30) 油箱表面温度分布。

(31) 变压器绕组变形试验。

(32) 变压器零序阻抗。

(33) 变压器相位检查。

二、变压器大修前的试验

(1) 测量绕组的绝缘电阻和吸收比或极化指数。

(2) 测量绕组连同套管一起的泄漏电流。

(3) 测量绕组连同套管一起的介质损耗。

(4) 本体及套管中绝缘油的试验。

(5) 测量绕组连同套管一起的直流电阻（所有分接头位置）。

(6) 套管试验。

(7) 测量铁芯对地绝缘电阻。

(8) 必要时可增加其他试验项目（特性试验、局部放电试验等）供大修后进行比较。

三、变压器大修中的试验

大修过程中应配合吊罩（或器身）检查，进行有关的试验项目：

(1) 测量变压器铁芯对夹件、穿心螺栓（或拉带），钢压板及铁芯电场屏蔽对铁芯，铁芯下夹件对下油箱的绝缘电阻。

(2) 必要时测量无励磁分接开关的接触电阻及其传动杆的绝缘电阻。

(3) 必要时做套管电流互感器的特性试验。

(4) 有载分接开关的测量与试验。

(5) 必要时单独对套管进行额定电压下的介质损耗、局部放电和耐压试验（包括套管油）。

四、变压器大修后试验

(1) 测量绕组的绝缘电阻和吸收比或极化指数。

(2) 测量绕组连同套管的泄漏电流。

(3) 测量绕组连同套管的介质损耗。

(4) 冷却装置的检查和试验。

(5) 本体和套管中的变压器油试验。

(6) 测量绕组连同套管一起的直流电阻（所有分接位置上），对多支路引出的低压绕组应测量各支路的直流电阻。

(7) 检查有载调压装置的动作情况及顺序。

(8) 测量铁芯（夹件）对地绝缘电阻。

(9) 总装后对变压器油箱和冷却器做整体密封油压试验。

(10) 绕组连同套管一起的交流耐压试验（有条件时）。

(11) 测量绕组所有分接头的变压比及连接组别。

(12) 检查相位。

(13) 必要时进行变压器的空载特性试验。

(14) 必要时进行变压器的短路特性试验。

(15) 必要时测量变压器的局部放电量。

(16) 额定电压下的冲击合闸。

(17) 空载试运行前后变压器油的色谱分析。

第二节　变压器试验方法

本节对变压器部分常规试验进行简要介绍。

一、变压器绕组绝缘电阻、吸收比

（一）试验目的

检查变压器绝缘是否存在局部或整体受潮和脏污，绝缘层贯穿性断裂、劣化等缺陷。

（二）准备工作

1. 试验仪器

(1) BM25 型电动绝缘电阻表或 KD2677 型电动绝缘电阻表。

(2) 温湿度计、导线包、工具包、安全带、原始数据、试验规程、试验记录本。

2. 试验措施

试验前检查变压器高、低压侧引线均已打开，并保持有相应电压等级的安全距离。人员全部撤离，与该变压器相关的所有工作票都必须押回，具备试验条件。

（三）试验方法

(1) 被试绕组接 BM25（或 KD2677）型绝缘电阻表"L"端子，非被试绕组短接接地接"E"端子，试验接线见图 8-1。

(2) 合绝缘电阻表电源开关，选择"2500V"挡位，开始测试，同时记录时间，分别

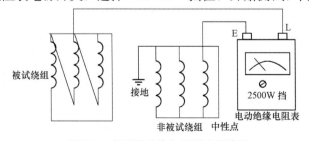

图 8-1　变压器绝缘电阻测试接线图

读取 15s 及 60s 绝缘阻值，并算出吸收比（R_{60s}/R_{15s}）。

（3）试验结束后，关闭绝缘电阻表电源，将被试绕组对地充分放电。

（4）用同样的方法分别测出高、低压侧绕组绝缘电阻、吸收比。

（5）拆除短接线，恢复试验措施。

（四）判断标准

（1）交接时，绝缘电阻不低于出厂值的 70%。

（2）运行中，绝缘电阻与历次试验结果相比应无明显变化。

（3）在 10～30℃ 范围内，吸收比一般不低于 1.3，极化指数不低于 1.5。

（4）变压器绝缘电阻大于 10 000MΩ 时，吸收比和极化指数可仅作为参考。

（五）注意事项

（1）尽量在油温低于 50℃ 时试验。

（2）测量前被试绕组应充分放电。

（3）测量温度以顶层油温为准，每次测量尽量在相近的温度下进行。

（4）不同温度的绝缘电阻值一般可按式换算：$R_2 = R_1 \times 1.5^{(t_1 - t_2)/10}$。

（5）吸收比和极化指数不进行温度换算。

（6）铁芯应接地。

二、变压器绕组直流电阻

（一）试验目的

（1）检查绕组导线连接处的焊接或机械连接是否良好。

（2）检查引线与套管、引线与分接开关的连接是否良好。

（3）检查引线与引线的焊接或机械连接是否良好。

（4）检查导线的规格、电阻率是否符合要求。

（5）检查各相绕组的电阻是否平衡。

（6）检查变压器绕组有无匝间短路、多股并列导线有无断股等现象，并检查变压器引出线的接触是否良好。

（7）变压器绕组的温升是根据在温升试验前的冷态电阻和温升试验后断开电源瞬间的热态电阻计算得到的，所以温升试验需测量电阻。

（二）准备工作

1. 试验仪器

（1）QJ44 型直流双臂电桥或 JYR-40 型变压器直流电阻测试仪。

（2）温湿度计、导线包、工具包、安全带、电源盘、原始数据、试验规程、试验记录本。

2. 试验措施

试验前检查变压器高、低压侧引线均已打开，并保持有相应电压等级的安全距离。人员全部撤离，与该变压器相关的所有工作票都必须押回，具备试验条件。

（三）试验方法（使用 JYR-40 型变压器直流电阻测试仪测试）

（1）将两个试验夹子分别夹套管 A、O（B、O 或 C、O）端子，a、b（b、c 或 a、c）

任一组，试验接线见图 8-2。

（2）合电源开关，选择试验电流值（主变压器一般选择 40A，其他变压器一般选择 20A）。

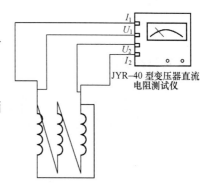

JYR-40 型变压器直流
电阻测试仪

（3）开始测试，待读数稳定后读取并做好记录。

（4）按下仪器"复位"按钮，当"吱……"的消磁声结束后，关闭电源。

（5）用上述方法对其他组别进行测试。

（6）全部测试完毕后，恢复试验措施。

（四）判断标准

（1）1.6MVA 以上变压器，各相绕组电阻相互间
图 8-2 变压器直流电阻测试接线图
的差别，不应大于三相平均值的 2%；无中性点引出的绕组，线间差别不应大于三相平均值的 1%。

（2）1.6MVA 及以下变压器，相间差别一般不应大于三相平均值的 4%，线间差别一般不应大于三相平均值的 2%。

（五）注意事项

（1）试验导线的夹子应与变压器出线接线端子接触良好，减少接触电阻。

（2）使用 JYR-40 测试直流电阻时，每次应选择相同的电流值。

（3）试验时应记录变压器上层油温和环境温度。

（4）不同温度下的电阻值换算式：$R_2 = R_1 (T + t_2) / (T + t_1)$，式中：$R_1$、$R_2$ 分别为在温度 t_1、t_2 下的电阻值；T 为电阻温度常数，铜导线取 235，铝导线取 225。

（5）主变压器低压侧有一组直流电阻值由于磁路原因，其等待时间较长（大约 1h）。

三、变压器绕组泄漏电流及直流耐压

（一）试验目的

泄漏电流试验和测量绝缘电阻相似，但因施加电压较高，能发现某些绝缘电阻不能发现的绝缘缺陷，如变压器套管密封不严进水，套管有裂纹等缺陷。

（二）准备工作

1. 试验仪器

（1）AST-Ⅱ型直流高压发生器。

（2）温湿度计、导线包、安全带、工具包、高压塑料带、细铅丝、环氧树脂板三块、电源盘、原始数据、试验记录本。

2. 试验措施

（1）试验前检查变压器高、低压侧引线均已打开，并保持有相应电压等级的安全距离。人员全部撤离，与该变压器相关的所有工作票都必须押回。

（2）所有非被试绕组短接接地。

（3）被试绕组三相短接。

（4）绕组绝缘电阻、吸收比试验合格。

（5）铁芯应接地。

（三）试验方法

（1）被试绕组短接后接试验导线高压端。注意引线与金属外壳及架子间距离尽可能大。试验接线见图 8-3。

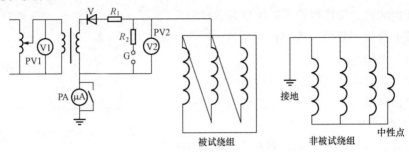

图 8-3　变压器绕组泄漏电流及直流耐压测试接线图

（2）非被试绕组短接接地。

（3）接通电源，按下"高压通"按钮，缓慢升压至相应电压值（见表 8-1），停留 1min，读取并记录泄漏电流值。

表 8-1　　　　　　　　　　　电力变压器泄漏电流试验电压　　　　　　　　　　　　kV

绕组额定电压	6～10	20～35	110～220
直流试验电压	10	20	40

（4）试验结束后，缓慢降压，关闭电源；用放电棒将被试品对地充分放电。

（5）同样的方法测试另一绕组。

（6）拆除所有短接线，恢复措施。

（四）判断标准

判断标准见表 8-2。

表 8-2　　　　　　　　　　电力变压器绕组直流泄漏电流参考值

额定电压（kV）	试验电压峰值（kV）	在下列温度时的绕组泄漏电流值（μA）							
		10℃	20℃	30℃	40℃	50℃	60℃	70℃	80℃
2～3	5	11	17	25	39	55	83	125	178
6～15	10	22	33	50	77	112	166	250	356
20～35	20	33	50	74	111	167	250	400	570
110～220	40	33	50	74	111	167	250	400	570

（五）注意事项

（1）高压导线要尽可能地短，对地及其他接地部分应保持足够距离，以减少杂散电流对试验结果的影响。

（2）升压过程中应尽量缓慢均匀，以免造成测量误差。升压速度以每秒 1～3kV 试验电压为佳，升压时还需监视微安表电流不超过试验仪器的最大额定电流。

（3）若泄漏电流随电压不成比例显著增加时，应立即停止试验。

（4）放电时不能用接地线直接接触试品，先用放电棒通过电阻放电后，再用接地线直接放电。

四、变压器绕组交流耐压试验

（一）试验目的

交流耐压试验是检验变压器绝缘强度最直接、最有效的方法，对发现变压器主绝缘的局部缺陷，如绕组主绝缘受潮、开裂或者在运输过程中引起的绕组松动，引线距离不够，油中有杂质、气泡以及绕组绝缘上附着有脏物等缺陷十分有效。

（二）准备工作

1. 试验仪器

（1）VF 型变频串联谐振仪、BM25 型电动绝缘电阻表。VF 型变频串联谐振仪的工作原理见图 8-4。变频电源输出 30～300Hz 频率试验电压，由励磁变压器升压后，经谐振电抗器 L 和试品 Cx 形成高压谐振回路，在试品上得到正弦波。谐振电抗器可串、并联使用，以保证谐振回路在适当的频率下发生谐振。通过调节变频电源的输出频率，使回路处于串联谐振状态；调节变频电源的输出电压幅值，使试品上的高电压达到试验电压的要求。电容分压器是纯电容式的，用来测量试验电压。

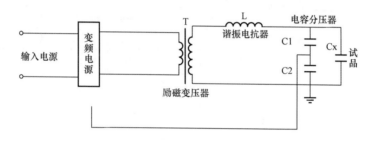

图 8-4 VF 型变频串联谐振仪工作原理图

（2）温湿度计、导线包、安全带、工具包、电源盘、环氧树脂板、细铅丝、原始数据、试验规程、试验记录本。

2. 试验措施

（1）试验前检查变压器高、低压侧引线均已打开，并保持有相应电压等级的安全距离。人员全部撤离，与该变压器有关的所有工作票都必须押回。

（2）所有非被试绕组短接接地。

（3）被试绕组三相短接。

（4）绕组绝缘电阻、吸收比试验合格。

（5）铁芯应接地。

（三）试验方法

（1）被试绕组三相短接接试验绕组的高压端，非被试绕组短接接地，见图 8-5。

（2）合电源开关，设定试验电压（见表 8-3）、保护电压（一般为试验电压的 1.1 倍）及试验时间（1min）。

（3）按下"合闸"按钮，开始自动升压至试验电压，计时 1min 后自动降压断开试验回路，同时显示结果。

（4）记录试验结果，断开电源。

（5）摇测被试绕组耐压后绝缘。

（6）同样的方法测试另一绕组。

（7）拆除试验开始前短接的所有短接接地线，恢复措施。

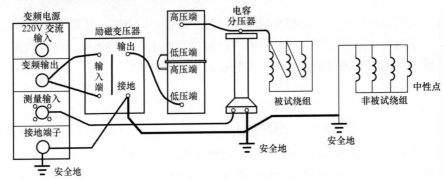

图 8-5　现场试验接线图

表 8-3　　　　　　　　　　　　变压器工频耐压试验电压标准　　　　　　　　　　　　kV

额定电压	最高工作电压	油浸变压器		干式变压器	
		出厂	交接及大修	出厂	交接及大修
3	3.6	20	17	10	8.5
6	7.2	25	21	20	17
		20	17		
10	12	35	30	28	24
		28	24		
15	18	45	38	38	32
20	24	55	47	50	43
		50	43		
35	40.5	85	72	70	60
66	72.5	150	128	—	—
110	126	200	170	—	—
220	252	395	335	—	—

（四）判断标准

升压至规定的试验电压后，设备在 1min 内，如果没有发生绝缘击穿（试验电压突然下降、击穿点发生声响等）现象，说明绝缘合格。否则视为绝缘不合格。

（五）注意事项

（1）宜用变频感应法。

（2）35kV 全绝缘变压器，现场条件不具备时，可只进行外施工频耐压试验。

（3）电抗器进行外施耐压试验。

（4）35kV 及以下绕组、变压器中性点应进行外施耐压试验。

（5）110kV 及以上变压器在更换绕组后应进行交流耐压试验。

（6）耐压前绕组绝缘特性试验及绝缘油试验应合格。

（7）非被试绕组应短路并接地，被试绕组短路加压。

（8）若发现有异常现象，如电压、电流剧烈摆动，电流急剧增加，听到放电声，有焦糊味、冒烟等现象，应立即停止试验。

（9）试验设备（变频电源、励磁变压器、谐振电抗器、分压器、试品）遵照现场试验接线图一字排开，应尽量靠近被试品。

（10）励磁变压器接线方式为串联，谐振电抗器接线方法为两串两并。

（11）变频电源输出到励磁变压器低压侧引线不得接地。

五、变压器绕组连同套管一起的介质损耗

（一）试验目的

测量变压器绕组连同套管的介质损耗因数 $\tan\delta$，主要用于判断是否存在整体受潮，绝缘老化等普遍性缺陷以及油质劣化、绕组上附着油泥等较严重的缺陷。

（二）准备工作

1. 试验仪器

（1）AL-6000 型精密介质损耗测试仪、BM25 型电动绝缘电阻表。

（2）温湿度计、导线包、工具包、安全带、电源盘、原始数据、试验规程、试验记录本。

2. 试验措施

（1）试验前检查变压器高、低压侧引线均已打开，并保持有相应电压等级的安全距离。人员全部撤离，与该变压器相关的所有工作票都必须押回。

（2）所有非被试绕组短接接地。

（3）被试绕组所有出线短接。

（4）绕组绝缘电阻及吸收比试验合格。

（5）铁芯必须接地。

（三）试验方法（使用 AL-6000 型精密介质损耗测试仪测试）

（1）被试绕组短接后接试验导线高压端。

（2）非被试绕组短接接地。

（3）合总电源开关，合内高压允许开关；选择反接线、内标准、变频、电压（试验电压：a 绕组电压 10kV 及以上为 10kV，b 绕组电压 10kV 以下为 U_N）；按下"启动"按钮两秒，仪器将自动升压测量。

（4）测量完毕后仪器将自动降压，并打印试验结果。

（5）关闭内高压允许开关、关闭电源开关。

（6）同样的方法测试另一绕组。

（7）拆除所有短接接地线，恢复试验措施。

（四）判断标准

（1）20℃时的 $\tan\delta$ 不大于下列数值：

500kV 电压等级：0.6％；110～220kV 电压等级：0.8％；35kV 电压等级：1.5％。

（2）$\tan\delta$ 值与历年的数值比较不应有明显变化（变化量一般不大于 30％）。

(3) 试验电压如下：

1) 绕组电压 10kV 及以上：10kV。

2) 绕组电压 10kV 以下：U_N。

（五）注意事项

(1) 非被试绕组端子应短路接地，被试绕组端子应短路。

(2) 同一变压器各绕组的 tanδ 要求值相同。

(3) 测量温度以上层油温为准，尽量在相近的温度下试验。

(4) 尽量在油温低于 50℃ 时试验。

六、电容型套管的介质损耗和电容值

（一）试验目的

测量变压器电容型套管的介质损耗和电容值，主要用于判断套管是否存在整体受潮、绝缘老化等普遍性缺陷，以及油质劣化等较严重的缺陷。

（二）准备工作

1. 试验仪器

(1) AL-6000 型精密介质损耗测试仪、BM25 型电动绝缘电阻表。

(2) 温湿度计、导线包、工具包、安全带、电源盘、原始数据、试验规程、试验记录本。

2. 试验措施

(1) 试验前检查变压器高、低压侧引线均已打开，并保持有相应电压等级的安全距离。人员全部撤离，与该变压器相关的所有工作票都必须押回。

(2) 所有非被试绕组侧短接接地。

(3) 被试绕组侧所有出线短接。

(4) 套管主绝缘电阻、吸收比试验合格。

(5) 铁芯必须接地。

(6) 被试套管末屏打开。

（三）试验方法（使用 AL-6000 型精密介质损耗测试仪测试）

(1) 被试套管高压端接导线高压端。

(2) 仪器测量线接被试套管末屏。

(3) 非被试绕组短接接地。

(4) 合总电源开关，合内高压允许开关；选择正接线、内标准、变频、电压（试验电压：a 绕组电压 10kV 及以上为 10kV，b 绕组电压 10kV 以下为 U_N）；按下"启动"按钮两秒，仪器将自动升压测量。

(5) 测量完毕后仪器将自动降压，并打印试验结果。

(6) 关闭内高压允许开关、关闭电源开关。

(7) 同样的方法对套管逐一测试。

(8) 拆除所有短接接地线，恢复试验措施。

（四）判断标准

(1) 主绝缘 20℃ 时的 tanδ（%）值不应大于表 8-4 中数值。

表 8-4		主绝缘 20℃ 时的 tanδ 值		%
电压等级（kV）		20～35	66～110	220～500
交接时	充胶型	3.0	2.0	—
	胶纸型	2.5	2.0	—
	充油型	2.5	1.0	—
	油纸电容型	0.7	0.7	0.5
	胶纸电容型	1.5	1.0	1.0
大修后	充胶型	3.0	2.0	—
	胶纸型	2.5	2.0	—
	充油型	3.0	1.5	—
	油纸电容型	1.0	1.0	0.8
	胶纸电容型	2.0	1.5	1.0
运行中	充胶型	3.5	2.0	—
	胶纸型	3.5	2.0	—
	充油型	3.5	1.5	—
	油纸电容型	1.0	1.0	0.8
	胶纸电容型	3.0	1.5	1.0

（2）当电容型套管末屏对地绝缘电阻低于 1000MΩ 时应测量末屏对地的 tanδ，加压 2kV，其值不大于 2%。

（3）电容型套管的电容值与出厂值或历次试验值的差别超过 ±5% 时应查明原因。

（五）注意事项

（1）用正接法测量。

（2）测量时记录环境温度和设备的上层油温。

（3）运行中变压器，封闭式电缆和 GIS 出线的只测量有末屏引出的套管。

（4）纯瓷套管及与变压器油连通的油压式套管不做该项试验。

（5）测量变压器套管介质损耗时，与被试套管相连的所有绕组端子连在一起加压，其余绕组端子均接地，末屏接电桥，正接线测量。

（6）存放 1 年以上的套管有条件时应测额定电压下的介质损耗。

（7）每次只允许打开一个末瓶，其他末瓶应安装完好。

七、铁芯（有外引接地线的）绝缘电阻

（一）试验目的

检查变压器铁芯是否存在两点或多点接地。

（二）准备工作

1. 试验仪器

（1）BM25 型电动绝缘电阻表或 KD2677 型电动绝缘电阻表。

（2）温湿度计、导线包、工具包、安全带、原始数据、试验规程、试验记录本。

2. 试验措施

试验前检查变压器高、低压侧引线均已打开，并保持有相应电压等级的安全距离。人员全部撤离，与该变压器相关的所有工作票都必须押回。

（三）试验方法

（1）打开铁芯接地，将高、低压绕组短接接地。

（2）被试铁芯接 BM25（或 KD2677）型绝缘电阻表"L"端子，非被试绕组短接接地接"E"端子。

（3）合绝缘电阻表电源开关，选择"2500V"挡位，开始测试，同时记录时间，读取 60s 绝缘阻值。

（4）试验结束后，关闭绝缘电阻表测试电源。

（5）拆除短接线，恢复铁芯接地点，恢复试验措施。

（四）判断标准

（1）与历次试验结果相比无明显差别。

（2）运行中铁芯接地电流一般不大于 0.1A。

（五）注意事项

（1）一般用 2500V 绝缘电阻表。

（2）夹件有单独外引接地线的应分别测量。

八、穿心螺栓、夹件、绑扎钢带、铁芯、绕组压环及屏蔽等的绝缘电阻

（一）试验目的

检查变压器的铁芯是否存在两点或多点接地，检查穿心螺栓、夹件、绑扎钢带、绕组压环及屏蔽等的绝缘是否良好。

（二）准备工作

1. 试验仪器

（1）BM25 型电动绝缘电阻表或 KD2677 型电动绝缘电阻表。

（2）温湿度计、导线包、工具包、安全带、原始数据、试验规程、试验记录本。

2. 试验措施

试验前变压器已吊罩或已放油，可以进入变压器内部。同时与该变压器相关的所有工作票都必须押回。

（三）试验方法

变压器大修时，一般应分别测量下列部位的绝缘电阻：

（1）穿心螺栓对夹件及铁芯。

（2）夹件对铁芯。

（3）压圈对上夹件。

（4）铁芯对油箱。

（5）夹件拉带绝缘。

（四）判断标准

（1）220kV 及以上的绝缘电阻一般不低于 500MΩ。

（2）其他变压器一般不低于 10MΩ。

（五）注意事项

（1）一般用 2500V 绝缘电阻表。

（2）连接片不能拆开者可不测量。

九、绝缘油试验

（一）试验目的

绝缘油在高压电气设备中的主要作用：①作为绝缘介质；②作为冷却介质；③作为灭弧介质；④作为浸渍介质。试验目的就是为了检验绝缘油这些方面的性能状况。

（二）试验项目、周期及要求

试验项目、周期及要求见表 8-5。

表 8-5   试验项目、周期及要求

序号	项目	周期	要求		说明
			投入运行前的油	运行油	
1	外观	（1）注入设备前后的新油。 （2）运行中取油样时进行	透明、无杂质或悬浮物		将油样注入试管冷却至 5℃，在光线充足的地方观察
2	水溶性酸 pH 值	（1）注入设备前后的新油。 （2）运行中，110～500kV1 年，其余自行规定	≥5.4	≥4.2	按 GB/T 7598—2008《运行中变压器油水溶性酸测定法》进行试验
3	酸值（mgKOH/g）	（1）注入设备前后的新油。 （2）运行中，110～500kV1 年，其余自行规定	≤0.03	≤0.1	按 GB 264—1983《石油产品酸值测定法》进行试验
4	闪点（闭口）（℃）	（1）准备注入设备的新油。 （2）注入 500kV 设备后的新油	≥140（10、25 号油）； ≥135（45 号油）	与新油原始测量值相比不低于 5℃	按 GB/T 267—1988《石油产品闪点与燃点测定法开口杯法》进行试验
5	水分（mg/L）	（1）准备注入 110kV 及以上设备的新油。 （2）注入 500kV 设备后的新油。 （3）运行中 500kV 设备半年，110～220kV 设备 1 年。 （4）必要时	110kV，≤20； 220kV，≤15； 500kV，≤10	110kV，≤35； 220kV，≤25； 500kV，≤15	运行中设备，测量时应注意温度影响，尽量在顶层油温高于 50℃ 时采样，按 GB/T 7601—2008《运行中变压器油、汽轮机油水分测定法（气相色谱法）》或 GB 7600—1987《运行中变压器油水分测定法（库仑法）》进行试验

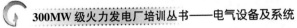
序号	项目	周期	要求		说明
			投入运行前的油	运行油	
6	击穿电压（kV）	（1）注入设备前后的新油。（2）运行中（35kV及以上设备、厂用变压器、消弧线圈）1～3年	15kV 以下，≥30；15～35kV，≥35；110～220kV，≥40；500kV，≥60	15kV 以下，≥25；15～35kV，≥30；110～220kV，≥35；500kV，≥50	按 GB/T 507—2002《绝缘油 击穿电压测定法》和 DL/T 429.9—1991《电力系统油质试验方法 绝缘油介电强度测定法》进行试验
7	界面张力（25℃，mN/m）	必要时	≥35	≥19	按 GB/T 6541—1986《石油产品油对水界面张力测定法（圆环法）》进行试验
8	tanδ（90℃，%）	（1）准备注入设备的新油。（2）注入110～500kV设备后新油。（3）运行中：500kV设备 1 年，220kV 设备 5 年。（4）必要时	（1）注入前：≤0.5。（2）注入后：1）220kV 及以下，≤1；2）500kV，≤0.7	≤2	按 GB/T 5654—2007《液体绝缘材料 相对电容率、介质损耗因数和直流电阻率的测量》进行试验
9	体积电阻率（90℃，Ω·m）	必要时	≥6×1010	500kV，≥1×1010；220kV 及以下，≥0.3×1010	按 DL/T 421—2009《电力用油体积电阻率测定法》进行试验
10	油中含气量（V/V,%）	（1）注入 500kV 设备前后的新油。（2）运行中 500kV 设备 1 年。（3）必要时	≤1	一般不大于 3	按 DL/T 423—2009《绝缘油中含气量测定方法 真空压差法》或 DL/T 450—1991《绝缘油中含气量的测试方法 二氧化碳洗脱法》进行试验
11	油泥与沉淀物（m/m,%）	必要时	—	一般不大于 0.02	按 GB/T 511—2010《石油和石油产品及添加剂机械杂质测定法》进行试验，若只测定油泥含量，试验最后采用乙醇—苯(1：4)将油泥洗于恒重容器中称重
12	油中溶解气体色谱分析	见 Q/HBW 14701—2008《电力设备交接和预防性试验规程》各设备章节	见 Q/HBW 14701—2008 各设备章节		取样、试验和判断方法分别按 GB/T 7595—2008《运行中变压器油质量》、DL/T 722—2000《变压器油中溶解气体分析和判断导则》的规定

下面重点介绍击穿电压试验。

（三）准备工作

1. 试验仪器

（1）OTS-60PB 型绝缘油耐压仪。

（2）干净且经过干燥的油瓶、温湿度计、原始数据、试验规程、试验记录本。

2. 试验措施

现场采集合格的油样。

（四）试验方法

（1）检查搅拌棒在油杯中。

（2）将适量的油缓慢倒入仪器油杯中。

（3）检查仪器放电距离符合仪器说明要求。

（4）盖上保护罩，合上开关，设备将自动进行试验。

（5）试验结束后，打印结果，并关闭电源。

（五）判断标准

判断标准见表 8-6。

表 8-6   判断标准

项目	周期	要求		说明
		投入运行前的油	运行油	
击穿电压（kV）	（1）注入设备前后的新油。 （2）运行中（35kV 及以上设备、厂用变压器、消弧线圈）1～3 年	15kV 以下，≥30； 15～35kV，≥35； 110～220kV，≥40； 500kV，≥60	15kV 以下，≥25； 15～35kV，≥30； 110～220kV，≥35； 500kV，≥50	按 GB/T 507—2002 和 DL/T 429.9—1991 进行试验

（六）注意事项

（1）新取油样要经过 15～30min 静置。

（2）试验时切记要将搅拌棒放入仪器油杯中。

（3）给仪器油杯中倒入油时，一定要沿着杯壁缓慢倒入，防止出现气泡。

十、油中溶解气体色谱分析

（一）试验目的

通过气体色谱分析法来了解变压器油中所含各种气体的含量，进而判断变压器内部是否发生故障。

（二）理论依据

当变压器内部发生故障时，绝缘油和纤维质固体绝缘材料在电和热的作用下，分解出与故障性质和故障严重程度相关的各种气体。这些气体不同程度地溶解于油中或悬浮在油和绝缘物的空隙中。随着内部故障性质和严重程度的不同，分解的气体在组分和数量上也不同。总的规律是：气体随故障的发生而发生，随故障的发展而增多。这就是说，故障的发生发展过程总是有先兆的。故障时产生气体的组分和故障性质之间的关系以及故障严重程度和气体含量多少之间的关系，就成为气相色谱法检测变压器内部故障的理论依据。

（三）工器具准备

干净且经过干燥的油瓶、针管，两把扳手。

（四）取油样

油样应能代表变压器油箱本体的油，一般应在设备中部取样阀取。油样保存期不得超过 4 天，油样必须避光保存。

（五）周期及要求

周期及要求见表 8-7。

表 8-7   油中溶解气体色谱分析的周期及要求

项目	周期	要求
油中溶解气体色谱分析	（1）交接时。 （2）大修后。 （3）运行中： 1）500kV 变压器、电抗器 3 个月 1 次，对新装、大修、更换绕组后增加第 1、7、15、30 天。 2）220kV 变压器和发电厂 120MVA 及以上的变压器 3~6 个月 1 次，对新装、大修、更换绕组后增加第 7、15、30 天。 3）110kV 变压器和发电厂 120MVA 以下变压器在新装、大修、更换绕组后 30 天和 180 天内各做 1 次，以后 1 年 1 次。 4）35kV 变压器 1~2 年 1 次。 （4）必要时	（1）新装变压器油中任一项溶解气体含量不得超过下列数值：总烃 $20\mu L/L$，H_2 $30\mu L/L$，C_2H_2 不应含有。 （2）大修后变压器油中任一项溶解气体含量不得超过下列数值：总烃 $50\mu L/L$，H_2 $50\mu L/L$，C_2H_2 痕量。 （3）对 110kV 及以上变压器的油中一旦出现 C_2H_2，即应缩短检测周期，跟踪变化趋势。 （4）运行设备的油中任一项溶解气体含量超过下列数值时应引起注意：总烃 $150\mu L/L$，H_2 $150\mu L/L$，C_2H_2 $5.0\mu L/L$（500kV 设备为 $1.0\mu L/L$）。 （5）烃类气体总和的产气速率在 0.25mL/h（开放式）和 0.5mL/h（密封式），相对产气速率大于 10%/月，则认为设备有异常。 （6）500kV 电抗器当出现少量（小于 $5.0\mu L/L$）C_2H_2 时也应引起注意；如气体分析虽已出现异常，但判断不至于危及绕组和铁芯安全时，可在超过注意值较大的情况下运行

（六）注意事项

（1）总烃包括：CH_4、C_2H_6、C_2H_4 和 C_2H_2 四种气体。

（2）溶解气体组分含量有增长趋势时，可结合产气速率判断，必要时缩短周期进行追踪分析。

（3）总烃含量低的设备不宜采用相对产气速率进行分析判断。

（4）超过 3 个月未运行的变压器、电抗器在投运前应进行色谱取样分析。

（5）从实际带电之日起，即纳入监测范围。

（6）封闭式电缆出线和 GIS 出线的变压器电缆侧及 GIS 侧绕组，当无法进行定期试验时，应缩短油中溶解气体色谱分析检测周期，500kV 变压器不应超过 2 个月，220kV 变压器不应超过 3 个月，110kV 变压器不应超过 6 个月。

（7）装有色谱在线监测装置的变压器在运行中可适当调整色谱取样检测周期。

（8）对于薄绝缘、铝绕组、运行 20 年以上的老旧变压器或单主变压器发生中低压侧近区短路时，应及时进行色谱分析。

十一、气体继电器及其二次回路试验

（一）试验目的

气体继电器的校验目的是为了让气体继电器在变压器内部出现故障时能准确、及时动作。

（二）检验方法及标准

1. 继电器动作可靠性检查

（1）检查动作于跳闸的干簧管触点动作可靠性。转动挡板至干簧管触点刚开始动作处，永久磁铁面距干簧管触点玻璃管面的间隙应保持在 2.5～4.0mm 范围内。继续转动挡板到终止位置，干簧管触点应可靠吸合，并保持其间隙在 0.5～1.0mm 范围内，否则应进行调整。

（2）检查动作于信号的干簧管触点动作可靠性。转动开口杯，自干簧管触点刚开始动作处至动作终止位置，干簧管触点应可靠吸合，并保持其滑行距离不小于 1.5mm，否则应进行调整。

2. 继电器特性试验

（1）密封性能试验。继电器充满变压器油，在常温下加压至 0.15MPa、稳压 20min 后，检查放气阀、波纹管、出线端子、壳体各密封处应无渗漏。降压为零后，取出继电器芯子检查干簧管触点应无渗漏痕迹。试验时，探针罩要拧紧，去掉压力后，才能打开罩检查波纹管有无渗漏。

（2）动作与信号的容积整定。继电器气体容积整定要求继电器在 250～300mL 范围内可靠动作。试验时可用调整开口杯另一侧重锤的位置来改变动作容积，重复试验三次，应可靠动作。

（3）动作与跳闸的流速整定。

1）继电器流速整定范围。

QJ-25 型：连接管径 25mm，流速 1.0m/s。

QJ-50 型：连接管径 50mm，流速 0.6～1.2m/s。

QJ-80 型：连接管径 80mm，流速 0.7～1.5m/s。

2）继电器动作流速整定值。继电器动作流速整定值以连接管内的流速为准，可根据变压器容量、电压等级、冷却方式、连接管径等不同参数按表 8-8 数值查得；流速整定值的上限和下线可根据变压器容量、系统短路容量、变压器绝缘及质量等具体情况决定。

表 8-8 继电器动作流速整定值

变压器容量 （kVA）	继电器型号	连接管内径 （mm）	冷却方式	动作流速整定值 （m/s）
1000 及以下	QJ-50	φ50	自然或风冷	0.7～0.8
1000～7500	QJ-50	φ50	自然或风冷	0.8～1.0
7500～10000	QJ-80	φ80	自然或风冷	0.7～0.8
10000 以上	QJ-80	φ80	自然或风冷	0.8～1.0
20000 以下	QJ-80	φ80	强迫油循环	1.0～1.2
20000 及以上	QJ-80	φ80	强迫油循环	1.2～1.3
500kV 变压器	QJ-80	φ80	强迫油循环	1.3～1.4
有载调压变压器	QJ-25	φ25	—	1.0

（4）流速试验方法。继电器动作流速整定值试验是在专用流速校验设备上进行的，以相同连接管内的稳态动作流速为准，重复试验三次，每次试验值与整定值之差不应大于0.05m/s，亦可用间接测量流速的专用仪器测试流速。调节继电器弹簧的长度，可改变动作流速整定值。

（5）绝缘强度试验。

1）出线端子对地及出线端子间，应用工频电压 2000V 进行 1min 介质强度试验。

2）干簧管触点应用 2500V 绝缘电阻表测量绝缘电阻，其电阻值不应小于 300MΩ。

（6）气体继电器保护检验。气体继电器保护整组试验：

1）用打气法检查动作于信号回路的正确性。

2）检查继电器上的箭头应指向储油柜，按下探针检查动作于跳闸回路的正确性。

3）新安装及大修后的强迫油循环冷却变压器，应进行开、停全部油泵及冷却系统油路切换试验，试验次数不少于三次，继电器应可靠不误动。

4）新安装的气体继电器及其保护回路，在绝缘检查合格后，对全部连接回路应用工频电压 1000V 进行持续 1min 的介质强度试验。当绝缘电阻在 10MΩ 以上时，可用 2500V 绝缘电阻表代替工频介质强度试验。

5）新安装的气体继电器及其保护回路，必须逐项全部检验合格后，变压器方能投入运行。变压器冲击合闸试验时，必须投入气体继电器保护。

气体继电器保护检验周期：

1）已运行的气体继电器及其保护回路，可结合大修进行全部检验，但检验周期不得超过五年。全检时也可用检验合格的备品继电器替换，但必须注意检验日期和运输途中的安全可靠性。

2）已运行的气体继电器及其保护回路，每五年进行一次介质强度试验，当绝缘电阻在 1MΩ 以上时，可用 2500V 绝缘电阻表代替。已运行的气体继电器应每两年开盖一次，进行内部结构和动作可靠性检查。对保护大容量、超高压变压器的气体继电器，更应加强其二次回路的维护工作。

3）每年要进行一次气体继电器保护的外观检查和整组试验项目中的①条及②条。

4）根据具体情况，每年雨季或冬季对二次回路进行外部检查（包括端子盒、电缆的防油、防水、防冻措施的检查）和绝缘电阻测定。

第四篇

配 电 装 置

配电装置是发电厂和变电站的重要组成部分，它是由母线、隔离开关、断路器、接地开关、电流互感器、进出线套管、避雷器等设备按一定规律组合起来接受和分配电能的装置。

配电装置应满足以下基本要求：

（1）运行可靠。按照系统和自然条件合理选择电气设备，在布置上力求整齐、清晰、保证具有足够的安全距离。采取防火、防爆和蓄油、排油措施，考虑设备防冰、防阵风、抗震、耐污等性能。

（2）便于检修、巡视和操作。装设防误操作的闭锁装置及联锁装置，以防止带负荷拉合隔离开关、带接地线合闸、带电挂接地线、误拉合断路器、误入室内有电间隔。

（3）在保证安全的前提下，电气设备的布置应紧凑，力求节约材料和降低造价。

（4）安装和扩建方便。

第九章

220kV 配电装置

第一节 六氟化硫断路器

六氟化硫断路器是利用 SF₆ 气体作为绝缘介质和灭弧介质的高压断路器。SF₆ 气体优良的绝缘和灭弧性能使其得到日益广泛的应用。

断路器使用中的专用术语含义解释如下。

1. 特性参数术语

(1) 额定电压：断路器和控制设备所在系统的最高电压，额定电压的标准值：3.6、7.2、12、24、40.5、72.5、126、252、363、550kV。

(2) 额定工频耐受电压：按规定的条件和时间进行试验时，设备耐受的工频电压标准值（有效值）。

(3) 雷电冲击耐受电压：在耐压试验时，设备绝缘能耐受的操作（雷电）冲击电压的标准值。

(4) 爬电距离：沿绝缘表面放电的距离即为电的泄漏距离，也称为爬电距离，简称爬距。

(5) 额定电流：在额定频率下能长期通过，且各金属部件和绝缘部分的温升不超过长期工作允许温升的最大标称电流。

(6) 额定短路开断电流：额定电压下保证正常开断的最大短路电流，称为额定短路开断电流。

(7) 额定短路关合电流：表示高压断路器关合短路故障能力的参数，其数值以关合操作时瞬态电流第一个半周波峰值来表示，一般取其额定短路开断电流的 2.5 倍。

(8) 动稳定电流（额定峰值耐受电流）：断路器在闭合位置时所能通过的最大短路电流。

(9) 热稳定电流（额定短时耐受电流）：在短时间内允许通过导电部分且发热不超过短时允许温升的短路电流，其电流大小等于额定短路开断电流。

2. 操作术语

(1) 操作——动触头从一个位置转换至另一个位置的动作过程。

(2) 分（闸）操作——断路器从合位置转换到分位置的操作。

(3) 合（闸）操作——断路器从分位置转换换到合位置的操作。

(4) "合分"操作——断路器合后，无任何延时就立即进行分的操作。

（5）操作循环——从一个位置转换到另一个位置再返回到初始位置的连续操作。

（6）操作顺序——具有规定时间间隔和顺序的一连串操作。

具备自动重合闸操作顺序为 O—θ—CO—t—CO，不要求自动重合闸操作顺序为 O—t—CO—t—CO，O 表示高压断路器分闸，C 表示高压断路器合闸，θ 表示高压断路器开断故障电路从电弧熄灭起到电路重新接通的时间，称为无电流间隔时间，一般为 0.3～0.5s；CO 表示高压断路器自开断位置关合电路后，没有延时地立即开断；t 表示强送电时间，一般为 180s。自动重合闸操作循环有关时间见图 9-1。

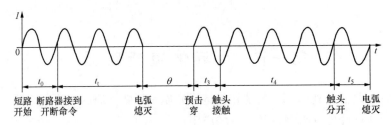

图 9-1　自动重合闸操作循环有关时间划分图

t_0—继电保护动作时间；t_1—断路器全分闸时间；θ—无电流间隔时间；

t_3—预击穿时间；t_4—金属短接时间；t_5—燃弧时间

（7）自动重合（闸）操作——断路器分闸后经预定时间自动再次合闸的操作。

（8）关合（接通）——用于建立回路通电状态的合闸操作。

（9）开断（分断）——在通电状态下，用于回路的分闸操作。

（10）自动重关合——在带电状态下的自动重合（闸）操作。

（11）开合——开断和关合的总称。

（12）短路开断——对短路故障电流的开断。

（13）短路关合——对短路故障电流的关合。

（14）近区故障开断——对近区故障短路电流的开断。

（15）触头开距——处于分闸位置的断路器装置的一极触头间或任何与其相连的导电部件间的总间隙。

（16）行程——分、合操作中，断路器动触头起始位置到触头接触位置的距离。

（17）超行程——合闸操作中，断路器触头接触后动触头继续运动的距离。

（18）合闸时间——断路器从接收到合闸命令起到主触头刚接触为止的时间称为合闸时间。

（19）分闸时间——断路器接到分闸命令到触头分离的时间。

（20）燃弧时间——从触头分离到各相电弧熄灭的时间。

（21）全开断时间——断路器从接到分闸命令到触头分开直至电弧熄灭为止的时间。

（22）合—分时间——合闸操作中第一极触头接触时到随后的分闸操作总所有极弧触头都分离时的时间间隔。

（23）分闸速度——断路器分（闸）过程中，动触头的运行速度。

（24）合闸速度——断路器合（闸）过程中，动触头的运动速度。

（25）开断速度——断路器在开断过程中，动触头的运动速度。

（26）关合速度——断路器在关合过程中，动触头的运动速度。

一、3AQ1EE（3AQ1EG）型六氟化硫断路器

某电厂 350MW 机组 220kV 配电装置选用 3AQ1EE（3AQ1EG）型高压六氟化硫断路器。3AQ1EE（3AQ1EG）型断路器是一种瓷柱单压式高压断路器，分闸过程中灭弧室中的压气活塞将 SF_6 气体压缩。四台出线断路器为 3AQ1EE 型，每相配备一套液压操动机构，可单相或三相自动重合闸；发电机—变压器组出线、启动备用变压器进线及母联断路器为 3AQ1EG 型，每台断路器配备一套液压操动机构，三相机械联动，防止发电机非全相运行。断路器型号从左往右含义表示如下：

3A 代表三相交流断路器。

Q 代表二周波开断。

1 代表每相断路器的断口数。

E 代表液压操动机构。

E 代表三相机械联动，共基座安装；G 代表分相操动机构，共基座安装。

（一）技术数据

断路器绝缘水平见表 9-1。

表 9-1　　　　　　　　　　断路器绝缘水平

项目		参数
额定电压		252kV
额定工频耐压	对地	460kV
	断口间	460kV
	相间	460kV
最大额定雷电冲击电压 （1.2/50μs）	对地	1050kV
	断口间	1050kV
	相间	1050kV
绝缘距离	对地	2×1100mm
	断口间	1900mm
	相间	3055、2455mm
最小爬距	对地	6300mm
	断口间	7595mm

绝缘距离是直线距离，而爬距是沿裙伞表面的曲线距离，见图 9-2。

电气参数和断路器动作时间见表 9-2、表 9-3。

表 9-2　　　电气参数

项目	参数
额定电压	252kV
额定频率	50Hz
额定电流	4000A
额定开断电流	50kA
额定关合电流	125kA
额定短路持续时间	3s
额定操作程序	O—0.3s—CO—3min—CO

表 9-3　　　断路器动作时间

项目	参数
指令最小持续时间	50ms
合闸时间	（105±5）ms
分闸时间	（36±3）ms
燃弧时间	21ms（最大值）
开断时间	60ms（最大值）
合一分时间	（58±12）ms
间隔时间	300ms

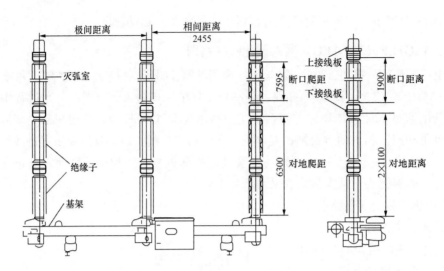

图 9-2　绝缘距离和爬距示意图

由于液压机构需要有建立压力的时间，否则无法打开止回阀实现分、合闸操作，本断路器的指令最小持续时间为 50ms。间隔时间是指断路器开断故障电路从电弧熄灭起到电路重新接通的时间为 300ms，即 0.3s。液压压力监控参数、灭弧介质参数、液压操动机构参数分别见表 9-4～表 9-6。

表 9-4　　　　　　　　　　　　　液压压力监控参数

项目	参数（bar/MPa）	项目	参数（bar/MPa）
安全阀	375/37.5	自动重合闸闭锁	308/30.8
N_2 泄漏	355/35.5	合闸闭锁	273/27.3
液压泵"合"	320/32.0	总闭锁	253/25.3

注　1bar＝0.1MPa。

表 9-5　　　　　　　　　　　　　灭弧介质参数

项目	参数	项目	参数
额定电压	252kV	20℃时"SF_6 泄漏"信号	6.2/0.62（bar/MPa）
每台断路器的充气量	20kg	20℃时总闭锁	6.0/0.60（bar/MPa）
每台断路器的充气量体积	335dm³	机械开断时 SF_6 的最小压力	3.0/0.3（bar/MPa）
20℃时额定压力	7.0/0.7（bar/MPa）	每个极柱的过滤材料	4.5kg

注　1bar＝0.1MPa。

表 9-6　　　　　　　　　　　　　液压操动机构参数

项目	参数
液压储能筒的容量	14dm³
油量（整台断路器）	25kg
20℃时 N_2 的预压力	200～5/20－0.5（bar/MPa）
压力范围	250～375/25.0～37.5（bar/MPa）
储存的操作程序	CO—15s—CO；O—0.3s—CO—3min—CO
油泵 30MPa 时的供油量	0.7dm³/min

注　1bar＝0.1MPa。

储存的操作程序是断路器在经过一次合分操作后，操作压力会降低，必须要15s重新建立压力才能满足断路器下次的合分操作，同样也符合断路器的自动重合闸性能要求。重新储能时间见表9-7。

表 9-7   重新储能时间

起始压力 （bar/MPa）	三相 操作	操作后压力 （bar/MPa）	闭锁动作	回至起始压力所需的 泵打压时间（s）	储能桶储能时间 （min）
316/31.6	O	297/29.7	自动重合闸	16	
316/31.6	C	308/30.8	自动重合闸	8	5.5
316/31.6	CO	289/28.9	自动重合闸	26	
305/30.5	CO	264/26.4	自动重合闸、合闸	52	

注　1bar＝0.1MPa。

（二）断路器结构

断路器的基本结构见图9-3，由基架、极柱、液压机构、控制箱组成。每台断路器有三个极柱，极柱上部为灭弧室，下部为绝缘子，三个极柱安装在同一断路器基架上。3AQ1EE型断路器每个极柱均有独立的液压操动机构，3AQ1EG型断路器三相共用一套液压操动机构，液压操动机构位于基架侧面。断路器运行、观察和控制所需的部件均安装在位于断路器侧面中部的控制箱内。

1. 基架

基架结构见图9-4。基架固定在水平地面上，它是支撑极柱、安装液压机构套件、SF_6 气体管路和控制箱

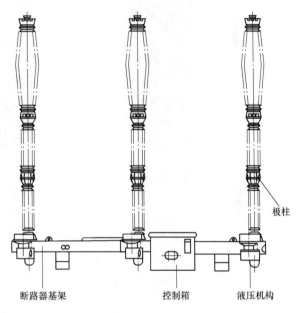

图 9-3　3AQ1EE 型断路器结构图

的支架，可以消除断路器操作带来的各种应力。基架是由横向支撑、调节支撑和支柱组成。横向支撑是由2根槽钢对扣立放而成，下部用调节支撑固定，上部用来固定极柱底

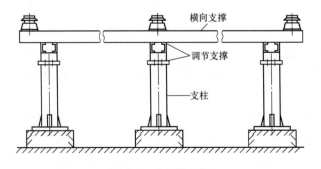

图 9-4　基架结构图

座，断路器所有的组件都安装在横向支撑上。调节支撑分两层相交叠放在每一极的支柱上，均采用对扣立放，极柱的滤缸安装在其中。支柱的柱身为工字钢，下基座由4个螺栓和基础相连，下基座和支柱相连，接地线焊接在支柱上，支柱和横向支撑用裸铜线相连。

2. 极柱

断路器的三个极柱是一样的，图9-5所示为极柱实物图和剖面图。极柱固定在基架的横向支撑上。液压机构的连杆通过换向装置转轴为断路器操作提供动力。换向装置侧面的SF₆接口为灭弧室提供绝缘和灭弧介质，并对SF₆气体系统进行监视。断路器操作时液压机构连杆（地电位）通过驱动换向装置以及绝缘材料制成的操作杆使动触头运动（高电位）。极柱是由灭弧室、绝缘子、操作杆、换向装置和滤缸组成。

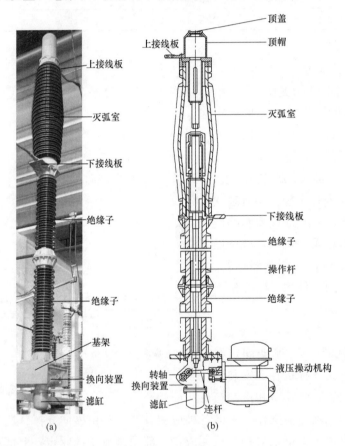

图9-5 极柱结构图
(a) 实物图；(b) 剖面图

（1）灭弧室。灭弧室是由密闭的陶瓷外套中装有触头系统以及吹弧气缸和压气活塞组成。电流流通路线：上接线板、触头支架、接触管、可移动的接触管、环形分布的滑动触头、导向管、下接线板，见图9-6。

1）灭弧室的构成。上部的顶帽靠一个O形密封圈和陶瓷外套的压接密封，顶盖作为导向管和接触管的同心测量孔布置在最顶部的中心位置。触头支架用4个螺栓固定在顶帽底板上，接触管也用4个螺栓固定在触头支架上形成了上部触头系统。导向管固定在下部法兰板支架上，接触管和导向管同灭弧喷嘴组装在一起，灭弧喷嘴由耐燃材料制成；导向管的外部是滑动触头，滑动触头的两端各用一只螺旋弹簧中心向内压，由此获得导向管及接触管上所需的接触压力；包裹滑动触头的是可移动的接触管，用来带动滑触头一起移动，同时可移动的接触管和吹弧气缸是相互连接的，并通过托叉和操作杆连接，形成一个完整的触头系统。圆筒形的吹弧气缸套在可移动的接触管外面并用螺栓固定在其底部。压气活塞布置在可移动接触管和吹弧气缸中间，通过直立螺栓固定在下法兰板的支架上。

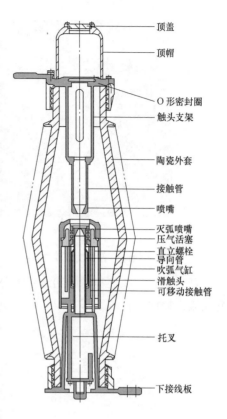

图 9-6　灭弧室结构图

2）灭弧过程。西门子 SF_6 断路器灭弧室为定开距灭弧结构，触头开距设计得比较小，触头从分离位置到熄弧位置的行程很短，但压气室的体积比较大。图 9-7 所示为灭弧室灭弧过程。灭弧室、接触管、导向管和活塞都是固定不动的，断路器的合、分是靠托叉带动可移动接触管、滑动管和吹弧气缸组合的整体来完成的。图 9-7（a）为断路器合闸位置，可移动接触管使电路导通。分闸时，活塞固定不动，由托叉带动可移动接触管以及吹弧气缸向下运动，此时，吹弧气缸内的 SF_6 气体被压缩，见图 9-7（b）。当触头一旦分离，便产生电弧，同时将原来由动触头所封闭的压气室打开而产生气流、通过吹弧栅向喷口吹弧，见图 9-7（c）。气流流向接触管和导向管内孔对电弧进行纵吹，熄弧后的开断位置见图 9-7（d）。

（2）绝缘子。每个极柱有两个绝缘子上下连接作为断路器的支撑和对地绝缘，上面法兰与灭弧室相连，下部法兰与极柱地板相连。绝缘子为内部中空的瓷柱，中空部分作为触

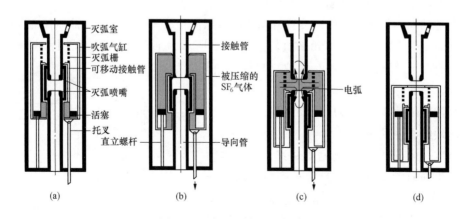

图 9-7　灭弧室灭弧过程示意图

（a）合闸位置；（b）分闸中（预压缩）；（c）分闸中（灭弧）；（d）分闸位置

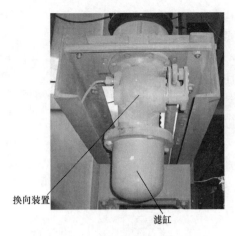

图 9-8　换向装置和滤缸实物图

头操作杆和 SF_6 气体的通道。

（3）操作杆。操作杆为绝缘材料制成作为断路器的对地绝缘并能承受操作时的机械力。操作杆与绝缘子配套也分为两部分，上端有与灭弧室托叉相连的装置，下端有与换向装置连接的结构。

（4）换向装置。换向装置实物图和结构图分别见图 9-8 和图 9-9。换向装置是将液压机构水平机械力转换为垂直机械力的装置。它安装在极柱的底板下面，换向装置内部的连杆与操作杆相连，外部转轴伸出部分与液压机构的连杆相连，转轴的对侧有 SF_6 气体输出的接口。

（5）滤缸。滤缸实物图和结构图分别见图 9-8 和图 9-10。滤缸是过滤材料的放置处，它安装在换向装置的下部，中间用一块孔板隔开，所有滤袋全放在其中。

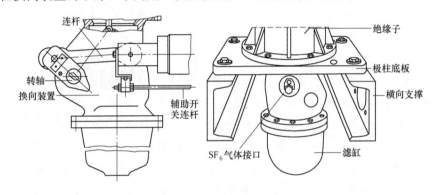

图 9-9　换向装置结构图

3. 液压机构

此液压操动机构是专用于这种结构系统的，它是由液压传动装置（见图 9-11）、液压储能筒和控制单元管路（见图 9-12）组成。

断路器的动作是靠液压传动装置带动的，液压传动装置的工作是靠液压储能筒提供动力的，何时动作全部由控制单元来执行。图 9-13 所示为 EE 型结构液压回路图，其为分相操作，有 3 个液压传动装置，而 EG 型结构三相机械联动，只有一个液压传动装置。

（1）液压传动装置。液压传动装置由液压缸、油箱、阀块组成，见图 9-14。

1）液压缸。液压缸实物见图 9-15，其结构见图 9-16。液压缸由连接法兰和盖子密封，活塞杆和差压活塞的密封由无需维修的双层密封装置及挡油环和活塞密封圈完成。为了保护外伸的活塞不受污染和外部的环境影响，采用连接法兰和导

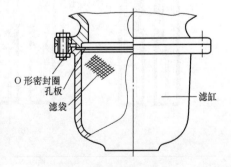

图 9-10　滤缸结构图

216

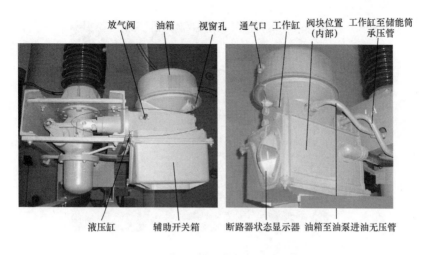

放气阀　油箱　视窗孔　通气口　工作缸　阀块位置（内部）　工作缸至储能筒承压管

液压缸　辅助开关箱　断路器状态显示器　油箱至油泵进油无压管

图 9-11　液压传动装置图

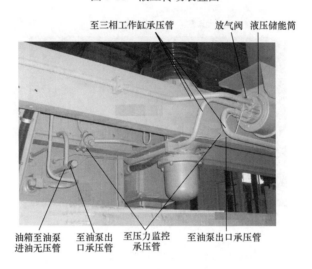

至三相工作缸承压管　放气阀　液压储能筒

油箱至油泵进油无压管　至油泵出口承压管　至压力监控承压管　至油泵出口承压管

图 9-12　液压储能筒和控制单元管路图

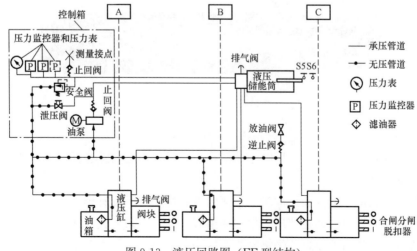

图 9-13　液压回路图（EE 型结构）

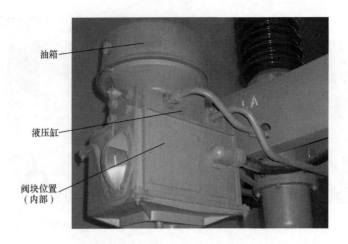

图 9-14 液压传动装置实物图

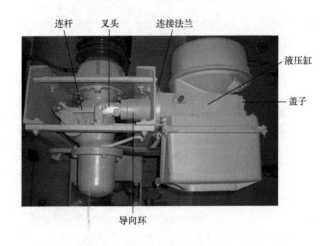

图 9-15 液压缸实物图

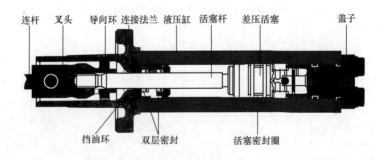

图 9-16 液压缸结构图

向环作为运行导轨封闭空间。液压缸中的活塞杆将活塞的运动经连杆、换向装置及极柱的操作杆传输到灭弧室。

液压缸为长方体，上面装设油箱，下面装设阀块，一侧装有排气阀，另一侧有通往液压储能筒和油泵的管道。通往液压缸内的通道有 3 条，一条为氮气储能筒至液压缸分闸侧来油承压通道，一条为液压缸分闸侧至阀块主阀的通道，一条为液压缸合闸侧至阀块主阀的通道。另外液压缸缸体还有 3 条通道，但不经过液压缸内部，分别为储能筒承压油经缸体至阀块合闸控制阀通道、阀块经缸体至油箱的泄压通道、油箱经缸体至油泵的进出通道。

　　以液压缸活塞密封圈为界，当液压缸分闸侧压力大于合闸侧，活塞向右运动；当合闸侧压力大于分闸侧压力活塞向左运动。

　　2）油箱。油箱结构见图 9-17，它是双壁结构的，可拆下的盖子和油箱之间的空间是加热和通风的，由此避免了油箱内冷凝水的形成。加油滤筛是和挡板以及盖板封闭的。从视窗玻璃处可以看见液压油位处于正常运行状态。装满了断路器操作所需的液压油量，在接通控制电压或每次换向操作之后，液压油压降低会自动闭合触点启动油泵，液压油将在油泵的作用下从油箱经过一只滤油器打入储能筒，每次分闸后液压油从阀块经液压缸回到油箱，如此反复循环。

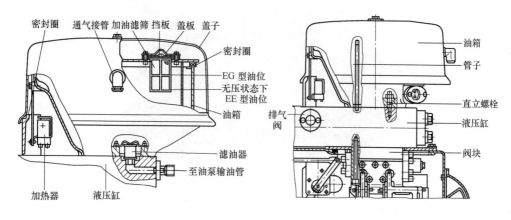

图 9-17　油箱结构图

　　3）阀块。阀块结构见图 9-18，连同合闸线圈、分闸线圈、辅助开关状态显示器一起安装在一个加热并通风的空间内。辅助开关箱内实物图见图 9-19。主阀是作为中心阀设置的，通过球形锁紧系统，在无压状态下也能牢固保持所处的最终位置。用于合闸和分闸

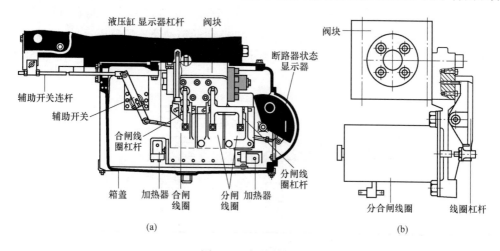

(a)　　　　　　　　　　　　　　(b)

图 9-18　阀块结构图

（a）带辅助开关和断路器状态显示器的阀块；（b）阀块和线圈组件

图 9-19　辅助开关箱内实物图

的控制阀的操作由线圈经合闸指令杠杆和分闸指令杠杆完成。通过对分、合闸控制阀的操作达到对主阀的控制，从而实现对液压缸内差压活塞的控制。阀块与液压缸之间无管道连接，用两接触面之间的密封圈连同油通道，阀块与液压缸的油通道一一对应，总计四条，两条为主阀分别至液压缸内部分、合闸侧的通道，一条为阀块合闸控制阀至液压缸缸体储能液压筒来油通道，另一条是阀块至油箱经液压缸缸体的油通道。

主阀块结构见图 9-20。主阀有两个状态，一个就是现在的状态主阀右侧移动，靠圆球封闭了分闸侧和合闸侧的油路，同时合闸侧油路和油箱油路连通泄压；另一种状态是主阀向左侧移动，靠主阀的圆锥封闭了去油箱的泄油通道，并使分闸侧和合闸侧油路连通。

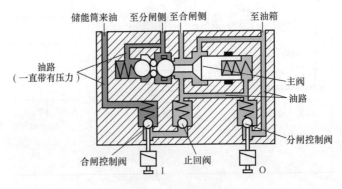

图 9-20　主阀块结构图

主阀的移动是用分合闸控制阀来实现的，当按下合闸阀，承压油经过合闸控制阀，打开止回阀，作用到主阀的尾部，主阀就会向左移动；这时如果按下分闸控制阀，连通了到油箱的油路，作用在主阀尾部的压力就会消失，主阀就向右移动。

安装在辅助开关箱内的还有辅助开关和断路器状态显示器，辅助开关由操动机构经连杆直接操作，断路器状态显示和辅助开关的转轴经连杆机械连接。辅助开关触点用了 8 开、8 闭，其中用在控制回路中有 3 个，分别为合闸回路 1 个，分闸回路 2 个，其余用作信号指示送于远方；2 个滑动触点，一个用在计数器回路，另一个用在同步分闸回路；为了防止触点故障，预留 2 对备用触点。

（2）液压操动机构的动作原理。液压操动机构的动作原理在主阀与液压缸的互相作用下实现，为了有助于理解把主阀和液压缸画在一起，省略了液压储能筒、油箱和油泵的组合，所有图示都是简化的并与实际装置不完全一致。本液压机构属于常压式液压机构，也就是液压缸的左侧无论何时，一直处于承压状态（额定的油压），机构的动作是靠增大或释放液压缸右侧的压力来实现的。

液压缸中差压活塞一侧是高压油，另一侧是无压油，压力迫使差压活塞处于右侧，断路器处于分闸状态。高压油路 1 中油压作用到主阀球阀上使主阀闭锁，高压油路 6 油压作用到分闸阀上使分闸阀闭锁。

断路器分闸状态见图 9-21。当合闸时，合闸电磁铁向上运动并带动合闸阀向上动作，打开了合闸阀，高压油通过合闸阀就会打开止回阀，高压油就会进入油路 5 中，并作用到主阀活塞弹簧侧上，这样主阀活塞弹簧侧和球阀侧都有了高压油，但主阀活塞侧截面比球阀的截面大，所以主阀会向左侧移动。主阀球阀向右移动，就会使油路 1 和 7 连通，而油路 7 和 3 封闭，那么高压油就会从油路 1 进入 7，然后进入油路 2 中，油路 2 中的高压油就会进入液压缸中差压活塞的另一侧，这样液压缸中差压活塞两侧都充满了高压油，但高压油作用在差压活塞右侧的截面要比左侧大得多，所以差压活塞会向左侧移动，断路器合闸。

断路器合闸完毕后，合闸线圈失电，合闸阀靠自保持弹簧使合闸阀向下运动封闭了油路。同时，油路 7 中的高压油会通过喷嘴到达油路 5，作用到止回阀和分闸阀使其向下运

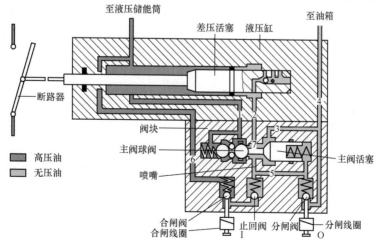

图 9-21 断路器分闸状态图

动封闭油路，最为重要的是油路 7 中的高压油通过喷嘴到达油路 5 中并作用到主阀活塞的弹簧侧，这样，主阀活塞侧和主阀球阀侧都处于一个高压油区，而主阀活塞弹簧侧截面要大于球阀截面，所以主阀一直能保持这种状态实现其合闸自闭锁。如果没有喷嘴这条通道，止回阀和分闸阀处自身产生的泄漏会使油路 5 中的压力慢慢降低，从而作用到主阀活塞弹簧侧的压力越来越低，主阀就会向右移动，断路器就会失灵。

断路器合闸状态见图 9-22。当分闸时，分闸电磁铁向上运动并带动分闸阀向上动作，打开了分闸阀，高压油路 5 中的高压油通过分闸阀泄压（流向油箱），高压油路 5 中瞬间失压，作用到主阀活塞弹簧侧的压力也消失，主阀球阀侧的压力依然存在，主阀就会向右侧移动。移动以后，球阀封闭了油路 1 和油路 7，同时打开了油路 7 和油路 3，那么液压缸活塞右侧的高压油就会通过油路 2、7，进入油路 3 中泄压，成了无压油区。由于球阀封闭了油路 1 和油路 7，液压缸差压活塞左侧还是高压油，差压活塞就会向右侧运动，断路器分闸。这样又回到了分闸状态。

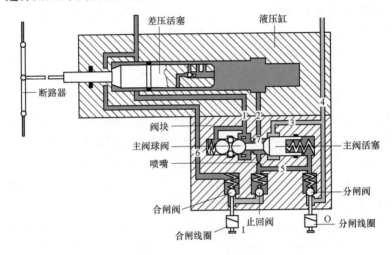

图 9-22 断路器合闸状态图

（3）活塞缓冲器。活塞缓冲器的工作过程见图 9-23。

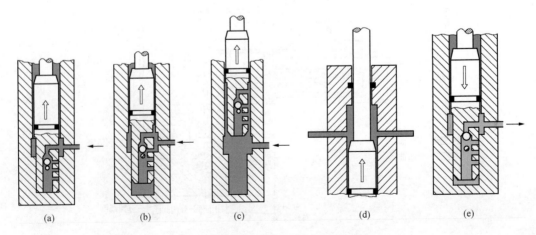

图 9-23 活塞缓冲器工作过程示意图

为保护机械部分，液压缸中差压活塞在启动和停止时需加以缓冲，这通过逐渐缩小油路横截面来完成。合闸过程启动时：如图 9-23（a）所示，承压油进入活塞尾部的油缓冲器中，打开的缓冲阀流入并形成起始运动；如图 9-23（b）所示，高处 3 个孔逐步打开，横截面逐步加大；如图 9-23（c）所示，一直运动到合闸终端位置。合闸位置的缓冲是靠差压活塞实现的［见图 9-23（d）］，由于差压活塞的锥角，液体横截面在合闸过程的结尾逐渐减小，在分闸过程的开始逐渐增大，最小的液体横截面是差压活塞和液压缸壁之间的环状间隙。分闸缓冲见图 9-23（e），分闸过程结尾时通过逐渐减小液压油的横截面来缓冲，在差压活塞进入液压缸环形沟下端时，缓冲阀因流入的油而关闭，此时油只能通过还开着的"笛孔"流出。

（4）液压储能筒（见图 9-24）。每台断路器只有一只液压储能筒，操作的能量储存在此储能筒内（N₂）。EE 型断路器的储能筒由一根泵管注入油，三根高压油管连接着分相操动机构液压缸；EG 型断路器储能筒由一根泵管注入油，一根高压油管连接着操动机构液压缸。

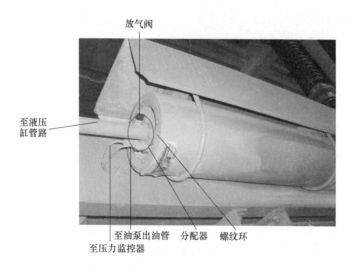

图 9-24　液压储能筒实物图（EG 型）

1）液压储能筒结构见图 9-25。液压储能筒为长圆筒形状，储能筒管的一头为分配

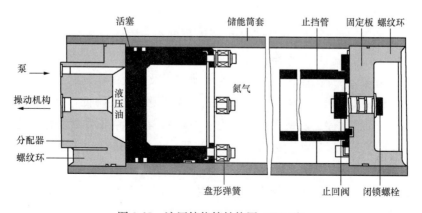

图 9-25　液压储能筒结构图（EG 型）

器，用螺纹环压紧密封；另一头为固定板，也用螺纹环压紧密封。液压储能筒属一种活塞储能筒，内部可自由移动的活塞将氮气与液压油隔开。活塞的密封由一只圆形密封圈和两只制动圈完成，此活塞密封由盘形弹簧经套筒和制动环永久地压紧。止挡管用来限制活塞的行程。在固定板上安装着止回阀，在维护和修理时，此阀在连接上充气装置时打开，并可用于为液压储能筒充氮气（N_2）。

2）液压储能筒的工作原理。图 9-26 所示为液压储能筒中活塞的起始位置和终端位置〔见图 9-26（a）〕以及相应的 p-V 曲线〔见图 9-26（b）〕。

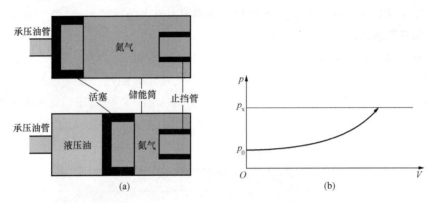

图 9-26　液压储能筒工作原理图

(a) 液压储能筒中活塞的起始位置和终端位置；(b) p-V 曲线

p_x—油泵组合停运之后的最大运行压力；p_0—氮气预充压力；V—油一侧的体积

液压储能筒预充了带压力的氮气，开始时液压缸中无油压，活塞在预充压力 p_0（20MPa）的作用下处于油的一侧液压缸壁（见图 9-26）。在断路器投运时，油泵启动，液压油压力逐渐提高，油泵将油打入液压储能筒，活塞向氮气侧移动，直至达到最大运行压力 p_x（33～35MPa），由此提高了氮气侧的压力。这样，能量就储存在储能筒活塞的氮气侧，一旦液压油系统中阀门打开，压力就会瞬间释放。

当压力降至压力监控器的动作压力 p_1（32MPa）以下时，油泵启动，油从油箱重新打入液压储能筒，活塞继续向氮气侧移动。当压力达到 p_1 时，通过压力监控器 B1 联锁时间继电器，在约 3s 之后切断油泵电源，停止供油，压力又达到最大运行压力 p_x（33～35MPa）。

3）液压储能筒异常情况。由于液体可压缩程度小，气体可压缩程度大，在一定的容积内，气体越多压力越高，其工作能力越强，相对压缩压力提高越慢；反之，液体越多工作能力越低，压缩压力提高越快。所以，氮气泄漏以及氮气的温度都会影响液压储能筒的工作能力。由于氮气泄漏（如密封圈渗漏造成）或环境温度的降低，此时储能筒具有较小的工作能力，油泵打压停运后最大运行压力 p_x 偏高；在较高环境温度时储能筒有较大的工作能力，油泵打压停运后最大运行压力 p_x 偏低。四季的最高油压是不一样的，这属于正常现象。

在氮气泄漏时，活塞的工作行程一直向止挡管的方向延伸，压力在越来越短的时间内降至 p_1 值，另外，补充油的压力升高曲线越来越陡峭，致使油泵打压次数增加（间隔应在 1h 以上），氮气泄漏的最终状态是液压储能筒内的活塞撞在止挡管上（见图 9-27）。压力在由时间继电器设定的补油时间内迅速上升至 p_2 值，在达到压力 p_2 时，"N$_2$ 泄漏" 压力监控器动作并在时间继电器生效之前停止油泵组合运行、发出 "N$_2$ 泄漏" 信号、闭锁断路器［不能立刻合闸，可以分闸，通过时间继电器延时 3h 之后（标准调节）闭锁分闸功能］。液压储能筒要确保有足够的液压压力，在出现 "N$_2$ 泄漏" 信号之后的固定时间（3h）内可以分闸。为了避免任何情况下液压系统中出现高压力（如由气温升高引起），安装了一只安全阀，此安全阀在压力达到 p_3 时动作，并将油经一条旁路从液压系统的高压一侧导向无压一侧。

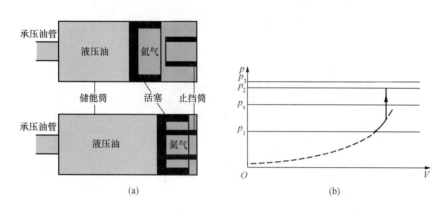

图 9-27 N$_2$ 泄漏补油时活塞止挡工作原理图

p_3—安全阀的动作压力；p_2—"N$_2$ 泄漏" 压力监控器的动作压力；

p_x—油泵组合停运之后的最大运行压力；p_1—油泵组合的压力监控器的动作压力；

V—油一侧的体积

（5）控制单元。所有的控制单元全部安装在基架上的控制箱内，控制箱内包含了所有用于断路器运行、观察和控制所需的部件。下面用图 9-28 描述控制箱的基本装置及主要部件。

1）油泵单元。油泵单元由电动机和油泵组成（见图 9-29），电动机由液压监控单元（接触器、继电器、时间继电器）控制。油泵控制回路见图 9-30：当压力监控器 B1 达到定值（32MPa）时触点闭合，如果此时 "N$_2$ 泄漏" 继电器不动作，K81 触点保持闭合，这样时间继电器 K15 线圈带电，动合触点瞬时闭合了油泵使接触器 K9 的线圈带电，K9 闭合使油泵工作打压；压力逐渐上升，当压力监控器 B1 达到定值（32MPa）时，触点又恢复打开状态，时间继电器 K15 线圈失电，其触点延时 3s 打开，接触器 K9 的线圈同时失电，油泵停止工作。

2）液压控制单元。液压监控单元是一个紧密组件，组合件集成在一个监测块内。在监测块内还有铅封的安全阀、泄压阀和一只止回阀。压力监控器（见图 9-31）B1 和 B2 通过电气触点监测和控制液压压力，从压力表上可以读取运行正常的油压。在油监控上还有油泵的吸油管和出油管以及测量接头 M2。压力监控器 B1 各有 3 对触点，是在压力上升中闭合，回落后打开。液压压力监控的定值及触点情况见表 9-8。

(a)

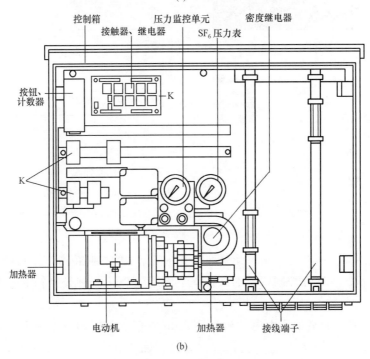

(b)

图 9-28　控制箱图

（a）实物图；（b）结构图

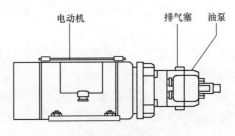

图 9-29　油泵结构图

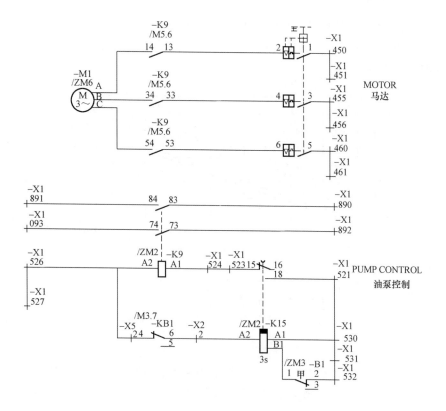

图 9-30 油泵控制回路图

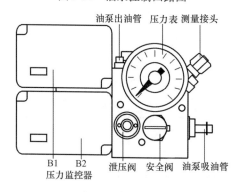

图 9-31 压力监控器结构图

表 9-8　　　　　　　　　　　　　　液压压力监控

项目	参数（bar/MPa）	检测触点	
安全阀	375/37.5	压力监控器 B1	压力监控器 B2
N₂ 泄漏	355/35.5	第二对触点	—
液压泵"合"	320/32.0	第一对触点	—
自动重合闸闭锁	308/30.8	第三对触点	—
合闸闭锁	273/27.3	—	第二对触点
总闭锁	253/25.3	—	第一、三对触点

注　1bar＝0.1MPa。

3）气体监控单元。密度计 B4 安装在控制箱的后壁上，连同接线的插头一起用一块保护板罩住；压力表用以底座延长后安装在控制箱内。压力表中的压力要配合曲线图来判断压力情况，见图 9-32。

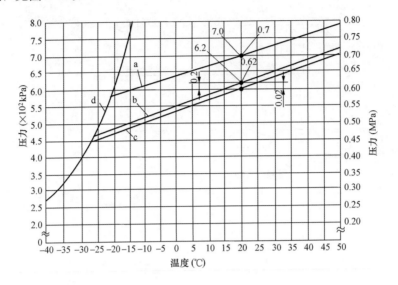

图 9-32　SF₆ 工作压力曲线及密度计的动作值图

a—SF₆ 充气压力（额定密度线）；b—"SF₆ 泄漏"信号；c—SF₆ 总闭锁；d—液化曲线

密度计共有三对触点，压力下降中打开，升高后闭合，表 9-9 所示为气体压力监控的定值及触点情况。

表 9-9　　　　　　　　　　　　气体压力监控的定值及触点情况

项目	参数（bar/MPa）	检测触点
20℃时额定压力	7.0/0.7	密度计 B4
20℃时"SF₆ 泄漏"信号	6.2/0.62	第一对触点 11—13
20℃时总闭锁	6.0/0.60	第二对触点 21—23

注　1bar＝0.1MPa。

4. 控制箱的外部连接

控制箱箱后布置见图 9-33。控制箱外部接口分为液压管道、气体管道和电缆。液压管道从控制箱后压力监控块处进入，共有三路，一路为无压管路，从油箱至压力监控块的油泵入口汇流通道；另两路为承压管路，一路用于打压，为压力监控块油泵出油汇流通道至液压储能筒管路；另一路用于监控，为监控块压力监控器汇流通道至液压储能筒管路。气体管道同样从控制箱后进入，一条管路和压力表相连，另一条管路和密度计相连；两路管路是为了对应控制箱内不同位置的压力表和密度计。电缆的出口也有两处，箱底一处用于和控制室连接，箱后一处用于和本体辅助开关箱连接。

（三）断路器的检查和维护

断路器的检查和维护要有针对性：①确保状态良好的部件能够继续使用；②确定哪些部件已经磨损及磨损程度；③更换一些需要更换的部件。

1. 检查维护周期

检查维护周期见表 9-10。允许开断次数和开断电流的相应关系见图 9-34。

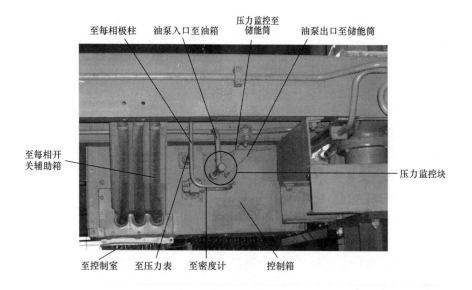

图 9-33　控制箱箱后布置图

表 9-10 检查维护周期

检查或维修	检修周期或磨损周期		说明
检查	12 年以后	3000 次操作之后，$I \leqslant I_N$	不需开气室
维修	25 年以后	6000 次操作之后，$I \leqslant I_N$	需要打开气室
触头系统检查	达到允许的故障断开次数（约 20 次，见图 9-34）		需要打开气室

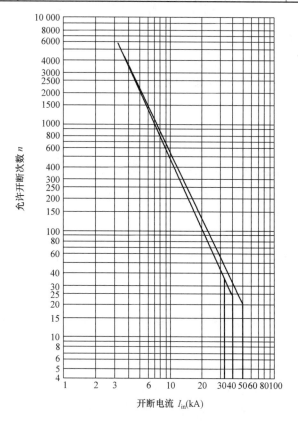

图 9-34　允许开断次数和开断电流的相应关系图

2. 检修项目

(1) 检查项目及步骤。

1) 总体检查：记录操作次数及特别情况，SF$_6$ 充气检查。

2) 液压系统密封性目检：液压储能筒防锈检查，检查脱扣器的固定位置及损坏情况。

3) 检查油位和油的状况，必要时加油。

4) 更换油箱顶盖及阀块顶盖的海绵橡皮密封圈。

5) 检查氮气预充压力。

6) 检查安全阀的动作压力和关闭压力。

7) 检查两种断路器状态下液压系统的内部密封性。

8) 检查 SF$_6$ 密度计和油压监控计的动作值。

9) 检查防凝露加热器的功能。

10) 功能检查，包括对脱扣器回路、防跳、闭锁、强迫同步（EE 型结构）的检查。

(2) 维修项目及步骤。

1) 总体检查：记录操作次数及特别情况。

2) SF$_6$ 充气收回。

3) 灭弧室检查。打开一个灭弧室，拉出接触管，对触头系统和吹弧气缸进行目检。如不正常，打开灭弧室，拉出接触管，对接触系统和吹弧气缸进行目检。更换过滤材料。

4) 液压系统密封性目检：液压储能筒上防锈检查，检查脱扣器的固定位置及损坏情况。

5) 更换液压监控单元和油泵之间的软管；更换油箱顶盖及阀块顶盖的海绵橡皮密封圈。

6) 排尽油，清洁滤油器，加入新的油。

7) 液压系统排气，打开至额定压力。

8) 检查氮气顶充压力。

9) 检查安全阀的动作压力和关闭压力。

10) 检查两种断路器状态下液压系统的内部密封性。

11) 检查 SF$_6$ 密度计和油压监控计的动作值。

12) 检查 SF$_6$ 气压表和油压表。

13) 检查防凝露加热器的功能。

14) 功能检查，包括对脱扣器回路、防跳、闭锁（EE 型结构）的检查。

15) 执行 SF$_6$ 检漏。

16) 检查所有的电气接线端子。

17) 测量 SF$_6$ 气体的水分含量和空气含量。

3. 检查项目内容及要求

由于断路器维护时需要排除 SF$_6$ 气体和灭弧室的解体工作，需要厂家携带专门的设备进行维护工作，所以以下着重介绍检查项目。

(1) 总体检查。总体检查即断路器的外观检查。检查 SF$_6$ 充气压力，N$_2$ 充气压力，绝缘部件的密封性和污染，液压系统的密封性以及绝缘子损坏和接地缺陷。

（2）记录操作次数和特殊情况。从控制箱计数器上读取操作次数并记录，记录不允许操作和故障分闸、油和气的泄漏情况。

（3）SF_6 充气检查。将 SF_6 充气装置按图 9-35 连接好，连接到充气接头 W1 上测量气压，W1 位置见图 9-36 对照图 9-32 进行比较。当测出的 SF_6 气压不低于充气曲线 30kPa 时，补充 SF_6 气体；当测出的 SF_6 气压低于充气曲线 30kPa 时，进行检漏，排除泄漏之后补充 SF_6 气体。

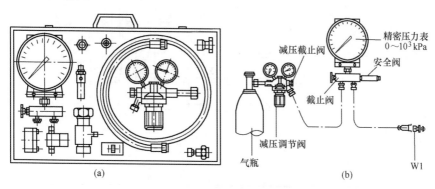

图 9-35 SF_6 充气装置连接图

（a）SF_6 充气装置结构图；（b）SF_6 充气装置接线图

充气时，首先将减压截止阀微微打开，然后用减压调节阀调整气流量，以避免连接件上的结冰现象，充气过程中观察精密压力表，当达到需要的压力后，停止充气。同时，观察精密压力表和控制箱 SF_6 压力表表压误差范围，其误差压力不允许大于 30kPa，当误差大于 20kPa 时，应做好标记。

（4）液压系统目测。检查所有从外面可以看到的液压系统的螺栓连接和接头。

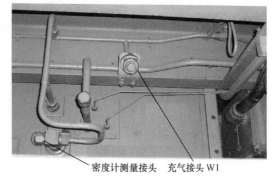

图 9-36 外用接头位置图

此外，检查液压监控单元、主阀、液压储能筒和操动机构的可见泄漏。

（5）液压储能筒的防锈检查。检查液压储能筒不能有漆皮脱落现象，如果有则进行补漆。

（6）脱扣器（见图 9-37）检查。检查合闸线圈和分闸线圈杠杆的损坏情况。检查线圈的固定位置以及杠杆上的调节螺栓和脱扣器上的铝环螺母。

（7）检查油位和油质。在断路器分闸状态下，打开控制箱内的泄压阀对液压系统泄压，在无压稳定时，打开油箱顶帽，油位应达到加油滤筛的底边。油箱油位见图 9-38。

如果需要重新加油，加至规定的油位。重新加油之后，必须做液压系统的排气，步骤如下：

1）加入油之后，对停止的油泵的吸油腔排气。将油泵上排气塞（见图 9-39）部分拧开，将排气塞上下运动，一直松开，当排出的油无气泡时，再拧紧排气塞。

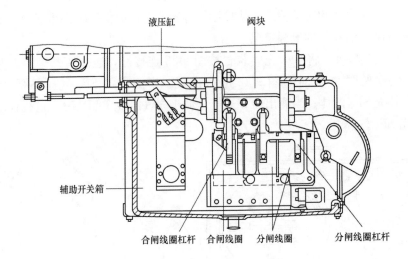

图 9-37 脱扣器结构图

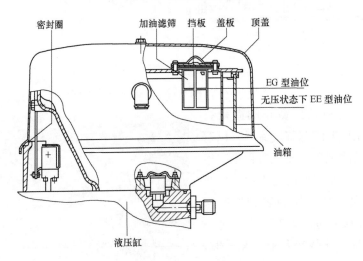

图 9-38 油箱油位示意图

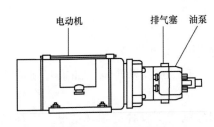

图 9-39 油泵结构图

2）这时把液压监控单元泄压阀打开，给油泵送电，让油泵空转约 10min。

3）油泵停运，再次打开油泵吸油腔上的排气塞进行排气。

4）在泄压阀打开的情况下，油泵接通，打开液压储能筒的分配器上的排气阀，当排出的油无气泡时关闭，依次打开操动机构液压缸上的排气阀，当排出的油无气泡时关闭。

5）关闭泄压阀，油泵送电打压，液压系统压力升高，达到额定压力时，液压泵在压力监控器及与一只相连时间继电器的作用下停止（如果长时间运行后，油泵打压时间比开始时延长，依照上述步骤再做一次油泵排气），液压系统升至额定压力。稳定约 10min 之后，执行 5 次试验操作。

（8）更换油箱顶盖及阀块顶盖的海绵橡胶皮密封圈。

（9）检查氮气预充压力。氮气预充压力与温度特性曲线见图 9-40。

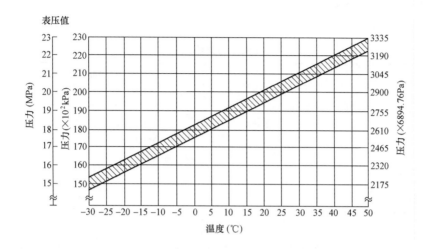

图 9-40　氮气预充压力与温度特性曲线

液压系统无压时，将 0.6 级的精密油压表接在控制箱内的测量接头 M2 上，关闭泄压阀，接通油泵，油泵短时接通后，压力表指针跳跃式偏转。此显示值为预充氮气压力值。如果预充压力值处在图 9-40 所示的公差曲线以下超过 $5×10^2$ kPa 时，应做氮气充气校准。氮气允许的年泄漏率约为 $2.5×10^2$ kPa，所以运行期间预充压力允许降至额定压力以下。例如：断路器运行 5 年后，测量储能筒中预充压力的结果是 $1.83×10^4$ kPa，也是符合的。

（10）检查安全阀的动作压力。电器操作控制箱中的接触器 K9 吸合，油泵打压，油泵组合使液压系统中的油压升高至安全阀动作的额定压力以上，安全阀动作并将油从液压系统的高压部分导入无压部分。安全阀的动作压力应为 $3.75×10^4～4.12×10^4$ kPa，泵停止后确定安全阀的关闭压力，此关闭压力应该比安全阀额定值低 10%（$3.375×10^4$ kPa），且至少比"泵接通"的上限值（$3.2×10^4$ kPa）高 $1×10^3$ kPa。

（11）检查液压系统的内部密封性。内部密封性测量在液压系统额定压力下（约 $3.2×10^4$ kPa），断路器的合闸状态和分闸状态下进行。油泵停止，在达到温度平衡之后（约 15min），用精度压力表测出油压，再延续至少 30min 之后，再次读取油压值。泄漏率不应大于 $5×10^2$ kPa/h，测量过程中发生温度变化时，则需考虑 $1×10^2$ kPa/1° 的变化。

（12）检查 SF_6 密度计和油压监控计的动作值。

1）SF_6 密度计动作值检查。将 SF_6 充气装置和密度计测量接头按图 9-35 所示连接紧密。首先将减压截止阀微微打开，然后用减压调节阀调整气流量，当精密压力表显示压力为 $7×10^2$ kPa 时关闭；用截止阀缓慢放气，密度计 B4 压力开关的 11—13 脚在 $6.2×10^2$ kPa（20℃）左右时应接通，记录接通时精密压力表的指示值，此值即为"SF_6 泄漏"动作值；继续降低压力，密度计 B4 压力开关的 21—23 脚在 $6.0×10^2$ kPa（20℃）左右应接通，记录接通时精密压力表的指示值，此值即为"SF_6 总闭锁"。其误差压力不允许大于 30kPa，当误差大于大于 20kPa 时，应做好标记。

2) 油压监控器的动作压力检查。打开泄压阀,液压回路释压,将精密压力表接在测量接头 M2 上。油系统打压至额定压力,用泄压阀缓慢减压。减压过程中检查压力开关的动作值。其误差压力不允许大于 1.2×10^3 kPa,当误差大于 5×10^2 kPa 时,应做好标记。液压压力监控的定值及触点情况见表 9-11。

表 9-11   液压压力监控

项目	参数（bar/MPa）	检测触点	
		压力监控器 B1	压力监控器 B2
N_2 泄漏	355/35.5	第二对触点 4—5	—
液压泵"合"	320/32.0	第一对触点 1—2	—
自动重合闸闭锁	308/30.8	第三对触点 7—8	—
合闸闭锁	273/27.3	—	第二对触点 4—5
总闭锁	253/25.3	—	第一、三对触点 1—2、7—8

注　1bar=0.1MPa。

(13) 防凝露加热器。检查防凝露加热器外观良好,线路正常,绝缘良好。防凝露加热器加热正常。

(14) 功能检查。控制箱内接触器和继电器位置图见图 9-41。

图 9-41　控制箱内接触器和继电器位置图

K2—油压总闭锁继电器；K3—油压合闸闭锁继电器；K4—自动重合闸闭锁继电器；K5—SF_6 总闭锁继电器；K7—防跳继电器；K81—N_2 泄漏继电器；K9—油泵电动机接触器；K10—分闸总闭锁接触器；K11—分闸同步接触器；K12—合闸总闭锁接触器；K14—N_2 总闭锁继电器；K15—电流继电器；K16—强迫三相动作继电器；K38—时间继电器；K63—三相动作辅助接点接触器；K61—强迫三相动作接触器；K77—就地分闸接触器；V2—可调限压电阻；C2、C3、C4—阻尼电容

1) 自动重合闸检查。切断泵电源,借助泄压阀,将储能筒压力进一步降低,直至压力监控器 B2 经过接触器 K4 激活自动重合闸闭锁,读取测试压力表上的动作压力,检查自动合闸闭锁的信号和性能。

2) 合闸闭锁。储能筒压力继续缓慢下降,直至压力监控器 B2 和继电器 K2 动作,读取测试压力表上的动作压力。通过"合闸"指令检查合闸闭锁的信号和性能,断路器不允许合闸。

3）总闭锁。接通泵电动机，压力升高直至取消合闸闭锁。断路器合闸，断开泵电动机，储能筒压力继续缓慢下降，直至压力监控器 B2 和继电器 K3 动作。读取测试压力表上的动作压力。通过在所有脱扣回路中"合闸"指令，检查总闭锁的信号和性能。断路器不允许分闸。

4）强迫同步功能（只对 E 型结构）。断路器三相合闸。一相通单相电气操纵分闸脱扣器 YT2 而脱扣，经过强迫同步继电器中所设置的时间之后，另外两相必须在强迫同步接触器的作用下脱扣，同样在其余两相上分别进行同样的试验。分闸状态的断路器，通过手动操作合闸脱扣器 YT1 使一相合闸，同步继电器中所设置的时间到达后，此相必须重新分闸，对所有的三个相做此项检查。

5）脱扣器回路。用所有脱扣器检查断路器合闸和分闸脱扣。

6）防跳功能。

a）断路器处于"分闸"状态，给"合闸"指令并一直按住键（持续指令），在"合闸"指令下给"分闸"指令，尽管"合闸"指令未取消，但断路器只允许合闸后分闸，不允许再合闸。

b）断路器处于"合闸"状态，给"合闸"指令并一直按住键（持续指令），约 1s 之后在"合闸"指令下给"分闸"指令，断路器只允许分闸。

7）N_2 泄漏引起的总闭锁。时间继电器设置了 3h 的基准延迟时间，检查此时间设置，必要时做调整。

（15）密封性测试。断路器充气之后，对所有的连接密封性检查，此检查可用一只检漏仪完成，或也可用浓皂液来检查密封性。

（16）防锈。检查断路器架构及附属件表面油漆的损坏情况，损坏处需擦干净，上底漆和油漆。

4. 年度例行检查内容

在每年机组检修期间，以及结合春检工作，依照防污闪措施和试验规程要求，要对断路器进行部分的检查、试验工作，以保证断路器的安全运行。具体内容如下：

（1）对断路器进行清扫。

（2）断路器总体检查。

1）检查极柱绝缘子污染和损坏情况，检查接线紧固可靠，极柱地板固定牢固。

2）检查 SF_6 压力（读表压，对照曲线判断），并检查各部位密封性。

3）检查所有从外面可以看到的液压系统的螺栓连接和接头应连接可靠，目测液压系统的密封性，包括监控单元、主阀、液压储能筒和液压缸应无可见泄漏。

4）检查基架各连接紧固件应完整牢固，接地良好。

（3）记录操作次数和特殊情况。从控制箱计数器上读取操作次数并记录，记录不允许操作和故障分闸、油和气的泄漏情况。

（4）断路器触头间接触电阻试验。

二、LW15 型 SF_6 断路器

某电厂 300MW 机组 220kV 配电装置选用 LW15-252kV/2500A 型高压 SF_6 断路器。该

型断路器属于瓷柱单压式高压断路器,灭弧室为压气式灭弧。断路器采用CQ6型气动操动机构,为气动分闸、弹簧合闸方式,共安装6台该型断路器,两台发电机—变压器组出口、母联、启动备用变压器高压断路器4台为三相电气联动,出线断路器2台为分相操作。

高压断路器的型号是由字母和数字两部分组成的,表示如下:

$$\boxed{1}\ \boxed{2}\ \boxed{3}-\boxed{4}\ \boxed{5}/\boxed{6}-\boxed{7}$$

其中:

1—断路器名称:D—多油断路器,S—少油断路器,K—空气断路器,C—磁吹断路器,Q—产气断路器,L—SF₆断路器,Z—真空断路器。

2—使用环境:N—户内式,W—户外式。

3—设计序号。

4—额定电压,kV。

5—派生代号:C—手车式,G—改进型,W—防污型,Q—防振型。

6—额定电流,A。

7—额定短路开断电流,kA。

LW15-252型号代表含义为:15型户外SF_6高压断路器,其额定电压为252kV。

(一)技术参数

技术参数见表9-12~表9-15。

表9-12　　　　　　　　　　　　　　　　主要技术参数

项目	参数	项目	参数
型号	LW15-252	合闸时间	≤100ms
额定电压	252kV	开断时间	≤50ms
额定频率	50Hz	合—分时间(金属短接)	≥40ms
额定电流	2500A	分—合时间(重合闸无电流间隔)	≥0.3s
额定短路开断电流	50kA	合闸同期性	≤4ms
额定短路关合电流(峰值)	125kA	分闸同期性	≤3ms
额定短时耐受电流	50kA(4s)	每极断口数	1
额定峰时耐受电流(峰值)	125kA	SF₆气体质量	30kg/台
首相开断系数	1.5	主回路电阻	≤42μΩ
额定操作顺序	0—0.3s—CO—180s—CO	质量	1500kg/相
操作方式	三极电气联动	爬电比距(对地/断口)	3.1/2.5cm/kV
雷电冲击耐受电压(1.2/50μs,对地/断口)	950/1050kV	爬电距离(对地/断口)	6300/7560mm
		机械寿命	3000次
1min工频耐受电压(对地/断口)	395/460kV	接线端子水平纵向拉力	1250N
操作方式	分级操作或三极电气联动	接线端子水平横向拉力	1000N
分闸时间	≤25ms	接线端子垂直方向拉力	1250N

表 9-13　　　　　　　　　　　　　　　　操动机构及控制回路

项目	参数	项目	参数
形式	CQ6-Ⅰ型气动—弹簧	操作电源电压	DC 110V
控制回路电压	DC 110V	辅助回路电压	AC 220 V
操动机构的合闸电源回路			
电压	DC 110V	每相合闸线圈的个数	1
合闸线圈直流电阻	33Ω	合闸线圈的稳态电流	2.3A
操动机构的分闸电源回路			
电压	DC 110V	每相分闸线圈的个数	2
分闸线圈直流电阻	19Ω	分闸线圈的稳态电流	2.5A
气动操动机构部分参数			
动触头运动行程	228～235mm	动触头运动接触行程	25～29mm
气动机构活塞行程	137～141mm	气动机构活塞过冲程	5.5～7mm

表 9-14　　　　　　　　　　　　　　　气动操动机构气体参数

项目	参数	项目	参数
额定压力	1.5MPa	最高压力	(1.65±0.03) MPa
空气压缩机启动压力	(1.45±0.03) MPa	空气压缩机停止压力	(1.55±0.03) MPa
断路器闭锁操作空气压力	(1.20±0.03) MPa	二级安全阀动作压力	(1.7～1.8) MPa
断路器解除操作空气压力	(1.30±0.03) MPa	二级安全阀复位压力	(1.45～1.55) MPa
自动重合闸操作循环闭锁信号空气压力	(1.43±0.03) MPa	自动重合闸闭锁信号解除空气压力	(1.46±0.03) MPa

表 9-15　　　　　　　　　　　　　　SF$_6$ 气体压力参数（20℃时）

项目	参数	项目	参数
额定气体压力	0.6MPa	报警压力	$A=$ (0.55±0.03) MPa
报警解除压力	$L=A+0.03$	断路器闭锁压力	$B=$ (0.50±0.03) MPa
断路器闭锁解除压力	$M=B+0.03$		

（二）断路器结构

LW15-252 型断路器结构见图 9-42。每台断路器包括 3 个完整的单极断路器，每极断

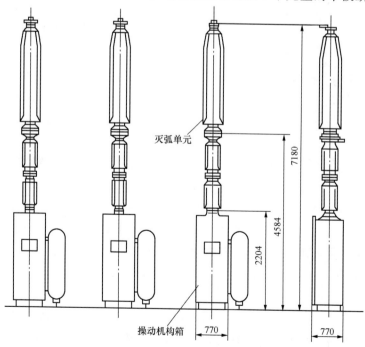

图 9-42　LW15-252 型断路器结构图

路器上部为灭弧室，下部为操动机构箱，灭弧室内有压气式灭弧装置，操动机构箱装有气动操动机构和压缩空气罐，每台断路器既可进行单极操作，又可进行三极电气联动操作。

1. 灭弧单元

灭弧单元下部用六个螺栓与操动机构箱固定，拉杆通过直动密封连接到操动机构上为断路器提供动力，灭弧单元内部的 SF_6 气体通过底部引出，用于监测和控制。

（1）灭弧单元的结构。灭弧单元结构见图9-43，灭弧单元是由静触头系统、动触头系统、灭弧室瓷套、绝缘拉杆、支柱瓷套、直动密封等组成。静触头系统通过静触头座固定在灭弧瓷套上部，触头座底部装有吸附剂，触头座头部外部为静触头，作为电流的主要通路；内部为灭弧触头，主要用于断路器分断时引弧以避免灼伤静触头。动触头系统包括两部分，上半部分为可动部分，用于连接静触头；下半部分为不可动部分，作为电流通道引出。可动部分中心为弧触头，与绝缘拉杆连接，弧触头外是压气气缸，最外面是主动触头，断路器动作时它的上部与静触头接触，下部在中间触指上滑动，在最上部弧触头和动触头之间装着喷嘴。不可动部分包括中间触指、活塞和触头座，通过下接线板将电流引出。支柱瓷套一方面支撑灭弧室作为对地绝缘，另一方面作为 SF_6 气体的容器和通道。绝缘拉杆既是操动机构和动触头系统传动拉杆，同时作为触头系统的对地绝缘。直动密封安装在支柱瓷套的底部，与绝缘拉杆紧密配合，保证 SF_6 气体的密封。

（2）灭弧原理。灭弧原理见图9-44。灭弧室采用压气式、变开距、双吹结构，其特点是：触头开距在分闸过程中不断增大，最终开距较大，所以断口电压可以做得较高、起始介质强度恢复速度快。以简易示意图9-44来描述灭弧过程，图9-44（a）为合闸位置。分闸时，拉杆带动触头系统的可动部分向右运动，此时压气室内的 SF_6 气体被压缩并提高压力，如图9-44（b）所示。主触头首先分离，然后，弧触头分离产生电弧，同时压气气缸内的压缩气体被释放，也产生气流向喷嘴吹弧，如图9-44（c）所示。熄弧后的分闸位置如图9-44（d）所示。

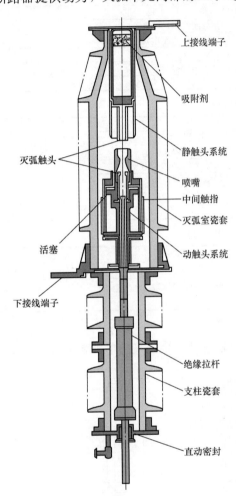

图9-43　灭弧单元结构图

上接线端子
吸附剂
静触头系统
灭弧触头
喷嘴
中间触指
灭弧室瓷套
活塞
动触头系统
下接线端子
绝缘拉杆
支柱瓷套
直动密封

2. 操动机构箱

操动机构箱实物见图9-45，结构见图9-46，它集中了气动—弹簧操动机构、 SF_6 气体系统、压缩空气系统和控制系统所有的部件。操动机构是以压缩空气作为动力进行分闸操作，辅以合闸弹簧作为合闸储能元件的操动机构。每极断路器各有一个压缩空气罐，其间

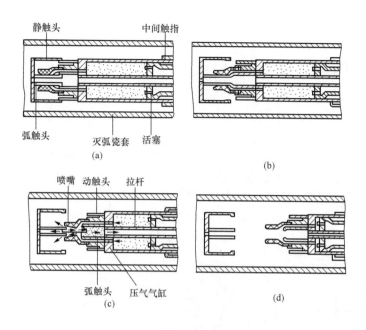

图 9-44 灭弧原理图

（a）分闸位置；（b）SF_6 气体被压缩并提高压力；（c）产生电弧及吹弧；（d）分闸位置

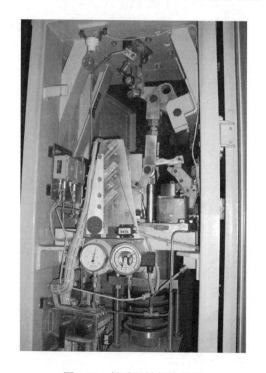

图 9-45 操动机构箱实物图

用 $\phi 22$ 铜管连通，B 相机构箱内安装一台压缩机对 3 个压缩空气罐进行充气储能。

（1）气动—弹簧操动机构。气动—弹簧操动机构结构简单，可靠性高，分闸操作靠压缩空气做动力，控制压缩空气的阀系统为一级阀结构。合闸弹簧为螺旋压缩弹簧。运行时分闸所需的压缩空气通过控制阀封闭在储气罐中，而合闸弹簧处于释放状态。这样分、合

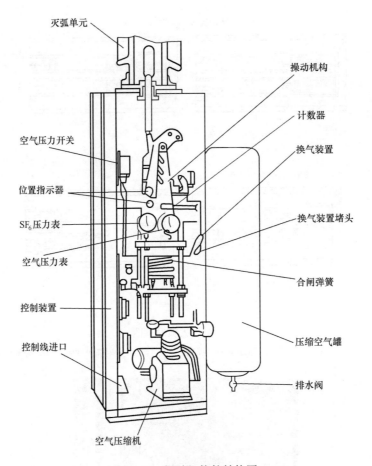

灭弧单元

操动机构

计数器

空气压力开关

换气装置

位置指示器

SF₆压力表

换气装置堵头

空气压力表

合闸弹簧

控制装置

控制线进口

压缩空气罐

排水阀

空气压缩机

图 9-46　操动机构箱结构图

闸各有一独立的系统。储气罐的容量能满足这样设计的弹簧操动机构具有高度的可靠性和稳定性，既可满足 O—0.3s—CO—180s—CO 操作循环，机械稳定性试验达一万次。

气动—弹簧操动机构结构见图 9-47，实物见图 9-48。

操动机构采用的是 CQ6-Ⅰ型气动—弹簧操动机构，气动—弹簧操动机构是由活塞和气缸组成的驱动机构，还包括控制压缩空气的控制阀，由电信号操纵的合闸和分闸电磁铁，以及合闸弹簧、缓冲器、分闸保持掣子、触发器等其他零部件。

分闸操作时，压缩空气罐内的压缩空气进入气缸，推动活塞和拉杆向下运动，这时操作杆被向下拉，断路器分闸，同时合闸弹簧被压缩储能，并经过锁扣系统使合闸弹簧保持在储能状态。合闸时，锁扣借助磁力脱扣，弹簧释放能量，活塞和拉杆由合闸弹簧推动向上运动，触头完成合闸操作。

气动—弹簧操动机构动作原理：

1）分闸操作。分开触头所需的动力是由压缩空气罐内的压缩空气提供的。打开控制阀，压缩空气进入汽缸，迫使活塞向下运动，通过传动系统打开动触头。具体动作过程见图 9-49。

断路器在合闸位置，由控制阀内弹簧在拐臂上产生的顺时针方向的力矩被掣子在拐臂上产生的逆时针方向的力矩抵消，使控制阀不能动作，控制阀将压缩空气封闭在储气罐

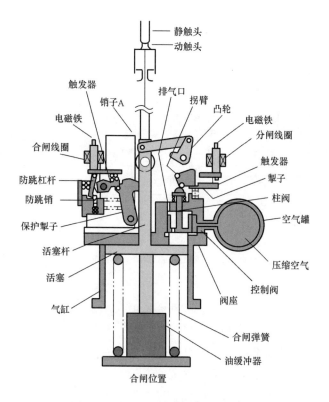

图 9-47　气动—弹簧操动机构结构图

图 9-48　气动—弹簧操动机构实物图

中，使压缩空气罐内的压缩不能通过。断路器在合闸弹簧作用下保持合闸位置。

分闸操作的过程如下：

a. 分闸信号使分闸线圈通电。

b. 分闸电磁铁的衔铁向下运动，撞击触发器，触发器右侧在衔铁的撞击下向下旋转，触发器和掣子的连接处就向上旋转。

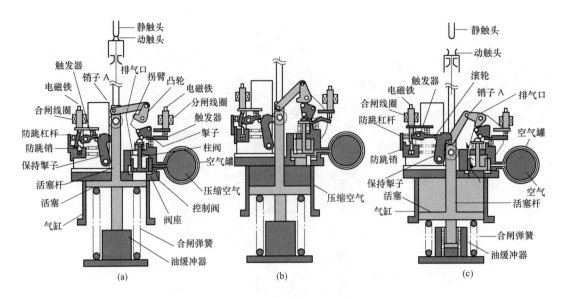

图 9-49　操动机构动作过程图
(a) 合闸位置；(b) 分闸过程；(c) 分闸位置

说明：触发器和掣子两个连杆靠两根黑色轴分别连在机架上，两个连杆连接处像对卧的 U 形插头一样重叠在一起，用白色轴连接着。

c. 掣子在带动下左侧向下旋转，因而拐臂和掣子的约束被释放。

d. 控制阀在其内部弹簧力的作用下打开向上运动，同时拐臂顺时针转动。

e. 压缩空气罐内的压缩空气进入气缸。

f. 压缩空气推动活塞向下与活塞相连的动触头被带动，断路器分闸。

g. 在分闸操作的最后阶段，拐臂被与活塞相连的凸轮下压，使控制阀又回到合闸位置状态。气缸内的空气通过排气口排出。最后销子 A 被分闸保持掣子锁住，断路器分闸操作完成。

在分闸操作时，合闸弹簧由活塞做功压缩储能。

2) 合闸操作。触头合闸需要的功是从合闸弹簧取得的。当合闸掣子被释放，活塞由合闸弹簧驱动向上经传动系统使动触头闭合。

在分闸位置，断路器是由通过连接在机架上的分闸保持掣子在机械上锁住。分闸保持掣子受到由合闸弹簧力产生的反时针方向（向左）的力矩作用，此时其又与触发器和自身滚轮构成"死点"结构产生顺时针方向（向右）力矩，保持断路器的分闸状态。

合闸操作过程如下：

a. 合闸信号使合闸线圈通电。

b. 合闸电磁铁的衔铁带动防跳杠杆向下撞击触发器。

c. 触发器和分闸保持掣子滚轮之间的"死点"状态解除。

d. 分闸保持掣子反时针（向左）转动，销子 A 从分闸保持掣子的约束中释放。

e. 活塞和动触头由合闸弹簧驱动向上完成合闸。

3) 机械防跳原理。断路器防跳性能可以通过两个方面实现。第一是操动机构本身实现机械防跳，第二是在操动机构的合闸回路中设置的"防跳"线路来实现。目前在 CQ6

型操动机构上装有一个机械防跳装置，图 9-50 介绍了防跳装置的机械原理，其动作过程如下：

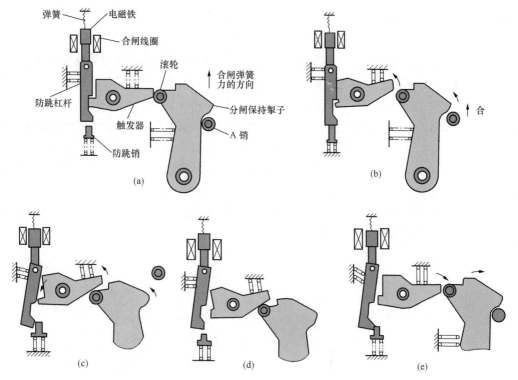

图 9-50　机械防跳原理图

（a）分闸；（b）在合闸线圈励磁下开始合闸；（c）合闸线圈励磁下合闸；

（d）在合闸线圈不被励磁下合闸；（e）在合闸线圈被励磁下分闸（防跳位置）

a. 分闸保持掣子锁住销子 A 使断路器保持在分闸位置。销子"A"与操作杆连在一起，合闸弹簧的反力作用在其上，方向见图 9-50（a），这样，销子 A 便给分闸保持掣子一个逆时针的转矩。但同时分闸保持掣子还被触发器通过滚轮锁住。

b. 如图 9-50（b）所示，当合闸电磁铁被合闸线圈励磁时，电磁铁带动防跳杠杆撞击触发器，使触发器逆时针方向转动，解脱了对分闸保持掣子的约束。分闸保持掣子便在合闸弹簧的反力作用下逆时针转动，销子 A 被解脱，断路器合闸。同时，电磁铁通过脱扣杆压下防跳销钉。

c. 如图 9-50（c）所示，滚轮推动触发器的回转面，使其进一步逆时针转动。从而，触发器使防跳杠杆顺时针转动，从防跳销钉上滑脱，而防跳销钉使脱扣杆保持倾斜状态。

d. 如图 9-50（e）所示，如果断路器此时得到了意外的分闸信号开始分闸，销子 A 便会向下运动，分闸保持掣子在复位弹簧作用下顺时针转动锁住销子 A，然后，分闸保持掣子本身又被触发器锁住。

在这一过程中，只要合闸信号一直保持，防跳杠杆由于防跳销钉的作用始终是倾斜的，从而电磁铁便不能撞击触发器，因此，断路器不能重复合闸操作［见图 9-50（e）］实现防跳功能。

当合闸信号解除时，合闸线圈失磁，电磁铁通过电磁铁内弹簧返回，则电磁铁和防跳杠杆均处于图 9-50 （a）所示的状态，为下次合闸操作做好准备。

4）断路器的缓冲。为使断路器的分、合闸操作比较平稳，该断路器采用油缓冲器来吸收分、合操作中的剩余能量，减少对断路器本身的冲击，提高产品的机械可靠性。

（2）SF_6 气体系统。SF_6 气体系统结构见图 9-51，断路器三相灭弧室的 SF_6 气体系统各自独立。阀 E 在正常情况下应处于开启位置，以维持灭弧室、气压表和气体密度开关中的 SF_6 气体压力一致。阀 D 在正常情况下处于闭合状态，供气口用 O 形密封圈和专用法兰密封。当 SF_6 气体密度降低发出报警时，可由此口补给 SF_6 气体，即便是带电运行条件下，也可由此口补气。气体密度开关采用表计合一的结构，表计内部装设双金属片进行温度补偿，能直观监视气压变化（在 $-20\sim60℃$ 范围内，误差为 2.5%，可以不必修正环境温度对 SF_6 气压的影响）气体密度计结构见图 9-52。密度计本体接线端子采用插头式的，其压力参数及触点情况见表 9-16。

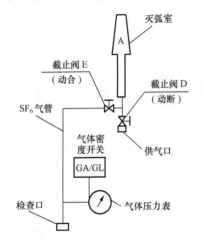

图 9-51　SF_6 气体系统结构图

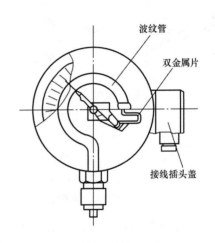

图 9-52　气体密度计结构图

表 9-16　　　　　　　　　　　　　**SF_6 气体压力参数（20℃时）**

项目	参数（MPa）	密度计触点
额定气体压力	0.6	—
报警压力	$A=0.55\pm0.03$	触点 1—2
断路器闭锁压力	$B=0.50\pm0.03$	触点 3—4
报警解除压力	$L=A+0.03$	—
断路器闭锁解除压力	$M=B+0.03$	—

SF_6 低气压闭锁见图 9-53。断路器本体内的 SF_6 气体密度降低至补气气压 0.55MPa 时，密度继电器的报警触点 63GA 动作，发出报警信号，提醒对断路器补充 SF_6 气体。若 SF_6 气体密度继续降低至断路器闭锁气压 0.5MPa 时，密度继电器的闭锁触点 63GL 闭合，使 SF_6 低气压闭锁继电器 63GLX 动作，继电器 63GLX 触点串接至分、合闸回路中，切断分、合闸控制回路，断路器不能进行分、合闸操作，继电器同时送出 2 路报警信号至控制室。

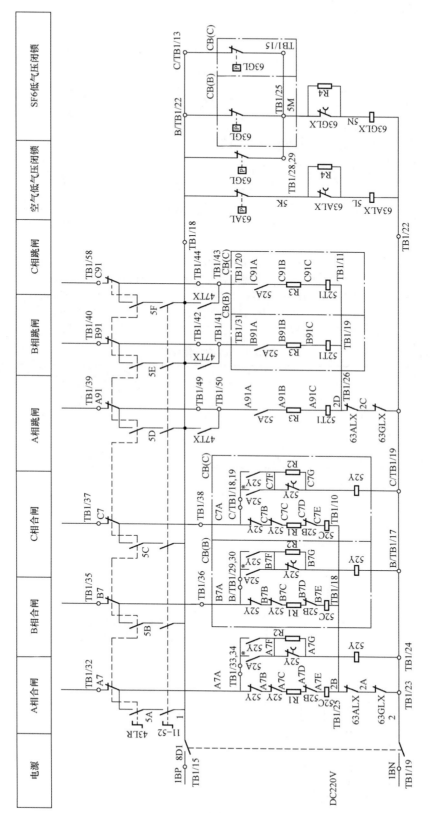

图 9-53 SF₆ 低气压闭锁图

（3）压缩空气系统。SF₆气体和压缩空气系统见图9-54。

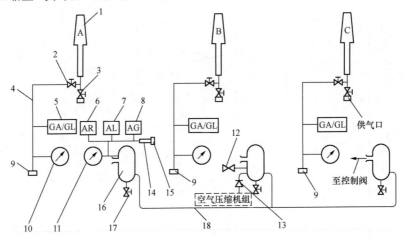

图9-54　SF₆气体和压缩空气系统图

1—灭弧室；2—截止阀E（动合）；3—截止阀D（动断）；4—SF₆气管；5—气体密度开关；
6—空气压力开关（报警）；7—空气压力开关（闭锁）；8—空气压力开关（空压机控制）；
9—检查口；10—气体压力表；11—空气压力表；12—安全阀；13—逆止阀；
14—排气管；15—螺塞；16—压缩空气罐；17—排水阀；18—压缩空气管

表 9-17　　　　　　　　　　　　气动操动机构气体参数

项目	参数（MPa）	项目	参数（MPa）
额定压力	1.5	最高压力	1.65±0.03
空气压缩机启动压力	1.45±0.03	空气压缩机停止压力	1.55±0.03
断路器闭锁操作空气压力	1.20±0.03	二级安全阀动作压力	1.7～1.8
断路器解除操作空气压力	1.30±0.03	二级安全阀复位压力	1.45～1.55
自动重合闸操作循环闭锁信号空气压力	1.43±0.03	自动重合闸闭锁信号解除空气压力	1.46±0.03

1）压缩机电动机回路。电动机控制回路见图9-55，当储气罐空气气压在1.45MPa以

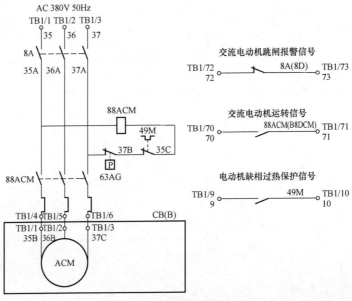

图9-55　电动机控制回路图

下时，压力开关 63AG 闭合，使接触器 88ACM 通电，接通电动机回路，压缩机电动机 ACM 启动。气压升至压缩机停止气压 1.55MPa 时，压力开关 63AG 打开，电动机停转。如压缩机电动机出现过负荷，热继电器 49M 使 88ACM 断电，电动机自动停机。热继电器 49M 的整定电流为 4.8A。

2）重合闸闭锁。空气压力有泄漏且低于 1.43MPa 时，断路器不应执行"O—0.3s—CO"这样的操作顺序。而只能执行单分或单合操作；当空气压力高于 1.43MPa 时，产品能执行完整的"O—0.3s—CO"操作。重合闸闭锁信号是在操动机构的压缩空气泄漏、气压下降时由压力开关 63AR 发出的。63AR 的这对触点在常压下为动断触点，重合闸闭锁信号是由触点 81、82、83 给出的，依此来控制重合闸继电器切断合闸回路。当断路器正常运行时（p＝1.5MPa）它是断开的。当气压下降到 1.43MPa 时，它会闭合，而当气压升高到 1.46MPa 时，它又断开。

3）空气低气压闭锁报警。空气低气压闭锁见图 9-56。当空气气压不小于 1.2MPa 时，63AL 触点闭合，63ALX 通电励磁，其触点 63ALX 断开，从而切断合闸回路和分闸回路，实现断路器操作闭锁。同时，63ALX 闭锁继电器送出两路报警信号至控制室。

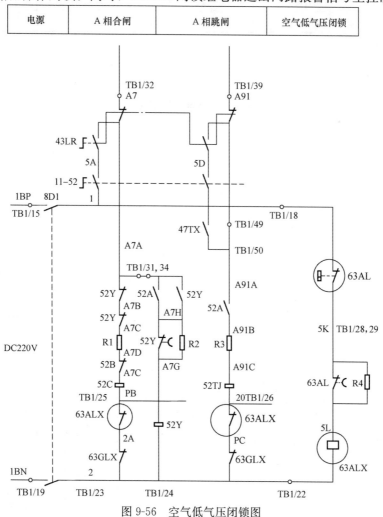

图 9-56　空气低气压闭锁图

（三）断路器的检查和维护

断路器具有高的机械性能和电气性能，并设计得不需要检修，但为了保证断路器可靠运行，延长断路器的使用年限，并防止意外情况，还是需要进行一定的检修，检修分为定期检修（小修）和全面检修（大修）。

1. 检修周期

（1）定期检修是根据断路器的运行年限进行的，当断路器运行一年，应进行定期检修维护。

（2）全面检修指产品已接近或达到断路器规定的使用年限，针对机械寿命或电器寿命所进行的检修，将产品的关键零部件进行全面检查、维修和更换，使产品恢复到投运前的状态。符合表 9-18 情况之一的，应进行全面检修。

表 9-18　　　　　　　　　　　　全面检修周期

序号	运行情况	检修重点	检修周期
1	使用年限	所有零部件	20 年
2	额定短路电流开断	弧触头、喷口、绝缘拉杆	约 20 次
3	额定电流开断	弧触头、喷口、绝缘拉杆传动件	约 2000 次
4	操动机构操作量	所有零部件	3000 次

2. 检修项目

全面检修及定期检修项目见表 9-19。

表 9-19　　　　　　　　　　　全面检修及定期检修项目

序号		检修项目	定期检修	全面检修	备注
1	外观	瓷件损伤	○	○	—
		主接线端子过热和变色	○	○	—
		所有可见螺栓、螺母紧固	○	○	—
		绣、斑、补漆	○	○	—
2	灭弧室	触头行程、接触行程测量	○	○	—
		触头、喷口维修更换		○	—
		主回路电阻测量	○	○	小于 $42\mu\Omega$
		主回路绝缘电阻侧测量		○	1000V 绝缘电阻表，不小于 2000MΩ
		更换吸附剂		○	灭弧室解体
		更换 O 形圈		○	
		直动密封更换		○	
3	操动及传动机构	机构行程、过冲程测量	○	○	—
		螺母、轴套松动情况	○	○	—
		轴销的维修与更换		○	—
		挡圈的更换		○	—
		联板、接头、拐臂的维修和更换		○	仅限于运行 20 年或操作量超 3000 次

续表

序号	检修项目		定期检修	全面检修	备注
4	SF₆气体系统	SF₆气体泄漏	△	○	—
		密度继电器动作值检验	△	○	—
		SF₆压力表检查	△	○	校验
5	压缩空气系统	空气漏气率测量	△	○	—
		压力开关动作值检查	△	○	—
		空气压力表检查	△	○	校验
6	机构箱内各类元件	分、合闸指示牌功能检查	○	○	
		操作计数器功能检查	○	○	
		控制回路绝缘电阻	○	○	500V 绝缘电阻表,不小于 2MΩ
		分、合闸电磁铁间隙测量	○	○	—
		二次元件接线端子紧固	○	○	
		箱体内外表面锈蚀检查	○	○	
		空气压缩机油检查或更换	○	○	13 号专用压缩机油
		二次元件检查或更换		○	仅限于运行 20 年或操作量超 3000 次
		空气压缩机检查或更换		○	
		操动机构解体检查和维修		○	
7	操作试验	分、合闸时间	△	○	—
		分、合闸操作性能	△	○	—
		空气压缩机打压补压时间	△	○	—
		压缩空气罐储能		○	—
		最低可分闸空气压力 1.2MPa		○	应可靠分闸

注 ○—检查；△—根据检查情况抽查；空格—不需要检查项目。

3. 检查项目内容及要求

由于断路器全面检修时需要排除 SF₆ 气体和灭弧室的解体工作，需要厂家携带专门的设备进行检修工作，所以以下着重介绍每年进行一次的定期检修。定期检修专用工具一览表见表 9-20。

表 9-20 定期检修专用工具一览表

序号	名称	数量	简图	用途
1	手动操作装置	1	手动操作杆	手动操作
		块		

续表

序号	名称	数量	简图	用途
2	棘轮扳手	1		手动操作
3	充气管	1		充 SF$_6$ 气体

（1）外观检查。

1）绝缘子损伤。清扫灭弧单元和操作箱，使其清洁无污垢，检查绝缘子完好无破损。

2）检查 A、B、C 三相六个主接线端过热和变色。

3）检查三相灭弧室、支柱瓷套、机构箱及地基等所有可见螺栓、螺母应紧固、无松动、缺损现象。

4）检查金属件有无锈迹、斑点，原有漆层有无脱皮，需要时补漆。

（2）灭弧室部件检查。

1）触头行程、接触行程测量（同时进行操动机构行程测量，因为操作步骤相同，测量位置不同）。

a. 行程测量前，切断所有控制电源、电动机电源，压缩空气罐内释压，不应打入高压空气。

b. 安装手动操作装置，见图 9-57。

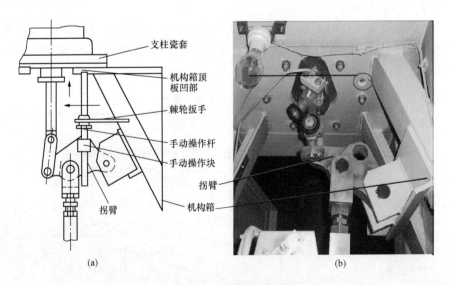

图 9-57　安装手动操作装置图

（a）结构图；（b）实物图

先将棘轮扳手装在手动操作杆的六方上，然后将手动操作块从螺纹端拧入，直至手动操作块的侧轴可插入拐臂上的孔中；将手动操作块侧轴插入拐臂上孔后，先装操作杆，直至操作杆顶部紧紧卡入机构箱顶板的凹部；装配完成后，人力前后摇动棘轮扳手，棘轮扳手上的方向销可以改变旋转方向，使气动机构操作部件缓慢上下运动，顺时针转动，断路器合闸；逆时针转动，断路器分闸。

c. 行程参数符合表 9-21，测量方法见图 9-58。

表 9-21　　　　　　　　　　　　　行程标准

部位	项目	代号	技术要求	测量设备
灭弧室	触头行程	A1-A3	225～232mm	直尺、卷尺、检验灯
	触头接触行程	A2-A3	25～29mm	
操动机构	机构活塞行程	B3-B1	137～141mm	直尺、卷尺
	机构活塞过行程	B1-B2	5.5～7mm	

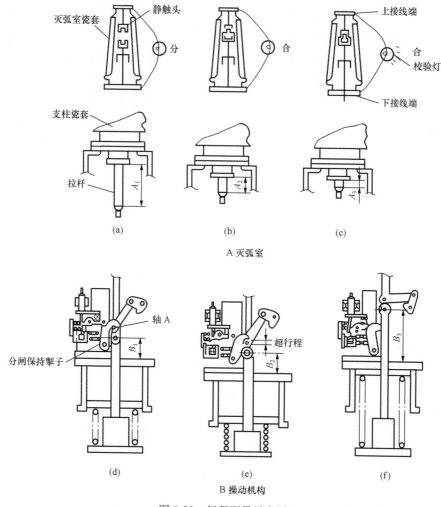

图 9-58　行程测量示意图

(a) 分闸位置；(b) 刚合位置；(c) 合闸位置；(d) 分闸位置；(e) 超行程位置；(f) 合闸位置

d. 用手动操作装置，使断路器分闸，在分闸过程中，观察断路器有无卡涩现象，手动操作力是随分闸行程逐渐增大的。至分闸位置，可看到分闸保持掣子扣住了销子 A，此时使断路器合闸，可感到手动操作装置松动，而断路器并不合闸，此位置为分闸位置，测量出 A_1 和 B_1。

e. 在分闸位置，手动操作装置略有松动的情况下，用力下压合闸电磁铁，使分闸保持掣子脱扣，然后手动合闸，同时上、下接线端子之间接一校验灯（或万用表打至蜂鸣挡），当校验灯刚亮时，即为刚合位置，测量出 A_2。

f. 继续手动合闸，直到手动装置松动，即为合闸位置，测量出 A_3 和 B_3。

g. 使断路器再次分闸，达到分闸位置后继续向下运动，由于此时在测量断路器极限位置，手动操作棘轮扳手时不得使用加力杆，直至机构活塞不能运动为止，此时过冲程，测量出 B_2。

h. 按行程标准表进行有关计算，并与技术要求比较，检查其是否合格。

2）行程调整。

a. 机构行程尺寸是由机械加工尺寸决定的一般情况下是合格的，不需要调整。如果检查发现超行程（缓冲器过冲）不合格，其主要原因是弹簧机构的托板间距离 261mm 的尺寸有问题（即实际并非 261mm）。用 390N·m 力矩扳手松开固定托板的双头螺栓的锁紧螺母，调整托板间距离尺寸为 261mm，调整合格后再用原力矩紧固。

b. 如果检查发现灭弧室超行程不合格，需要重新调整。用 770N·m 的力矩扳手松开操动机构活塞杆上方的双头螺栓的锁紧螺母（右旋）和（左旋）；锁紧螺母上有紧定螺钉 M6×6，应事先拆除；顺时针转动双头螺杆，则超行程减小，逆时针转动则超行程增大；调整合格后再用原力矩紧固。

3）主回路电阻测量。将断路器合闸，保证断路器一侧无连接设备或被短接，用 HL-2 回路电阻测试仪分别测量三相主回路的直流电阻（电流 100A），一般情况下直流电阻为 $29 \sim 37\mu\Omega$，标准不低于 $42\mu\Omega$。

（3）操动及传动机构的检查。

1）机构的行程和超程测量。前两者的测量和灭弧室触头的行程以及超程测量同步进行。

2）检查螺母、轴套松动情况。

检查机构箱内所有螺母、轴套应无松动，挡圈卡、销子垫圈应无缺损。对机械防跳销钉，传动系统、轴销、挡圈等上油，防止生锈卡死。具体见表 9-22。

表 9-22 机构润滑表

名称	7019-1极压复合锂基 2号润滑脂	非金属皂 基稠化剂	二硫化钼锂基润滑脂	2号低温润滑剂
应用位置	防锈处	动密封处的 滑动零件	SF$_6$气体中的 机械传动处	空气中的机械 传动处
作用	用于空气中的一般 防锈润滑剂	滑动润滑剂	SF$_6$气体中传动 件的润滑剂	空气中专用低温 润滑剂

（4）SF₆ 气体系统检查（三年进行一次）。

1）SF₆ 气体检漏。用 SF₆ 检漏仪对断路器灭弧室各个密封面及 SF₆ 管路进行检验，未发现漏点，即认为开关漏气率合格。

2）密度计压力断路器动作值检查。

a. 检查报警压力：SF₆ 气体管路见图 9-59 所示，关闭灭弧室阀门 E，将 SF₆ 压力表插头接打开，用万用表测量 SF₆ 压力表接线插座 1～2 端子，慢慢打开检查口，使 SF₆ 管路中 SF₆ 气压缓慢下降，当万用表蜂鸣时，立刻记下 SF₆ 压力指示值，指示值应为 (0.55±0.03)MPa，并立即关闭检查口 9。

b. 检查闭锁压力：用万用表蜂鸣挡测量 SF₆ 压力表接线插座 3～4 端子，慢慢打开检查口，当万用表蜂鸣时，立刻记下 SF₆ 压力指示值，指示值应为 (0.50±0.03)MPa，将压力降至后关闭检查口。

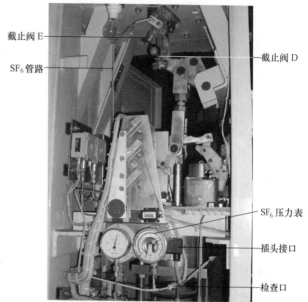

图 9-59 SF₆ 气体管路图

（图中标注：截止阀 E、SF₆ 管路、截止阀 D、SF₆ 压力表、插头接口、检查口）

c. 检查闭锁解除压力：用万用表蜂鸣挡测量 SF₆ 压力表接线插座 3～4 端子，缓慢打开阀 E，当万用表蜂鸣时，立刻记下 SF₆ 压力指示值，指示值应为 (0.53±0.03)MPa，并立即关闭阀 E。

d. 检查报警解除压力：用万用表测量 SF₆ 压力表接线插座 1～2 端子，缓慢打开阀 E，当万用表蜂鸣时，立刻记下 SF₆ 压力指示值，(0.58±0.03)MPa，将 E 置于打开位置。

3）SF₆ 压力表检查。关闭灭弧室阀门 E，拆除 SF₆ 压力表送检校验。

4）SF₆ 气体的湿度检查（三年进行一次）。将截止阀 D 的堵头打开，用 ZQW-ⅡB 型精密漏点仪接头与截止阀 D 法兰连接好，稍微开启截止阀 D，进行 SF₆ 气体的湿度测量。一般情况下为 10～90ppm（1ppm=10⁻⁶）。一次分别测量三相。

5）SF₆ 气体补气。

如果 SF₆ 气体压力低于标准值，则应立即补气（见图 9-60），按如下步骤执行：

a. 打开截止阀 D 堵头，将气管接头 B 与 SF₆ 气瓶连接好。

b. 气管接头 A 与阀门 D 连接时，先预留一个间隙，先后打开 SF₆ 气瓶阀门和减压阀，用 SF₆ 气体吹出气管内空气后关闭减压阀，迅速拧紧接头 A，连接接头 A 与阀 D 时，其 O 形圈不涂密封胶。

c. 接着，打开阀 D，调节减压阀和气瓶阀门，使减压阀出口压力保持在 0.5～0.7MPa。

d. 观察断路器的 SF₆ 压力表，当表压达到额定压力，可比额定压力略高 0.02MPa，当表压为 0.62MPa 时，先关闭阀 D，再关闭气瓶阀门和减压阀。

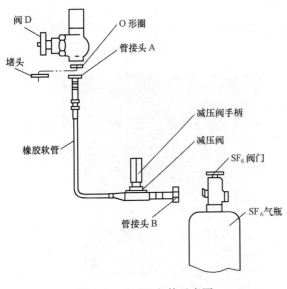

图 9-60　充 SF_6 气体示意图

e. 取下气管接头 A，安装阀 D，完成充气工作。

（5）压缩空气系统检查（根据情况六年进行一次）。

1）空气漏气率测量。启动空气压缩机，打压至压缩机自动停止后关闭压缩机电源开关，待 10min 压力稳定后，记录压力值，再过 24h 检查，其气压降不应超过 10%。

2）压力开关动作值检查。

a. 检查重合闸闭锁信号压力和空气闭锁压力。关闭空气压缩机电动机电源，用万用表测量空气压力开关有关触点情况，打开排水阀，使空气压缩罐内气体逐渐释放，观测空气压力表表压，压力下降，测量 AR 重合闸闭锁信号压力为（1.43±0.03）MPa，压力继续下降，测量 AL 空气闭锁压力为（1.2±0.03）MPa。关闭排水阀，启动空气压缩机，测量 AL 空气闭锁解锁压力为（1.3±0.03）MPa，继续打压，测量 AR 重合闸闭锁信号解锁压力为（1.46±0.03）MPa。

b. 检查空气压缩机控制压力。接通压缩机电源，至其自动停机，测出 AG 空气压缩机停止压力为（1.55±0.03）MPa，然后打开排气阀，使其压力下降，直至压缩机重新启动，测出 AG 空气压缩机启动压力为（1.45±0.03）MPa。

c. 检查安全阀动作压力。用螺钉旋具强行按下电动机控制回路中的接触器 88ACM，进行强制打压，直至安全阀动作泄压，此时压力表表压就是安全阀的动作压力（1.7～1.8MPa），松开螺钉旋具，安全阀泄压完毕后，此时的表压为安全阀的复位压力（1.45～1.55MPa）。

3）空气压力表检查。关闭空气压缩机电源，打开排气阀使压缩罐内气体逐渐释放，释放完毕后，拆除压力表送检。

（6）机构箱内各元件检查。

1）检查分、合闸指示牌指示应正确，动作正常。

2）检查操作计数器动作正确，无不动现象。

3）分、合闸电磁铁间隙测量。电磁铁配合间隙标准见表 9-23，电磁铁配合间隙测量原理见图 9-61，电磁铁配合间隙测量位置图见图 9-62。

表 9-23　　　　　　　　　　　　　　　　**电磁铁配合间隙标准**

部件名称	项目	代号	技术要求	测量设备
分闸电磁铁	铁芯运动行程	ST	2.0～2.4mm	塞尺、塞规
	铁芯撞头与脱扣器间隙	GT	0.5～0.9mm	
	配合间隙差值	ST－GT	1.5～1.7mm	

续表

部件名称	项目	代号	技术要求	测量设备
合闸电磁铁	铁芯运动行程	SC	4.5～5.5mm	塞尺、塞规
	触发器与脱扣器间隙	GC1	2.0～3.5mm	
	触发器与防跳杆间隙	GC2	1.0～2.0mm	

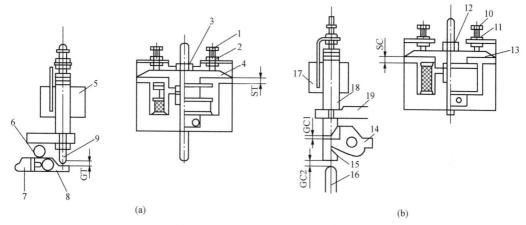

图 9-61　电磁铁配合间隙测量原理图

（a）分闸电磁铁；（b）合闸电磁铁

1—螺钉 A；2—螺母 A；3—螺母 B；4—分闸线圈铁芯；5—分闸线圈；6—分闸防动销；7—掣子；
8—脱扣器；9—撞子；10—螺钉 C；11—螺母 C；12—螺母 D；13—合闸线圈铁芯；14—脱扣器；
15—触发器；16—防跳销；17—合闸线圈；18—铁芯 A；19—机架

a. 测量分闸电磁铁配合间隙时，断路器处于合闸位置，操动机构应插入分闸防动销（最好释放掉压缩空气罐内的压缩空气），按照图 9-61（a）所示进行测量。

b. 测量合闸电磁铁配合间隙时，开应处于分闸位置，操动机构必须插入合闸防动销，按图 9-61（b）所示进行测量。

c. 分合闸电磁铁配合间隙的调整。

ST：松开螺母 A，对称拧动螺钉 A，调整限位尺寸。

GT：松开螺母 B，拧动铁芯杆，移动铁芯撞头位置。

SC：松开螺母 C，对称拧动螺钉 C，调整限位尺寸。

GC1、GC2：松开螺母 D，拧动铁芯杆，移动铁芯撞头位置。

d. 由于各电磁铁芯配合间隙是相互联系的，所以每调整一个间隙，就应相应复检其相关间隙，直至合格。

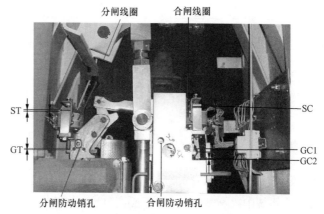

图 9-62　电磁铁配合间隙测量位置图

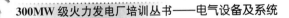

最终再用锁定螺母锁紧所有松开的螺钉和铁芯杆，并涂防松胶。

4）检查接线端子的接线紧固。

5）检查箱体内、外表面的锈蚀情况。

6）检查空气压缩机的油位正常，发现油脂变化予以更换 13 号专用压缩机油。

（7）操作试验。

1）分、合闸时间。用开关特性测试仪测试断路器的动作特性，具体要符合表 9-24 的规定。

表 9-24   特性试验项目

序号	项目	试验方法	技术要求	测试设备
1	分闸时间	100%额定电压 空气压力 1.5MPa SF_6 压力 0.6MPa	≤25ms	开关特性测试仪
2	合闸时间		≤100ms	
3	分闸同期性		≤3ms	
4	合闸同期性		≤4ms	
5	分闸操作	65%额定电压	可靠分闸	—
		120%额定电压		—
		30%额定电压	不能分闸	—
6	合闸操作	85%额定电压	可靠分闸	
		110%额定电压		

2）分、合闸操作性能。断路器分闸状态下，在合闸回路上施加 85% 和 110% 的额定电压，断路器应可靠动作；断路器合闸状态，在分闸回路上施加 65% 和 120% 的额定电压，断路器可靠动作，当在分闸回路上施加低于 30% 的额定电压时，断路器应不动作。以上试验加压时，应采用突然加压法进行。

3）空气压缩机打压补压时间。关闭空气压缩机电源，打开放气阀将空气储能罐释压，接通空气压缩机电源，记录打压时间应不大于 50min。关闭空气压缩机电源，打开放气阀将压力降至 1.45MPa 时，关闭放气阀，接通空气压缩机电源，记录打压时间应不大于 5min，见表 9-25。关闭空气压缩机电源，做分闸操作，核算压降；合上电源打压至停止，关闭电源，再做分—合—分操作，核算压降。

表 9-25   空气压缩机打压、补压时间及储能

序号	项目	试验方法	技术要求	测试设备
1	打压时间	空气压力从 0~1.5MPa	≤50min	钟表
2	补压时间	空气压力从 0~1.55MPa	≤5min	
3	分闸一次气压降	做"单分"操作	≤0.14MPa	观察空气 压力表
4	重合闸一次气压降	做"分—合—分"操作	≤0.27MPa	

第二节 隔 离 开 关

隔离开关是一种高压开关电器，应与断路器配合使用，只有在断路器断开时才能进行操作。在电力系统中，隔离开关主要有隔离电源、倒闸操作、接通和断开小电流电路的作用。

某电厂 350MW 机组采用 GW7-220DW 型隔离开关，300MW 机组采用 GW7-220DW

型隔离开关，各隔离开关技术参数见表 9-26。

表 9-26　　　　　　　　　　　　隔离开关技术参数

项目		参数	
型号		GW7-220DW	GW7-220DW
额定电压		220kV	252kV
额定电流		2500A	2500A
3s 热稳定电流		40kA	50kA
额定雷电冲击 耐受电压	对地及相间	1050kV	950kV
	断口间	1200kV	1050kV
隔离开关 操动机构	型号	CJ2-XGⅣ	CJ6-Ⅰ
	主轴转角	180°	180°
	操作时间	(6±1) s	4s
	电动机电压	AC 380V	AC 380V
	控制电压	DC 110V	DC 110V
接地开关操动机构	型号	CS9-G	CS20-(X)
	转角	180°	100°

表 9-24 中额定电压是指开关设备和控制设备所在系统的最高电压，对于 220kV 系统额定电压为 252kV；6kV 系统额定电压为 7.2kV；10kV 系统额定电压为 12kV（参照 GB/T 11022—1999《开关设备和控制设备共用技术条件》）沈阳隔离开关额定电压虽为 220kV，但说明书最高额定电压仍为 252kV，按以上定义，额定电压应为 252kV。

隔离开关型号从左向右说明：G—隔离开关的产品代号；W—使用场所代号，W 为户外型，N 为户内型；7—设计序号；220—额定电压 220kV（系统电压）；D—带接地开关；W—防污型。

一、隔离开关结构

隔离开关每组由三个独立的单级构成（一个主极和两个边极）。每个单级由底座、绝缘支柱、导电部分、传动部分及接地开关（需要时）所组成，见图 9-63。

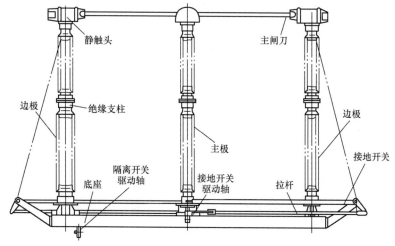

图 9-63　隔离开关单极外形图

（一）底座

由槽钢和钢板焊接而成。底座两端安装有固定轴承座，中间有转动轴承座，槽钢内腔装有传动连杆。

（二）绝缘支柱

每极开关有三个绝缘支柱，每柱由两个实心棒形支柱绝缘子叠装而成。绝缘支柱的下端固定在底座的轴承座上。两端的绝缘支柱上端固定着静触头，中间的绝缘支柱上端固定着静触头，中间的绝缘支柱上端固定着导电闸刀。

（三）导电部分

导电部分由静触头和闸刀组成。静触头由静触头座、触指、弹簧及防雨罩等组成（见图 9-64），闸刀由导电杆、动触头、屏蔽罩等组成（见图 9-65）。

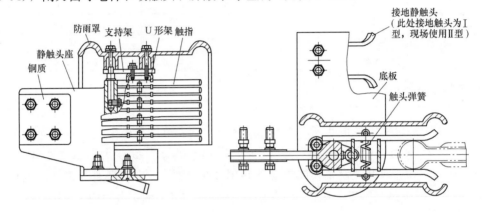

图 9-64　静触头结构图

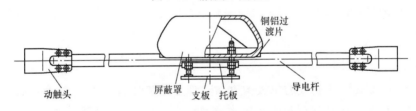

图 9-65　主闸刀结构图

（四）传动系统

传动系统由轴承、转动轴、连臂及连杆等组成，见图 9-66。

（五）接地开关

接地开关由动触头、静触头、导电管、传动部件及平衡弹簧等组成。静触头安装在隔离开关静触座的底板上，动触头、导电管及传动部件附装在隔离开关底座上。接地开关与隔离开关间的机械联锁设在主极间中间的轴承座上，见图 9-67。

（六）操动机构

操动机构包括隔离开关的操动机构及接地开关的操动机构。

隔离开关的操动结构一般采用电动操动机构，接地开关的操动机构采用手动操动机构，它们都是将水平杆的旋转通过减速机构变换为垂直杆的旋转。

隔离开关的操作采用电动机操动机构，其结构以 CJ2-XG 型电动机的隔离开关操动机

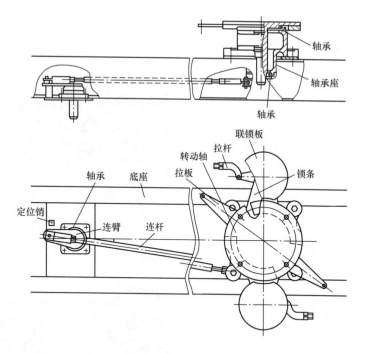

图 9-66　机械联锁示意图

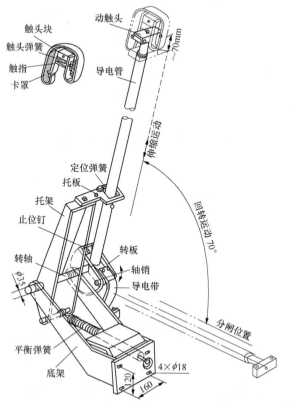

图 9-67　接地开关结构图

构为例，见图 9-68。操动机构由驱动电动机、减速机构、驱动轴、控制回路等组成。接地开关的操作采用手动操动机构，其结构见图 9-69。操动机构由手柄、涡轮箱、主轴、辅助开关、闭锁装置等组成。

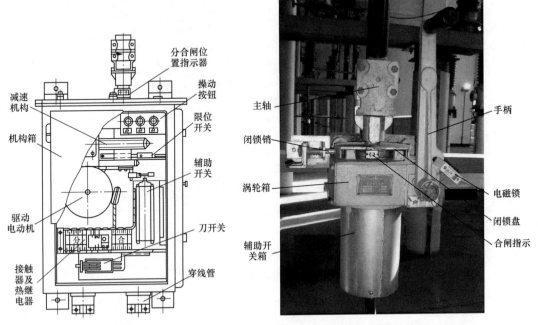

图 9-68　CJ2-XG 型电动机隔离开关
操动机构结构图

图 9-69　接地开关操动机构实物图

二、隔离开关的动作原理

（一）隔离开关（不带接地开关）的动作原理

由电动机构带动设在主极底座中的转动轴，旋转 180°，通过连臂、连杆组成四连杆机构驱动中间瓷柱转动，带动导电闸刀在水平面上回转 70°，即可完成分、合闸动作，具体参照图 9-70。

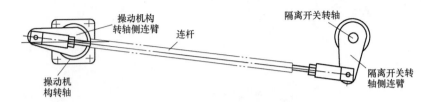

图 9-70　传动系统四连杆示意图

隔离开关三相间的连接采用连接管，将各相拉板连接起来达到转轴同步转动的目的，其构造见图 9-71。

（二）接地开关的动作原理

合闸时，主极上的手动操动机构转动 180°，通过拐臂及连杆使接地开关向上运动，插入静触头中，分闸过程相反。

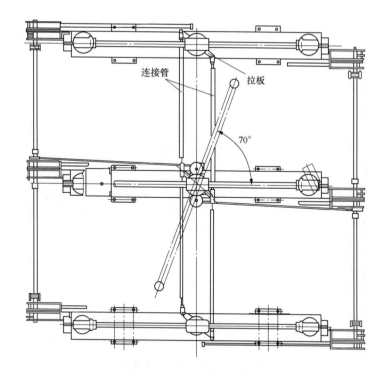

图 9-71　三相联动示意图

Ⅱ型采用的接地开关动作原理见图 9-72。合闸时,接地闸刀向上运动(约 80°),与静触头相碰后变为上升运动,动触头插入静触头中。分闸过程与此相反,接地闸刀先下缩一定距离,使动触头从静触头中拔出,然后向下摆落到水平位置。

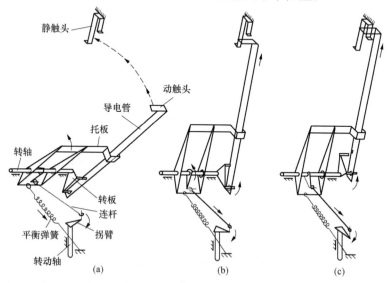

图 9-72　接地开关动作原理图

(a)导电管回转运动;(b)导电管回转终了,开始上伸运动;(c)导电管插进静触头,合闸完毕

某 A 厂 GW7-220DW 型隔离开关的接地开关将三相的转轴连在一起,通过操动机构从 B 相带动转轴使三极接地开关同步动作,见图 9-73。

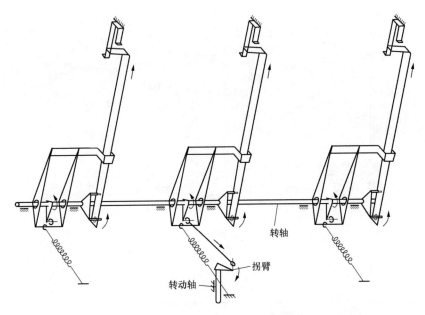

图 9-73　某 A 厂接地开关联动示意图

　　某 B 厂 GW7-220DW 型隔离开关的三极接地开关每极都有自己独立的转动轴、拐臂、连杆等机构，它们各自的转动轴通过一个四连杆机构将各相转动轴连接起来，操动机构驱动中间相的转动轴转动，带动水平连杆运动达到三相同步运动的目的，见图 9-74。

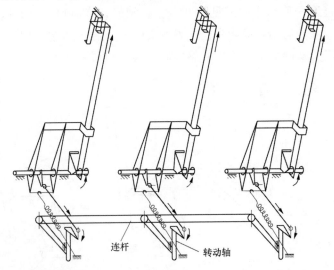

图 9-74　某 B 厂接地开关联动示意图

　　（三）隔离开关与接地开关间的闭锁

　　按照开关装置的"五防"要求，隔离开关闭合时不允许合接地开关，即防止带电合接地开关；接地开关合上后不允许合隔离开关，即防止带地线合隔离开关，所以隔离开关与接地开关间有专门的闭锁盘进行闭锁来防止上述两种状况的发生。

　　某 A 厂 GW7-220DW 型隔离开关采用在主极下部及主极旁接地开关转轴上部分别安装闭锁盘，两个闭锁盘处于同一平面，是靠圆周外的月牙形缺口的互相配合实现闭锁，见图 9-75。

某 B 厂 GW7-220DW 型隔离开关在机构上专门设有闭锁盘来进行闭锁，也是靠闭锁盘上的缺口互相配合来实现闭锁，具体见图 9-76。

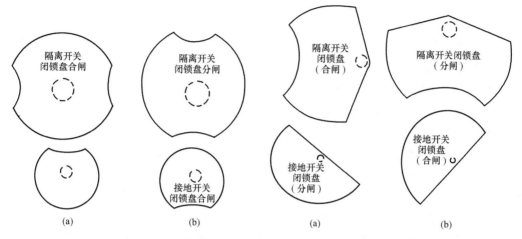

图 9-75 某 A 厂接地开关闭锁盘示意图
（a）隔离开关合闸不允许合接地开关闭锁示意图；
（b）接地开关合闸不允许合隔离开关闭锁示意图

图 9-76 某 B 厂接地开关闭锁盘示意图
（a）隔离开关合闸不允许合接地开关闭锁示意图；
（b）接地开关合闸不允许合隔离开关闭锁示意图

（四）操动机构动作原理

电动机操动机构（见图 9-77）由电动机带动小齿轮转动，小齿轮驱动大齿轮带动蜗杆转动，蜗杆驱动涡轮带动主轴转动。涡轮下部带有弹性压片，当主轴转至规定的位置，弹性压片使限位开关动作，跳开电动机控制回路。同时在主轴下方带有连杆和连板组成的机构，机构终端驱动辅助开关，为其他设备提供隔离开关位置信号触点。装置上还安装有手动操作手柄及手动—电动闭锁装置，便于手动操作。隔离开关柜门用电磁锁锁住，运行人员操作时必须按照模拟的顺序操作时才能打开电磁锁进行操作。CJ6-Ⅰ型操动机构原理与 CJ2-XG 型操动机构原理相同。

手动操动机构由手柄带动涡轮箱时主轴转动达到驱动接地开关的目的，在涡轮箱下的罩子里安装辅助开关，主轴上安装有凸轮装置，当接地开关开关分、合闸到位后顶住辅助开关使触点动作，给保护、监测装置提供接地开关的状态信号。在接地开关主轴上还安装有闭锁盘，它与支架上的闭锁销进行配合使接地开关在闭锁状态下无法操

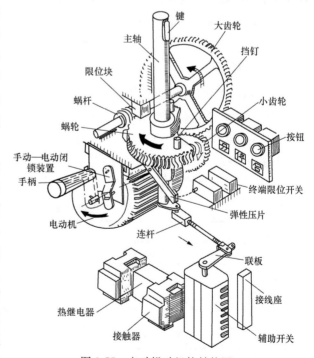

图 9-77 电动操动机构结构图

263

作。操动机构手柄与涡轮箱上部的孔配合，操作完毕后将电磁锁插入孔内锁上。如同电动机操动机构电磁锁所示，防止对接地开关进行误操作。CS20-（X）型操动机构原理与 CS9-G 型操动机构原理相同。

三、隔离开关的维护

隔离开关在使用一段时间后需要对其进行维护，主要工作有以下几方面：

（1）消除导电部分尘垢，触指与触头接触面清理干净后，涂上一薄层电接触导电膏。在检修时若发现接触表面有电弧烧痕影响导电性能时，应加以修正，严重时则要更换触指与触头。检查触指弹簧，若弹力不足应更换（单个触指的接触压力应不小于 50N）。

（2）清除支柱绝缘子表面尘垢，仔细检查绝缘子是否破损，胶装是否松动，对隔离开关支持绝缘子进行超声波探伤，主要检测瓷件与法兰连接处有无裂纹或开裂。

（3）检查各轴销及转动部分是否灵活，并在转动部分涂润滑油脂。

（4）检查各连接紧固螺栓是否松动。

（5）对隔离开关及接地开关进行分合检查，检查分合操作是否灵活，辅助开关是否动作可靠，分合接触是否良好、闭锁是否正常。

（6）定期对隔离开关导电部位进行红外成像测试，发现温度异常立即停电处理。

第三节 互 感 器

互感器分为电压互感器和电流互感器。使用互感器有三个目的：①扩大常规仪表的量程；②使测量回路与被测系统隔离，以保证工作人员和测试设备的安全；③由互感器直接带动继电器线圈，为各类继电保护提供信号，也可经过整流变换成直流电压，为控制系统或微机控制系统提供控制信号。

220kV 升压站内安装了电容式电流互感器及电容式电压互感器，以下分别对这两种互感器进行介绍。

一、LB9-220W 型电流互感器

LB9-220W 型电流互感器一次侧和二次侧之间的主绝缘采用电容型强制均压的油纸绝缘结构，主要应用于 220kV、50Hz 中性点直接接地的系统中。

电流互感器 LB9-220W 的型号：L—电流互感器；B—有保护级；9—设计序号；220—系统额定电压的千伏数；W—污秽地区使用。电流互感器技术参数见表 9-27。

表 9-27　　　　　　　　　电流互感器技术参数

项目	参数	项目	参数
型号	LB9-220W	额定二次电流	5A
额定电压	220kV	极性	减
最高工作电压	250kV	额定输出	10P、5P 级：30～60VA； 0.5、0.2 级：30～50VA
额定频率	50Hz	额定短时热电流	25～50kA（3s）
额定一次电流	2×1250A	额定动稳定电流	62.5～125kA

（一）互感器的结构

互感器采用全密封结构，主要由油箱、瓷套、金属膨胀器、器身、一次出线装置和二次出线盒等部分组成，其结构见图 9-78。

电容式电流互感器原理图见图 9-79，互感器一次绕组呈 U 形结构，主绝缘全部包绕在一次绕组上，可以用环形铁芯和 C 形铁芯。为了提高主绝缘的强度，在绝缘中放置一定数量的同心圆筒形电容屏，最外层电容屏（俗称末屏）接地，各电容屏间形成一个串联的电容器组，称为电容型绝缘。如各相邻电容屏间的电容相等，则其电压分布近于均匀。相邻电容屏间绝缘厚度越小，则绝缘利用越好。电容屏的数目越多，则绝缘中的电场强度分布越均匀。实际上，电容屏也不能太多，只能做到电场强度近似均匀，由于电容屏端部电场不均匀，在高电压作用下，端部会发生局部放电。为了改善端部电场，可在两层电容屏间增放一些短屏或放置均压环。

一次侧四个出线头经瓷套上部侧壁引出，其串、并联采用外换接方式；二次出线端子从油箱上二次出线盒中引出，均为铜质材料，且表面镀锡。通过一次串、并联与二次绕组配合可以改变电流比，一次并联时互感器的电流比和短时电流是串联时的两倍。

末屏接地引线单独用小瓷套引出，以保证末屏对地绝缘电阻不小于 $1000M\Omega$，且便于测试绝缘及介质损耗。在进行在线监测时，还可以在末屏小瓷套上安装取样装置。

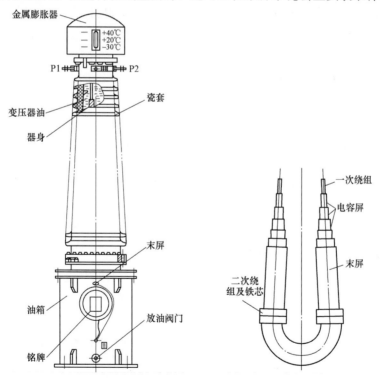

图 9-78　电流互感器结构图　　图 9-79　电容式电流互感器原理图

互感器采用金属膨胀器实现全密封。膨胀器安装在互感器的顶部，起油温变化时的体积补偿作用，并使变压器油可靠地与大气隔离，防止变压器油受膨胀和老化。

油箱位于互感器的下部，底部配有全密封取样装置用于取油样。

（二）互感器的运行维护及检修

1. 运行中的检查

运行中应对一次接线端子处的温升、金属膨胀器的油位及互感器运行中的声音等项目进行监视。采用红外成像等手段对一次接线端子处的温升进行监视，可以及早发现一次接线部分或产品内部接触不良等异常状况。对金属膨胀器油位的监视可以发现互感器内部压力或温度的变化，若油位过低，检查互感器是否有渗漏油并进行渗漏点处理及补油；若油位过高则可放掉少许油，使油位指示与实际温度相符，若油位异常增高，超过膨胀器的额定行程，则应停止运行查清原因。

2. 检修

根据互感器的使用环境，定期对其清扫、检查，首先对互感器整体进行清扫工作，尤其要保证瓷质部位的清洁，其次对瓷件进行检查，保证瓷件表面无裂纹、破损、掉瓷等现象，检查互感器的密封情况，检查无渗漏点，最后要检查互感器接地良好。

互感器运行中一旦出现渗漏油，必须迅速采取措施进行修理。对密封垫，首先要观察其压缩情况，通过调整紧固件，解决因紧固方法不当造成的密封垫渗漏油，若密封垫体积增大，弹性和强度减弱，则必须更换密封垫，更换时注意清洁和干燥。

若经绝缘油色谱分析气体含量超标，但通过绝缘试验分析未发现明显异常，应对互感器进行脱气处理，通常采用进气脱气法，即在膨胀器上部阀门接真空泵并抽真空。

若变压器油老化或受潮而造成产品介质损耗上升，可将内部变压器油放掉，将合格的变压器油加热（70℃左右），并使热油通过产品内部循环，在循环 24～48h 后放掉热油，立即对产品抽真空，其真空度控制在残压不大于 133Pa，连续抽真空 2～4 天，并对产品进行真空注油和真空脱气。

3. 定期试验

运行中应对互感器进行预防性试验，试验周期为 3 年，试验项目有绝缘电阻（主绝缘及末屏对地）、主绝缘的介质损耗、电容量测试，以及末屏介质损耗（当末屏对地绝缘小于 1000MΩ 时进行）测试、绝缘油的色谱分析。

（1）绝缘电阻测量。绝缘电阻测量分为主绝缘间测量及末屏对地测量。

主绝缘间绝缘电阻指一次绕组对末屏端子间，测量时将末屏接地引线打开，一次绕组接绝缘电阻表的 L 端，末屏端接绝缘电阻表的 E 端，用 2500V 绝缘电阻表测量。绝缘电阻的兆欧值一般较高，达数千兆欧以上，即使绝缘层的表面受潮，其总体兆欧值仍很高，只有当绝缘层受潮很深时，绝缘电阻才会有所降低。Q/HBW 14701—2008 要求绝缘电阻值大于 1000MΩ，且不大于出厂或初始值的 60%。

由于主绝缘间绝缘电阻对电流互感器的受潮很不灵敏，因此还应测量末屏对地的绝缘电阻。电容式电流互感器末屏处在油箱底部，它与地之间仅有末屏的外绝缘和 U 形纸板绝缘，当互感器受潮，其水分积在油箱底部时，则末屏箱底间的绝缘受潮最为严重使绝缘电阻下降。Q/HBW 14701—2008 规定末屏对地绝缘电阻不小于 1000MΩ。测量时末屏端接绝缘电阻表 L 端，接地端接绝缘电阻表 E 端，用 2500V 绝缘电阻表测量。现场试验中一定要特别注意此项测量数据。

（2）主绝缘的介质损耗、电容量测试。测量时应采用正接线方法进行测量，即在一次绕组及末屏间加 10kV 高压，二次绕组短接接地。Q/HBW 14701—2008 规定主绝缘的介质损耗运行中不大于 0.8%，且与历年数据比较不应有显著变化，电容量与出厂或初始值差别不应超出±5%。

外绝缘表面状况对测量介质损耗的影响一般是引起偏小的测量误差。尤其当瓷套表面脏污和试验时相对湿度较大时，其偏小的测量误差尤为显著。因此，试验时瓷套表面应擦拭干净，且应在湿度不大的条件下进行。当湿度较大时，可在瓷套表面涂硅油或硅脂，也可擦拭石蜡来阻隔瓷套表面形成的导电通道。

(3) 末屏介质损耗测试。测试时采用反接线方法进行测量，即在末屏与地间加 10kV 高压，二次绕组短接接地。Q/HBW 14701—2008 规定末屏的介质损耗值不应大于 2%。

(4) 绝缘油的色谱分析。采样时应采用全密封取样方式用针管进行取样。Q/HBW 14701—2008 规定运行中油中溶解气体组分含量超过下列任一值时应引起注意：总烃—100$\mu L/L$；H_2—150$\mu L/L$；C_2H_2—1$\mu L/L$。

二、电容式电压互感器

电容式电压互感器用在高压及超高压系统中，供电压测量、功率测量、自动控制、继电保护之用。

电容式电压互感器型号表示方法如下所示：

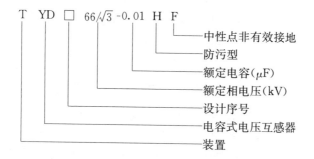

220kV 升压站内安装的电压互感器技术参数见表 9-28 和表 9-29（以某电厂 350MW 机组和 300MW 机组的电压互感器为例）。

表 9-28　　　　　　　　　　350MW 机组电压互感器技术参数

项目	参数	项目	参数	
型号	TYD220/$\sqrt{3}$-0.01H	额定一次电压	220/$\sqrt{3}$kV	
		额定电容	0.01μF	
主二次绕组 a1—n1 额定电压	100/$\sqrt{3}$ V	额定开路中间电压	20kV	
		额定输出及准确等级	200VA	0.2 级
主二次绕组 a2—n2 额定电压	100/$\sqrt{3}$ V		200VA	0.5 级
			100VA	3P 级
剩余绕组 ad—nd 额定电压	100V	实测分压比	6.19	
		电容器型号	OWF2-110/$\sqrt{3}$-0.02H	OWF-110/$\sqrt{3}$-0.02H

表 9-29　　　　　　　　300MW 机组电压互感器技术参数

项目	参数	项目	参数	
型号	TYD 220/$\sqrt{3}$-0.01H	额定一次电压	220/$\sqrt{3}$ kV	
主二次绕组 a1—n1 额定电压	100/$\sqrt{3}$ V	额定电容	0.01μF	
		额定开路中间电压	20kV	
主二次绕组 a2—n2 额定电压	100/$\sqrt{3}$ V	额定输出及 准确等级	100VA	0.2 级
			150VA	0.5 级
主二次绕组 a3—n3 额定电压	100/$\sqrt{3}$ V		150VA	3P 级
			200VA	3P 级
剩余绕组 ad—nd 额定电压	100V	实测分压比	6.35	

（一）互感器的工作原理

互感器是由电容分压器分压，中间电压变压器将中间电压变为二次电压，补偿电抗器电抗与互感器漏抗之和与等效容抗 $1/[\omega(C_1+C_2)]$ 串联谐振以消除容抗压降随二次负荷变化引起的电压变化，可使电压稳定，其电气原理见图 9-80。

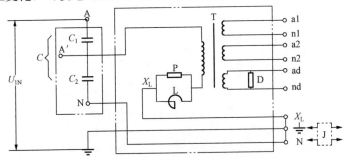

图 9-80　电压互感器电气原理图

C—载波耦合电容；a1n1—主二次绕组 1 号接线端子；C_1—高压电容；
a2n2—主二次绕组 2 号接线端子；C_2—中压电容；adnd—剩余电压绕组接线端子；
U_{1N}——一次额定电压；X_L—补偿电抗器低压端；A'—中间电压端子
（用户需要时引出）；⏚—接地端子；T—中间电压变压器；N—载波通信端子；L—补偿
电抗器；D—阻尼装置；P—保护装置；J—带有避雷器的结合滤波器（用户自备）
注：当互感器二次绕组为两绕组时，图中 a1n1 为 an，无 a2n2 端子（a1n1 等同 1a1n，依次类推）。

当电压互感器的电容器作为线路载波耦合电容器用时，图 9-80 中的结合滤波器起到滤波作用，它将滤出的信号送至线路高频保护装置，目前高频保护通信方式已改为光纤通信，所以结合滤波器已不用，运行中 N 端子与 X_L 端及地直接相连。

（二）主要结构

电容式电压互感器由电容分压器和电磁装置两部分组成，电容分压器由一节或几节电容器串联而成，高压端在电容分压器的顶端。

中压端 A' 和低压端 N 由下节电容器底盖上的小瓷套引出到电磁装置内与中压互感器高压端及出线板上的 N 通信端相连接。由于高频保护信号传输已改为光纤通信方式，所以 N 端子在运行中必须接地。

电磁装置由中间电压变压器、补偿电抗器和抑制铁磁谐振的阻尼器装在油箱内组成，二次绕组及载波通信端子由油箱正面的出线端子盒引出。

350MW 机组采用的电容式电压互感器将中间电压端子 A′ 从电容分压器下节瓷臂引出，300MW 机组未引出，该引出端子仅在测量电容时使用，运行中悬空，不做任何连接。两类互感器的比较见图 9-81。

电容式电压互感器结构见图 9-82。

（三）互感器的运行及维护

1. 运行中的检查

运行中应对互感器的密封情况及声音等进行检查。检查密封情况应检查电容器上、下盖板与瓷套连接处、中间电压端子、出线盒处及油箱连接处，如发

图 9-81　电压互感器实物图

（a）350MW 机组采用的电容式电压互感器；
（b）300MW 机组采用的电容式电压互感器

现漏油，应停止使用；若发现渗油情况，应在检修时进行处理。检查运行中的声音时，应检查有无放电声，尤其要注意电磁装置内特别是接线盒内的声音，因为 N 端子接地不良会造成 N 端子对油箱放电烧坏出线绝缘板。

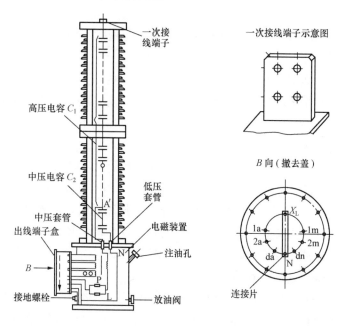

图 9-82　电容式电压互感器结构图

2. 检修

根据互感器的使用环境，定期对设备进行清扫、检查工作，首先对设备整体进行

清扫工作，尤其要保证瓷质部位清洁。其次对瓷件进行检查，保证瓷件表面无裂纹、破损、掉瓷等现象，检查互感器的密封情况，检查无渗漏点。最后要检查互感器接地良好。

互感器检修时，必须将互感器对地充分多次放电，并对互感器电容两极间及地放电后才能进行工作。

互感器电磁装置油箱渗油处理：油箱渗油一般出现在出线端子盒内的出线绝缘板边缘，只需对称均匀拧紧密封螺钉即可解决，不可用密封螺钉当做 N 端子接地螺钉，这样会导致渗油。

3. 定期试验

运行中应对互感器进行预防性试验，试验周期为 3 年，试验项目有中间变压器绝缘电阻测试、主电容器极间绝缘电阻测试、低压端绝缘电阻测试、电容器的介质损耗及电容量测试。

（1）绝缘电阻测试。中间变压器绝缘电阻测试：将二次端子短接接地，从 X_L 端测量一次绕组对二次绕组及地绝缘电阻，将一次绕组及非被试二次绕组接地，测量被试二次绕组对一次绕组、其余二次绕组及地间绝缘电阻，用 1000V 绝缘电阻表进行测量。要求：一次绕组对二次绕组及地间绝缘电阻大于 1000MΩ，二次绕组之间及对地绝缘电阻应大于 10MΩ。

主电容间绝缘电阻测试：分别在高压电容（包括上节电容、下节上半电容 C_1）、中压电容极间 C_2 绝缘电阻测试，用 2500V 绝缘电阻表测量。要求：不低于 5000MΩ；若中压电容 A′端子未引出，按照上节电容及下节电容测试（300MW 机组升压站就按照该方法测试）。

低压端绝缘电阻测试：在接线盒内打开 N 端子与地间绝缘电阻，用 2500V 绝缘电阻表测量，要求不低于 10MΩ。

（2）电容值的介质损耗及电容量测试。测量高压电容的上节电容部分时，采用正常的正接法进行测量，在上节电容两端施加 10kV 的电压测量其电容值及介质损耗。在高压电容的下节上半电容 C_1 及中压电容 C_2 极间测量时，根据中间电压抽头 A′端子是否引出，分别按照以下方法进行测量。

中压电压抽头 A′端子引出时的电容及介质损耗测量时，以西林电桥（QS1 型）为例，按照图 9-83 所示的方法，使用正接法直接测量 C_1、C_2 的电容量及介质损耗值。

中压电压抽头 A′端子未引出时的电容及介质损耗测量时，以西林电桥（QS1 型）为例，按照图 9-84 所示的方法，使用自激法进行，利用中间电压变压器低压侧做励磁试验电源。此时应严格监测中间变压器一次电压（图中的 A′点或 N 点），使其电压值不超过规定值。否则，会烧毁电磁装置的零部件。

按以上测量方法测完后必须进行计算才能得出 C_1、C_2 的电容值。目前使用的全自动介质损耗测量仪可以自动进行测量，以 AI-6000D 型全自动介质损耗测试仪为例介绍其测量方法，见图 9-85。

确认 TV 顶部一次接线拆除，将 TV 对地放电、电容极间放电，打开 TV 二次接线盒，将盒内二次线做好标记后拆除，打开并取下 N 端子与 X_L 端子与地间连片。确

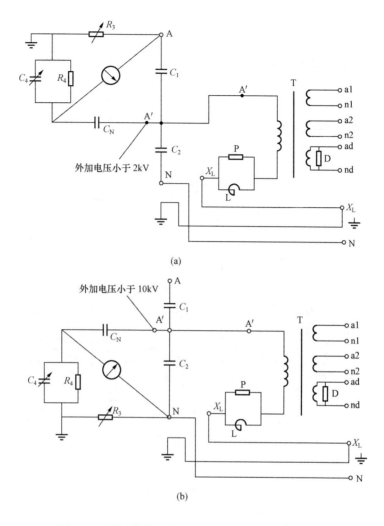

图 9-83　中间抽头引出测量电容量及介质损耗原理图
(a) 测量 C_1 及 $\tan\delta$ 值（正接法）；(b) 测量 C_2 及 $\tan\delta$ 值（正接法）

认绝缘电阻测试结果合格后按照以下接线图将 AI-6000D 型介质损耗测试仪与 TV 接好，注意二次侧加在附加绕组上，高压引线不得拖地，检查仪器接线及接地良好后开始试验。

打开仪器上的总电源开关及内高压允许开关，进入测量菜单后，选择 CVT 测量模式、内标准、变频方式，选择试验电压为 3kV，确认以上选择无误，通知试验区域人员离开做好监护工作后长按启动按钮，开始升压后放开启动按钮，将手移至总电源开关上（试验过程中发生异常时立即切断总电源开关），试验过程中注意 TV、试验仪器及引线有无异常放电声音及焦煳味，试验结束后抄录试验数据，此时的数据中包含 C_1、C_2 的电容值及介质损耗值。

220kV 升压站安装的电容式电压互感器的电容采用膜纸电容结构，所以根据说明书及 DL/T 596—1996 的要求，介质损耗值超过 0.2% 时应加强监视，超过 0.3% 时应立即更换，电容值不得超过其出厂值的 -5%～10%。

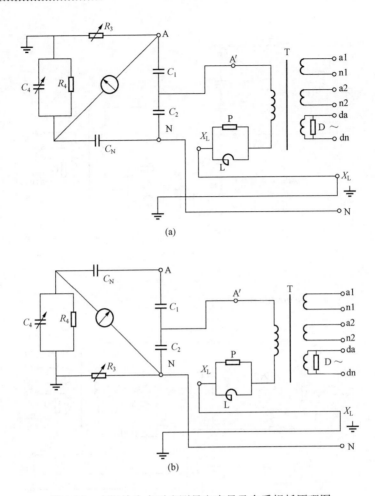

图 9-84　中间抽头未引出测量电容量及介质损耗原理图
（a）测量 C_1 及 tanδ 值（从 da、dn 激励，在 N 点监测电压不超过 2kV）；
（b）测量 C_2 及 tanδ 值（从 da、dn 激励，在 A 点监测电压不超过 2kV）

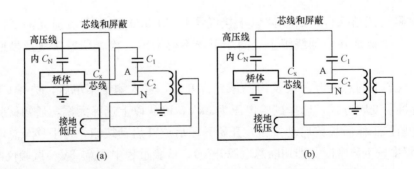

图 9-85　全自动介质损耗测试仪测量接线图
（a）测量 C_1；（b）测量 C_2

第四节 穿 墙 套 管

穿墙套管用于引导高压线穿过高压电器的箱壳或建筑物的墙板，作为导电部分支撑物和对地绝缘。某电厂 350MW 机组、300MW 机组升压站均为室内升压站，站、内外电气设备间的连接就采用油纸电容式穿墙套管。

油纸电容式穿墙套管的型号表示如下：

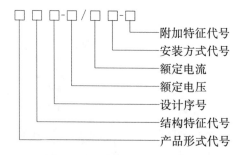

产品形式代号：CR—油纸电容式穿墙套管。

结构特征代号：

可否装电流互感器：L—可装电流互感器；不可装电流互感器时不表示。

户外端（或上端）绝缘结构：W—耐污型；普通型不表示。

设计序号：按照产品设计次序，以阿拉伯数字表征其设计次序由 1 开始按自然数顺序排列。

特征数字：额定电压千伏数、额定电流安培数。

安装方式代号：Z—垂直安装；水平安装不表示。

附加特征代码：

套管户外端（或上端）外绝缘污秽等级最小公称爬电比距（爬电比距指电力设备外绝缘的爬电距离对最高工作电压有效值之比），其外绝缘污秽等级代号规定：2—最小公称爬电比距为 20mm/kV；3—最小公称爬电比距为 25mm/kV；4—最小公称爬电比距为 31mm/kV。

220kV 升压站安装的 CRW-252/1600-4 型套管，其型号代表的含义：额定电压 252kV、额定电流 1600A 的耐污型设计序号为 1、最小公称爬电比距为 31mm/kV、不安装电流互感器的油纸电容式穿墙套管。

一、套管结构

油纸电容式穿墙套管由储油柜、瓷套、电容芯子、连接套筒和均压球等组成。电容芯子是套管的主绝缘，它是在套管的中心铜管外包铝箔作为极板、油浸电缆纸作为极间介质组成的串联同心圆柱体电容器，电容器的一端与中心铜管相连，另一端（即最外层铝箔，称为末屏）由连接套筒测量端子引出。在串联电容器的作用下，套管的径向和轴向电场分布均匀，电容芯子经高真空干燥处理，除去内部的空气及水分，并用变压器油进行真空浸渍，使内绝缘不受外界大气的影响。

在室内设有套管专用的油箱，油箱底部有专门的管道连接至连接套筒内侧，在油箱下管路上方设有阀门以切断储油柜与套管间油路连接，运行中该阀门打开。同时，储油柜上还设有油位计供运行中观察油位。

套管连接套筒外侧设测量端子，测量端子（即末屏端子）与法兰绝缘，可供测量介质损耗、绝缘和局部放电之用，运行时末屏端子与法兰盘连接接地。

350MW 机组套管在室内连接套筒底部安装有油塞，300MW 机组套管则在连接套筒外侧有取油装置供取套管油样进行化验之用。CRW-252/1600-4 型穿墙套管结构见图9-86。

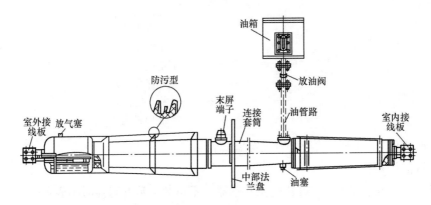

图 9-86   CRW-252/1600-4 型穿墙套管结构图

二、套管的运行和检修

1. 运行

运行中应对一次接线端子处的温升、储油柜油位及套管运行中的声音进行检查。一次接线端子处温升的检查采用红外成像的方法，可以及早发现一次接线部分或套管内部接触不良等异常状况。对油箱油位的监视可以发现套管内部压力或温度的变化，若油位过低，检查套管是否有渗漏油并进行渗漏点处理及补油；若油位过高则可在排油塞处放掉少许油，使油位指示与实际温度相符。

2. 检修

（1）根据套管外绝缘的条件定期进行清扫，并对套管表面瓷件进行检查，保证其无裂纹、掉瓷等现象。

（2）检查套管密封良好，发现渗漏油的情况，通过紧固螺栓或放油更换密封垫进行处理。

（3）检查接线处螺栓紧固，其余各螺栓紧固，连接套筒处末屏接地良好。

三、套管的试验

根据说明书及 DL/T 596—1996 的要求，应每 3 年对套管进行一次绝缘电阻（主绝缘及末屏对地）、主绝缘的介质损耗及电容量测试、末屏介质损耗（当末屏对地绝缘小于1000MΩ 时进行）测试，同时每 5 年对套管取油样进行油中溶解气体色谱分析。

（1）绝缘电阻测量。绝缘电阻测量分为主绝缘测量及末屏对地测量。主绝缘绝缘电阻指导电杆对末屏端子间的绝缘电阻，测量时将末屏接地引线打开，导电杆接绝缘电阻表的 L 端，末屏端接绝缘电阻表的 E 端，用 2500V 绝缘电阻表测量，要求绝缘电阻值大于 10 000MΩ。

测量末屏对地绝缘电阻时末屏端接绝缘电阻表 L 端，接地端接绝缘电阻表 E 端，用 2500V 绝缘电阻表测量，要求绝缘电阻值不小于 1000MΩ。由于末屏对地绝缘电阻能灵敏反映套管的受潮情况，现场试验中一定要特别注意此数据。

（2）主绝缘的介质损耗、电容量测试。测量时应采用正接线方法进行测量，在导电杆及末屏间加 10kV 高压，末屏与地间引线打开。DL/T 596—1996 规定主绝缘的介质损耗在运行中不大于 0.8%，且与历年数据比较不应有显著变化，电容量与出厂或初始值差别不应超出 ±5%。

外绝缘表面状况对测量介质损耗的影响一般是引起测量值偏小。尤其是当瓷套表面脏污和试验时的相对湿度较大时，测量误差尤为显著。因此，试验时瓷套表面应擦拭干净，且应在湿度不大的条件下进行。当湿度较大时，可在瓷套表面涂硅油或硅脂，也可擦拭石蜡来阻隔瓷套表面形成的导电通道。

（3）末屏介质损耗测试。测试时采用反接线方法进行测量，即在末屏与地间加 2kV 高压，导电杆悬空，末屏的介质损耗值不应大于 2%。

（4）绝缘油的色谱分析。运行中油中溶解气体组分含量超过下列任一值时应引起注意：总烃—100μL/L；H_2—150μL/L；C_2H_2—1μL/L。

取油样时要先将油塞周围的污秽清理干净，防止污秽进入油中。350MW 机组取样时从室内套管连接套筒底部拧松排油塞进行取样。300MW 机组取样时在室外连接套筒处拧下取样装置上的油塞，机组套管专用油嘴结构见图 9-87。将专用的油嘴沿油塞中心螺孔慢慢旋入，顶住里面后再旋紧几下，油嘴把里面的弹簧压住，同时油嘴塞的密封圈压紧后，变压器油从油嘴塞的内孔中流出。取好油样后按相反的方向恢复油塞，并检查油塞密封良好。

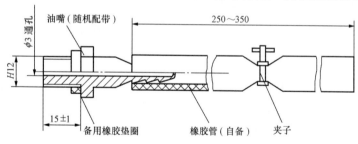

图 9-87 穿墙套管油嘴结构图

第五节 避 雷 器

避雷器的作用是限制过电压保护电气设备。避雷器的类型主要有保护间隙、阀型避雷器和氧化锌避雷器。保护间隙主要用于限制大气过电压，一般用于配电系统、线路和变电站进线段保护。阀型避雷器与氧化锌避雷器用于变电站和发电厂的保护，在 220kV 及以下系统中主要用于限制大气过电压，还用来限制内过电压或作为内过电压的后备保护。

　　某电厂 220kV 母线避雷器和主变压器高压侧避雷器采用的是 Y10W5-200/520 型金属氧化锌无间隙避雷器。氧化锌避雷器型号的含义如下：

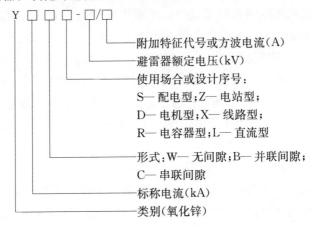

附加特征代号或方波电流（A）
避雷器额定电压（kV）
使用场合或设计序号：
S— 配电型；Z— 电站型；
D— 电机型；X— 线路型；
R— 电容器型；L— 直流型
形式：W— 无间隙；B— 并联间隙；
C— 串联间隙
标称电流（kA）
类别（氧化锌）

一、技术参数

　　Y10W5-200/520 型避雷器技术参数见表 9-30。

表 9-30　　　　　　　　　　Y10W5-200/520 型避雷器技术参数

项目	参数
额定电压（有效值）	200kV
持续运行电压（有效值）	160kV
直流 1mA 参考电压	$\geqslant$290kV
额定频率	50Hz
标称放电电流（峰值）	10kA
操作冲击电流（峰值）	1kA
持续运行电流	—
阻性电流（峰值）	$\leqslant$0.25mA
全电流（峰值）	$\leqslant$1.5mA
工频参考电流（峰值）	2mA
工频参考电压（峰值/$\sqrt{2}$）	$\geqslant$200kV
1 倍标称放电电流下的残压 10kA（峰值）	$\leqslant$520kV
避雷器结构	充微正压高纯氮气
质量	400kg
节数	2

二、Y10W5 型金属氧化锌避雷器结构

　　Y10W5 型金属氧化锌避雷器是用于保护交流 35~500kV 电力系统的输变电设备免受大气过电压和操作过电压损坏的保护电器。图 9-88 所示为 Y10W5-200/520 型金属氧化锌避雷器的结构图，由上、下两节串联组成，每节由阀片组、瓷套和端部结构等几个部件组成，结构简单。

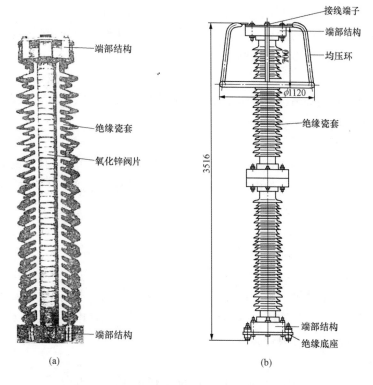

图 9-88　Y10W5-200/520 型金属氧化锌避雷器结构图

(a) 内部剖面图；(b) 外形图

（一）阀片

阀片是避雷器的主要元件，氧化锌阀片是以氧化锌为主要材料加少量金属氧化物加压高温烧结成圆饼状。阀片两面进行光滑处理，并喷上铝粉，以保证阀片之间的接触良好。氧化锌避雷器中的阀片组由单个阀片串联或并联而成。当单个阀片的通流容量能满足技术要求时，串联的阀片数量就取决于避雷器最大允许工作电压和残压。单个阀片的通流容量不能满足要求时，可采用并联阀片组的办法。

氧化锌阀片电阻具有良好的非线性特性。当系统出现大气过电压或操作过电压时，氧化锌电阻片呈低阻性，使系统过电压被限制在允许值以下，对电力设备提供可靠的保护。避雷器在额定电压和系统电压正常的情况下，由于有优异的非线性，它呈高阻值，使避雷器只流过很小的电流。

氧化锌阀片在正常工作电压的长期作用下会逐渐老化。其表现为阻性电流分量随运行时间的增加而增大，达到一定程度后，阀片的发热量超过散热量时，就会发生热崩溃，阀片损坏。因此，氧化锌阀片具有一定的寿命，所以要在运行中测量其阻性电流，并通过检查温度（极限 115℃）趋势来判断阀片的老化状况。

（二）绝缘瓷套

阀片组安装在绝缘瓷套内。瓷套作为避雷器的外绝缘，其材料为普通陶瓷，瓷套的端部通过采用一定的密封手段与避雷器的端部相连接，形成一个密闭容器。瓷套的高度应满足瓷套内外绝缘、防污等方面的要求。瓷套应为伞形，根据防污等级的不同，伞形的形状有所不同，瓷套的爬距也不相同，如室内的爬距为6300mm，而屋外的爬距为7812mm。瓷套内必须容下避雷器内的所有部件，并有一定裕量。此外，绝缘瓷套必须具有一定的机械强度，以满足抗风、抗震等方面的要求。

（三）端部结构

氧化锌避雷器的端部结构主要包括压力释放装置、阀片压紧装置、微正压装置、密封结构及端部固定结构。

1. 阀片压紧装置

阀片压紧装置是避雷器端部的一个用于压紧阀片的压紧弹簧。其目的是保证阀片之间，以及阀片与出线端子之间的电气连接可靠。为不影响氧化锌的电气性能，应使用导电铜带将弹簧两端短接，以消除弹簧电感，避免在雷电作用下产生很大的压降。

2. 压力释放装置及密封结构

图9-89所示为氧化锌避雷器下端部压力释放装置及密封结构图。压力释放及密封结构是由一块预应力不锈钢板和一个O形橡胶密封圈组成。每节避雷器的上、下端均有压力释放装置。正常时不锈钢板施加给贴在瓷套端部的O形密封圈一个恒定的压力。当瓷套内部压力增高过大，过高的压力气体将不锈钢板边缘顶起，内部的气体从法兰盘与瓷套之间的气孔中释放出来，避免瓷套爆炸。

3. 自封阀门

避雷器采用微正压结构，内部充有高纯度干燥的氮气，压力范围0.03~0.05MPa，在每节避雷器上端部装有一个自封阀门（见图9-90），以便对避雷器的密封状态进行检查，自封阀门也可以作为现场补压的充气口。

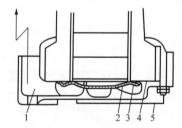

图9-89　氧化锌避雷器下端压力释放
装置及密封结构图

1—排气孔；2—密封板；3—橡胶垫；
4—含油衬垫；5—法兰盘

图9-90　自封阀门实物图

（四）均压环

均压环是一个直径为1120mm的铝管，靠4根高度700mm的细铝管装设在避雷器顶端，就像一顶帽子安装在避雷器的最上端。避雷器正常运行时，由于没有间隙，将持续流过泄漏电流。正常运行电压下氧化锌阀片阻性很高，原理上相当于一个电容，整个避雷器就是一个串联电容器链。如果不考虑其他影响，每个阀片上通过相同的电流，则整个避雷器上的电压分布是均匀的。由于对地杂散电容的影响，使得避雷器电压分布不均匀，高压侧电压分布高，低压侧电压分布低，因此避雷器上节阀片所承受的电压高于下节，如不采取必要的措施，上节阀片很容易老化、击穿，引起避雷器的损坏。在最上端装设均压环后就会改善其电压分布，改善上、下法兰的对地电容，阀片与高压侧间的杂散电容大大提高，从而使流过阀片的电流基本相等，避雷器上的电压分布基本均匀。

（五）绝缘底座

绝缘底座有两种结构，一种是前期产品，特别是户外随着运行时间的延长绝缘会出现下降趋势；另一种是改进型产品，能长期保持稳定的绝缘状况。

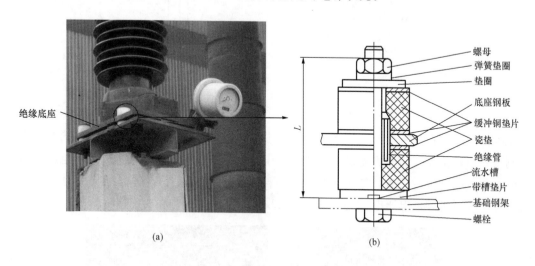

图 9-91　绝缘底座实物及安装图

（a）第一种绝缘底座实物图；（b）底座安装图

绝缘底座的第一种结构见图 9-91，避雷器绝缘底板用 4 个与底座钢板绝缘的螺栓和基础钢架相固定。4 根绝缘螺栓外部绝缘靠底座钢板上、下瓷垫保障，内部靠套在螺栓上的绝缘管来保障，流水槽要保证不被堵塞，否则雨水无法流出就会造成螺栓锈蚀，锈迹附在绝缘管内表面导致绝缘下降。

绝缘底座的第二种结构见图 9-92，绝缘底座就是一个支柱绝缘子，上、下法兰面分别与避雷器和基础钢架相固定。这种底座结构简单、维护方便，并能很好地保证绝缘水平。

（六）避雷器放电计数监测器

避雷器放电计数监测器是避雷器的在线监测仪器，集毫安表与计数器为一体，串联在避雷器接地回路中。其结构见图 9-93，实物见图 9-94。监测器中的毫安表用于监测运行电压下通过避雷器的泄漏电流，可以有效地检测出避雷器内部是否受潮或内部元件是否异常等情况。计数器则记录避雷器在过电压下的动作次数。某电厂选用的是 JCQ1 型放电计数监测器。

图 9-92　第二种绝缘底座实物图

JCQ1 型放电计数监测器主要由非线性电阻、电磁计数器、毫安表、继电器和一些电

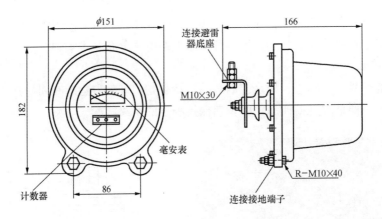

图 9-93　避雷器放电计数监测器结构图

子元器件组成。在正常运行电压下，通过避雷器和监测器泄漏电流的变化由监测器中毫安表测得。当避雷器和监测表流过雷电波、操作波或工频过电压时，强大的动作电流将从泄漏电流测量回路被转移到计数器回路，毫安表受到保护，计数器部分则利用通过的雷电波、操作波或工频过电压电流的能量，来实现记录动作的次数。

图 9-94　避雷器放电计数监测器实物图

JCQ1 型放电计数监测器经过不断的改型，在原理上虽然基本没有变化，但在毫安表和计数器的表盘和结构上有很大改进。毫安表表盘大小不同，但它们的量程都是 3mA，一般情况下避雷器在正常运行电压下的泄漏电流在 0.5mA 左右。计数器变化最大，一种是数字式的，很直观，每动作一次数字翻转增加，直接读取数字即可；另一种是指针式的，它有两个指针，一长一短，表盘数字刻度为 0～9，就像一个钟表，每动作一次长针就会动作一格，长针动作一周后，短针动作一格，短针就相当于十位上的数，长针就相当于个位上的数，读取时依照其指示刻度配合读取，如短针指示 1、长针指示 4，那么它的动作次数读取 14 次。

三、氧化锌避雷器的定期检查

氧化锌避雷器在运行中和运行后，都要对避雷器进行仔细的检查和测试，将测试结果记录，以便分析，并作为定期检查的参考。

（一）氧化锌避雷器运行中的定期检查

（1）放电计数器的检查。在投入运行时记录起始数字，以后每月或遇雷电后检查一次。

（2）氧化锌避雷器红外热成像测试。每季度进行一次氧化锌避雷器本体红外成像测试，正常避雷器整体有轻微发热，热场分布基本均匀，以此来判断氧化锌避雷器有无缺陷。

（3）测量运行电压下的交流泄漏电流。每年雨季以后进行一次避雷器阻性电流测试，记录每次的测试数据并进行比较，以此来判断避雷器的运行状态，当在线测量表测量的泄漏电流增加 20% 时，应立即进行阻性电流测量。

在正常运行电压下，通过避雷器的电流很小，只有几十至数百微安，这个电流称作运行下的交流泄漏电流。氧化锌避雷器的总泄漏电流中包含阻性电流和容性电流，在正常运行情况下，通过避雷器的电流主要是容性电流，而阻性电流只占很小一部分。但当避雷器内部绝缘状况不良以及阀片特性发生变化时，泄漏电流中的阻性分量就会增大很多，而容性电流变化不多。所以，要测量运行电压下的泄漏电流及其阻性分量来判断避雷器运行状态。

（二）氧化锌避雷器停运后的定期检查

（1）每年检查避雷器一次。清扫氧化锌避雷器，检查避雷器所有螺栓、螺母紧固良好、无松动，瓷套无脏污、损伤，元件无腐蚀，高压引线和接地线松紧度合适。

（2）每三年进行一次避雷器绝缘电阻测量。用 2500V 及以上的绝缘电阻表测量每节避雷器的绝缘电阻，其阻值应在 2500MΩ 以上，并和历史数据比较。绝缘电阻不仅取决于氧化锌阀片，还取决于内部绝缘部件和瓷套，所以瓷套表面的清洁、干燥情况和环境温度对测量结果影响很大。

（3）每三年测量一次直流 1mA 下的电压及 75% 该电压下的泄漏电流。

（4）每三年进行一次绝缘底座绝缘电阻测量。用 2500V 及以上的绝缘电阻表测量，其阻值应在 5MΩ 以上。

（5）每三年进行一次放电计数器的动作检查。用避雷器放电计数器测试仪测试 3～5 次，均应正常动作，测试后记录最后的指示值。

第十章

6kV 配电装置

第一节 概　　述

　　6kV 配电装置广泛采用配备了真空断路器与熔断器-真空接触器（F-C）组合电器的铠装式金属封闭开关设备来进行厂用负荷的分配。

一、铠装式金属封闭开关设备

　　铠装式金属封闭开关设备是指除外部连接外全部装配完成并封闭在接地金属外壳内的开关设备，它的主要组成部件（断路器、互感器、母线等）分别装在接地的用金属隔板隔开的隔室中，这些隔室根据其使用功能的不同，分为断路器室、母线室、电缆室及低压室（或仪表室）。

　　根据 GB 3906—2006《3.6kV～40.5kV 交流金属封闭开关设备和控制设备》的要求，开关装置应配有严密的"五防"装置。"五防"是指防止误分、误合断路器，防止带负荷拉、合隔离开关，防止带电（挂）合接地（线）开关，防止带接地线（开关）合断路器，防止误入带电间隔。铠装式金属密封开关设备型号表示如下：

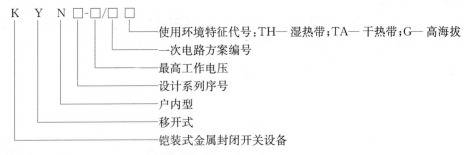

　　铠装式金属密封开关设备的参数有额定电压（U_N）、额定绝缘水平、额定频率（f_N）、额定电流（I_N）、额定短时耐受电流（I_k）、额定峰值耐受电流（I_p）、额定短路持续时间（t_k）、分合闸装置和辅助回路的额定电源电压、分合闸装置和辅助回路的额定电源频率等。

二、真空断路器

　　真空断路器是利用高真空可靠的绝缘性能及优良的灭弧性能制造的断路器，它具有体积小、质量轻、适合频繁操作、寿命长、维护工作量少等一系列优点。真空断路器由真空灭弧室、操动机构、绝缘支架、触头、导电杆等部件组成，所配的操动机构一般为电动机操动机构。

真空灭弧室的真空度一般在 1.33×10^{-4} Pa 以上，在这种气体稀薄的空间内，它有很强的绝缘强度及灭弧能力。其触头一般采用难熔金属材料（如铜铬合金或铜铋合金）制成，主要有两种形式：横向磁场触头和纵向磁场触头，其中横向磁场触头目前使用较多，又分为螺旋槽触头（阿基米德螺旋线形）及杯状触头。真空断路器型号表示如下：

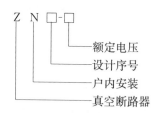

真空断路器的参数有额定电压、额定绝缘水平、额定频率、额定电流、额定短路开断电流、额定峰值耐受电流和额定短路关合电流、额定短时耐受电流及其持续时间、额定操作顺序等。

三、熔断器-真空接触器组合电器

熔断器-真空接触器（F-C）组合电器是 20 世纪 60 年代发展起来的新型配电设备，它是由高压熔断器及真空接触器组合起来的电器，具有真空接触器和熔断器两方面的优势。真空接触器触头采用 AgWC 或 CuWTe 材料，具有截流值低、功耗小、操作频率高、寿命长等优点。限流式熔断器能够在短路电流达到第一个波峰前熔断，具有灭弧能力强、开断电流大、价格低廉的优点。与真空断路器比较，F-C 组合电器有以下优点：

（1）切断故障电流速度快。断路器的全开断时间需要 100ms 左右，真空接触器切断故障电流只需要半个周期，即 10ms 以内，这将减轻被保护负载设备短路冲击的影响，减少电动机绕组绝缘故障。

（2）截流过电压低。真空断路器开断小电感电流时，由于弧柱扩散速度太快，阴极斑点附近的金属蒸气压力和温度急剧下降，金属质点的蒸发不能维持弧柱的扩散，造成电弧电流不是在电流自然过零时熄灭，而是在到达零点之前的某一瞬间时发生强制熄弧突然下降为零，从而形成截流，产生较高的截流过电压。由于真空接触器触头采用 AgWC 或 CuWTe 材料，其截流过电压值低，一般在截流值小于 1A 时，产生的截流过电压不超过额定电压的 1.3 倍，在截流值小于 10A 时，产生的截流过电压不超过额定电压的 3.1 倍。在容量为 1200kW 以下的电动机控制回路中，特征阻抗 Z 较大，并且电动机容量越小 Z 越大，产生的截流过电压越高，所以，在中小型电动机控制回路中采用 F-C 真空接触器更合适。

（3）经济性好。F-C 真空接触器比断路器占地面积小；F-C 真空接触器的机械寿命为 300 万次，电寿命为 60 万次，而断路器的机械寿命为 1 万次，电寿命更短；F-C 真空接触器的价格是断路器价格的一半左右。另外，由于熔断器的限流特性，可以降低负载的动稳定性和热稳定性，进一步降低工程造价。真空接触器型号表示如下：

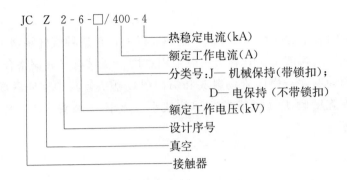

四、6kV 配电装置参数

某电厂 6kV 配电装置按生产厂家及系统分有四类:

(1) 350MW 机组主机 6kV 系统采用 KYN-12(MA-EC)型开关柜,配置 ZN67-12(10-VPR)型小车式真空断路器。其中开关柜型号 KYN-12 是按照国家标准规定的型号,而 MA-EC 是生产厂家的型号,开关柜及真空断路器技术参数见表 10-1 和表 10-2。

表 10-1　　　　　　　　　　　**KYN-12(MA-EC)型开关柜技术参数**

项目	参数	项目	参数
系统电压	10kV	动稳定电流	63/100kA
额定电压	12kV	工频耐压(有效值,1min)	42kV
额定电流	1250/3150A	对地冲击耐压	75kV
4s 热稳定电流	25/40kA		

表 10-2　　　　　　　　　　　**ZN67-12(10-VPR)型真空断路器**

项目	参数	项目	参数
额定电压	12kV	额定热稳定电流	40kA(4s)
额定电流	1250/3150A	额定分闸时间	33ms
额定短路开断电流	40kA	额定合闸时间	100ms
开断容量(参考值)	830MVA	绝缘水平	工频 1min:42kV; 冲击:75kV
额定动稳定峰值电流	100kA	额定操作顺序	O—0.3s—CO—1min—CO

(2) 350MW 机组脱硫 6kV 系统采用 8BK86-12(KYN18-12)型开关柜,配置 3AH3116 型小车式真空断路器,开关柜及真空断路器参数分别见表 10-3 和表 10-4。

表 10-3　　　　　　　　　　　**8BK86-12(KYN18-12)型开关柜**

项目	参数	项目	参数
额定电压	12kV	主母线额定电流	2000A
工频耐压(有效值,1min)	42kV	4s 热稳定电流(有效值)	40kA
雷电冲击耐压(峰值)	75kV	动稳定电流	100kA
额定频率	50Hz		

表 10-4 3AH3116 型真空断路器

项目	参数	项目	参数
额定电压	12kV	额定雷电冲击耐压（断口/对地）	75/85kV
额定电流	1250/1600A	额定合闸时间	75ms
额定关合电流	100kA	额定分闸时间	40～60ms
额定短路开断电流	40kA	合、分闸不同期	2ms
热稳定时间	4s	弹簧储能时间	15s
额定工频耐压（断口/对地）	42/48kV		

（3）300MW 机组主机 6kV 配电柜为 UR4 型和 UT4 型开关柜，开关采用的是 NVU12 型真空断路器和 SL CO14S5S-554 型真空接触器，其参数分别见表 10-5～表 10-8。

表 10-5 UR4 型开关柜

项目	参数	项目	参数
额定电压	12kV	主母线额定电流	4000A
工频耐压（有效值，1min）	42kV	4s 热稳定电流（有效值）	40kA
雷电冲击耐压（峰值）	75kV	动稳定电流	100kA
额定频率	50Hz		

表 10-6 UT4 型开关柜

项目	参数	项目	参数
额定电压	12kV	主母线额定电流	4000A
工频耐压（有效值，1min）	42kV	额定频率	50Hz
雷电冲击耐压（峰值）	75kV		

表 10-7 NVU12 型真空断路器

项目	参数	项目	参数
额定电压	12kV	额定雷电冲击耐压（断口/对地）	75/85kV
额定电流	1250/3150A	热稳定时间	3s
额定关合电流	100kA	额定工频耐压（断口/对地）	42/38kV
额定短路开断电流	40kA		

表 10-8 SL CO14S5S-554 型真空接触器

项目	参数	项目	参数
额定电压	7.2kV	额定短路开断电流	8500A
额定电流	400A	额定频率	50Hz

（4）300MW 机组脱硫 6kV 配电柜为 KYN18C-12 型开关柜，以及 3AH3116 型小车式真空断路器和 JCZ2-6J/400-4 型断路器，其参数分别见表 10-9～表 10-11。

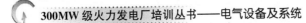

表 10-9   KYN18C-12 型开关柜

项目	参数	项目	参数
额定电压	12kV	主母线额定电流	2000A
工频耐压（有效值，1min）	42kV	4s 热稳定电流（有效值）	40kA
雷电冲击耐压（峰值）	75kV	动稳定电流	100kA
额定频率	50Hz		

表 10-10   3AH3116 型断路器

项目	参数	项目	参数
额定电压	12kV	额定雷电冲击耐压（断口/对地）	75/85kV
额定电流	1250/1600A	额定合闸时间	75ms
额定关合电流	100kA	额定分闸时间	40～60ms
额定短路开断电流	40kA	合、分闸不同期	2ms
热稳定时间	4s	弹簧储能时间	15s
额定工频耐压（断口/对地）	42/48kV		

表 10-11   JCZ2-6J/400-4 型断路器

项目	参数	项目	参数
额定电压	7.2kV	熔断器额定电流	160A
额定电流	400A	接触器极限开断电流	4.5kA
控制回路电压	DC 220V	接触器预期开断电流	40kA

第二节　6kV 配电装置（一）

一、开关柜结构

KYN-12 型开关柜从结构上分手车室、仪表室、主母线室和电缆室四个主要功能间隔。各隔室以金属钢板相互隔离。除仪表室外，其他隔室均有自己独立的泄压及通风通道。电缆室位于开关柜后部，上下贯通，空间宽敞适宜于各种进出线方式及左右联络。KYN-12 型开关柜结构见图 10-1。

手车室位于开关柜前下部，手车室底板高于开关柜底部 100mm，室内遮挡带电静触头的活门为金属活门。上、下两块可分别动作，互不干涉。馈线开关柜配有接地开关，该开关柜在手车室内有接地挡块，即当接地开关分闸时，该挡块能有效阻止手车进入工作位置。开关柜手车室布置见图 10-2。

手车室内的手车分为三类：①真空断路器小车，包括进线断路器及负荷侧断路器；②进线电压互感器（TV）小车，它在手车上安装了 TV 取 U、V 相电压，同时它的上、下触头间用母线排连接，起到进线隔离开关的作用；③母线电压互感器（TV）小车，它仅有上触头，在小车上安装了三相 TV 取 U、V、W 三相电压。

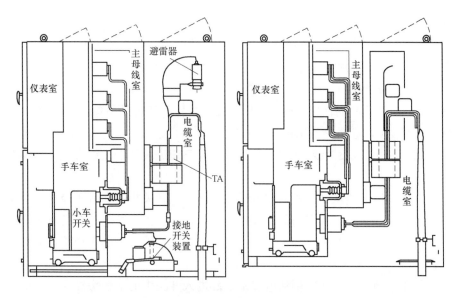

图 10-1　KYN-12 型开关柜结构图

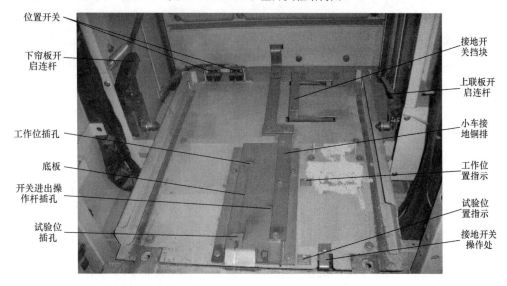

图 10-2　开关柜手车室布置图

仪表室位于开关柜前上部，仪表柜门上有仪表板，仪表板上安装测量仪器及二次继电保护装置（如测控装置 MCD、组合保护继电器 MSR 等）、按钮开关及指示灯等。该室内布置一安装板，安装其他二次元件。该室内左右侧板上有贯通二次电缆的方孔，以利于柜间二次电缆的连接。

主母线室位于开关柜中上部，三相主母线经该柜内分支母线与一次上静触头相连，该隔室顶部有压力释放孔，当该室内发生燃弧故障时，散热顶盖会自动打开，释放内部压力。

电缆室位于开关柜后部，上下贯通，该室内安装有电流互感器（TA）、接地开关（进线断路器及 TV 柜内无）、避雷器等元器件。该室作为负荷柜时通过电缆与外面相连，作为进线柜时可以与隔壁柜电缆室相连。电缆室顶部有换气孔，换气通道作为泄压通道。当

287

接地开关合闸时，开关柜后盖板方可打开，人员才能进入电缆室工作。

某电厂 350MW 机组 6kV 段接线方式为单母线方式，每段有两排开关柜，开关柜母线通过母线桥连接，同时在配电室靠主变压器侧的开关柜为进线 TV、进线断路器及备用进线 TV、备用断路器。

进线 TV、断路器间的连接：6kV TV 柜及开关柜间按电源母线进线方式分为上进线和下进线，6kV 1A 段进线及备用进线、6kV 1B 段备用进线、6kV 2A 段进线及备用进线为上进线方式，6kV 1B 段进线、6kV 2B 段进线及备用进线为下进线方式。具体接线方式如下所述：

上进线是指电源母线从 TV 柜的主母线室上部进入开关柜的上触头经 TV 小车与开关柜下触头连接，下触头与电缆室内的母线排连接，TV 柜电缆室母线排经相邻的进线开关柜电缆室母线排进入进线开关柜的下触头，通过进线断路器与上触头连接，上触头与整段的母线相连。

下进线是指电源母线从 TV 柜从电缆室下部进入开关柜的下触头经 TV 小车与开关柜的上触头连接，上触头与电缆室的母线排连接（电源母线与电缆室母线排间有隔板隔离，使两段母线不在同一空间内），TV 柜电缆室母线排经相邻的进线开关柜电缆室母线排进入进线开关柜的下触头，通过进线断路器与上触头连接，上触头与整段母线相连。

每段母线排间通过母线桥连接，段间母线桥分别将母线送入负荷开关柜的母线室与各主母线连接，连接示意图见图 10-3。

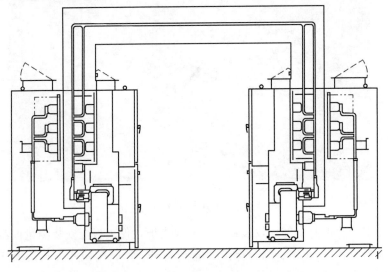

图 10-3　排间母线连接示意图

二、真空断路器

ZN67-12 型户内高压真空断路器分为两种，一种是负荷侧断路器，额定电流为 1250A；另一种是进线断路器，额定电流为 3150A。断路器由真空灭弧室、一次触头、绝缘支架和操动机构等组成。其中，真空灭弧室、一次触头及其他导电部件等构成了导电回路，绝缘支架为一次导电回路提供相间及对地的绝缘，操动机构使开关能够正常的分、合闸。真空断路器灭弧室的动、静触头位于高真空的陶瓷容器内，采用阿基米德螺旋线形结构；操动机构采用 CT22（BH-2）型电动弹簧操动机构，断路器结构见图 10-4。进线断路器及负荷侧断路器结构上的区别是：在进线断路器的一次导电回路设有专门的散热器，而负荷侧断路器由于工作电流小没有此部件。

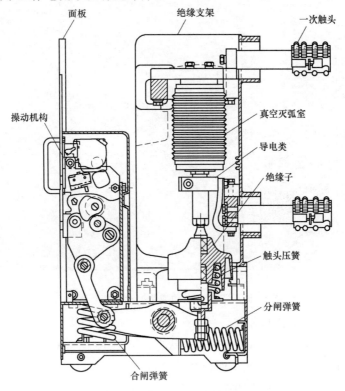

图 10-4　ZN67-12 型户内高压真空断路器结构图

打开断路器面板后，操动机构布置见图 10-5。操动机构可以电动操作也可手动操作，电动弹簧操动机构由储能机构及操动机构组成（储能机构是指合闸弹簧的储能机构）。

1. 储能机构

接通控制电源，电动机开始转动，通过电动机输出小轴、小齿轮、储能轴，大齿轮随之旋转，合闸弹簧做曲线运动使合闸弹簧进行储能。在合闸弹簧杆过死点后，大齿轮上的拨销推动小齿向右移动，使小齿轮与储能轴从啮合接口脱开，中断驱动源。合闸弹簧杆过死点后，合闸弹簧已储能，大齿轮被施加顺时针方向的旋转力矩，此力矩通过合闸销被合闸掣子阻挡，合闸弹簧储能完毕。同时，大齿轮后部的凸块使储能限位开关动作，切断电动机电源，电动机停止转动。

在储能轴上设置有单相离合器，在储能过程中突然断电，大齿轮也不会反转。这时可用合闸手动储能手柄进行储能。

手动储能时确认断路器在分闸状态，断开其控制电源。将手动储能手柄插入储能孔中，顺时针方向旋转，合闸弹簧进行储能。当机构中合闸销被合闸掣子扣住时会有轻微"啪"的一声，表示合闸弹簧储能到位。这时弹簧储能指示器位置由弹簧释能变为弹簧储能，随即储能手柄挂空，表示储能完成，取下储能手柄。

图 10-5　CT22 型电动弹簧操动机构布置图

2. 操动机构的分、合闸操作

断路器在分闸位置，合闸弹簧处于释能状态，见图 10-6（a）；合闸弹簧储能见图 10-6（b），储能电动机通电后，按照 1 项合闸弹簧储能。

合闸操作见图 10-7(b)→图 10-7(c)→图 10-7(d)：输入合闸命令后，合闸线圈带电，电磁铁动作撞击合闸掣子顺时针方向转动，合闸销与合闸掣子脱开，大齿轮在合闸弹簧的作用下带动合闸凸轮顺时针方向旋转。保持掣子上的滚轮在合闸凸轮的作用下逆时针方向旋转，通过输出杠杆使分闸弹簧储能，同时使灭弧室主触头合闸。这时，分闸销被分闸掣子阻挡，分闸弹簧储能结束，见图 10-7（d）。合闸过程中，合闸凸轮转动时脱开储能限位开关，限位开关动作，接通储能电动机电源，合闸弹簧储能，见图10-7(d)→图10-7(e)。

手动合闸时，确认断路器在工作位或试验位，联锁销落下插入位置孔内，储能手柄已取下。此时按动合闸按钮，断路器合闸，合分指示器由分变合。

分闸操作见图 10-7(e)→图 10-7(b)：输入分闸命令后，分闸线圈带电，电磁铁动作撞击分闸掣子逆时针方向旋转，保持掣子上的分闸销脱开。输出杠杆在分闸弹簧的作用下使灭弧室主触头分闸。这时，保持掣子上的合闸销被合闸掣子阻挡，分闸操作结束。

分闸操作时，直接按动分闸按钮，断路器分闸，合分指示器由合变分。

3. 控制回路及操作

断路器控制回路见图 10-8，图上所有元件全部在小车断路器本体上，虚框内装置为电路板，J1、J2、J3、J4 为电路板与外界连接插座编号，其中 LS1、LS2 限位开关位于断路器储能机构右上角，LS0 限位开关位于联锁销下方，各限位开关位置见图 10-5。

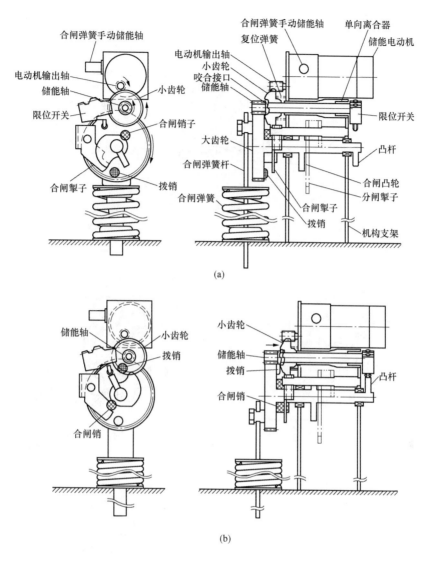

图 10-6 合闸储能机构状态图

（a）合闸弹簧释能状态；（b）合闸弹簧储能状态

图 10-8 中断路器处于分闸状态，合闸弹簧处于释能状态，端子①、②间为储能回路，③、④间为合闸回路，⑤、⑥间为分闸回路。

电动合闸操作：合闸弹簧电动储能，限位开关 LS2 闭合（合闸弹簧释能），接通电源，辅助继电器 52Y 铁芯动作，52Y 触点闭合，储能电动机回路接通，合闸弹簧储能。合闸弹簧储能结束后，限位开关 LS2 触点断开，电动机停止工作，同时限位开关 LS1 触点闭合，合闸操作回路接通。

接到合闸操作指令，合闸线圈 YC 带电，电磁铁动作，断路器合闸。断路器合闸后限位开关 LS2 触点闭合，电动机回路接通，合闸弹簧进行储能，为下一次合闸做准备。

断路器合闸时转换开关辅助触点转换，52b 断开，52a 闭合，分闸回路接通，同时防跳继电器 52X 接通，52X 触点断开。

电动分闸操作：接到分闸操作指令，分闸线圈 YT 通电，电磁铁动作，断路器分闸，

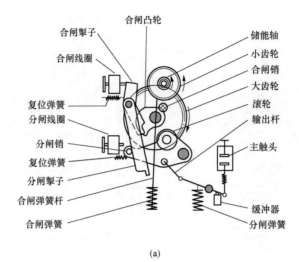

(a)

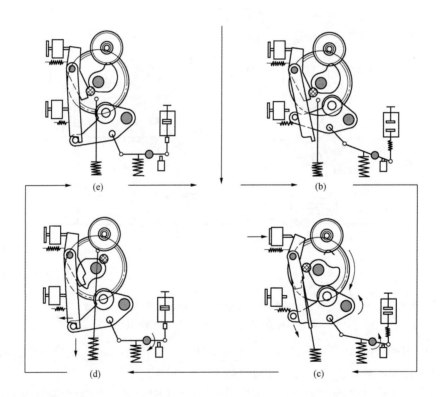

图 10-7　操动机构动作图

（a）分闸位置（合闸弹簧释能状态）；（b）分闸位置（合闸弹簧储能状态，分闸弹簧释能状态）；
（c）合闸动作中；（d）合闸位置（合闸弹簧释能状态，分闸弹簧储能状态）；
（e）合闸弹簧储能状态，分闸弹簧储能状态

转换开关辅助触点转换，52a 断开，52b 接通，合闸回路接通，同时防跳继电器 52X 断开，52X 触点闭合。

自由脱扣装置：防跳继电器 52X 是为断路器自由脱扣而设置，可以有效防止因误操作或合闸于故障点时引起断路器跳跃。

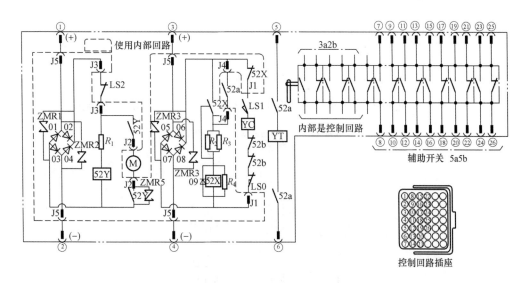

图 10-8　ZN67-12 型真空断路器控制回路图（控制回路采用 DC 110V 控制电源）

断路器—分闸状态；合闸弹簧—释能状态；电动机回路—无电压状态；M—储能电动机；YC—合闸线圈；
YT—分闸线圈；LS0—限位开关（断路器手车的位置信号）；LS1—限位开关（弹簧储能信号）；LS2—限位
开关（电动机启动/停止）；52a、52b—断路器辅助触点；52Y—辅助继电器（用于电动机）；52X—防跳继
电器；R_1、R_2、R_3、R_4—电阻（R_1、R_3、R_4 只是 220V 时的装备）

　　断路器为分闸位置，且合闸弹簧处于储能状态：当同时接到合闸、分闸命令或合闸于
故障点时，断路器合闸后立即分闸，而这时合闸命令没有撤除，但是防跳继电器 52X 继
续吸合，52X 触点断开，合闸回路也断开，断路器保持分闸位置。

　　断路器为合闸位置，且分合闸弹簧均处于储能状态：当同时接到分闸、合闸命令时，
断路器分闸，此时合闸命令还存在，防跳继电器 52X 继续吸合，52X 触点断开，合闸回
路也断开，断路器保持分闸位置。

　　只有当以上两种情况的合闸命令撤销后，防跳继电器 52X 复位，52X 触点接通，合
闸回路接通，再给合闸命令，断路器才能合闸。

4. 灭弧室

　　真空断路器灭弧室俗称真空包，动、静触头在高
真空的陶瓷容器内，采用阿基米德螺旋线形灭弧结构，
其结构见图 10-9。

　　真空断路器灭弧室外形像一个大电子管，所有触
头及灭弧零件都密封在一个绝缘的内部为真空管的外
壳内。外壳材料一般为玻璃或陶瓷，外壳两端为金属
端盖，动触杆的动密封是靠金属波纹管与动触杆同步
运动来实现的，波纹管一般用很薄的不锈钢板支撑，
动、静触头分别焊在动静触杆上。在触头与外壳间装
有金属屏蔽罩，其作用是防止触头间隙燃弧时发出的
电弧生成物沾污绝缘外壳内壁而破坏其绝缘性能。真
空断路器的触头开距一般为 12mm 左右。

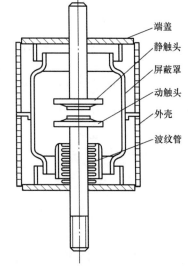

图 10-9　真空断路器灭弧室结构图

293

三、断路器与开关柜间的配合

（一）断路器的进出

断路器在开关柜内的位置分为试验位置和工作位置，两位置的确定是通过断路器本体上的联锁销及开关柜底板上的试验位及工作位插孔配合确定，联锁示意图见图 10-10。

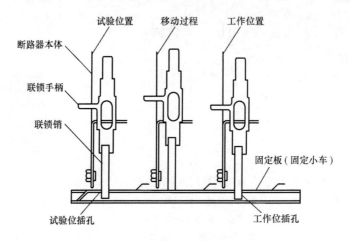

图 10-10　断路器位置联锁示意图

断路器从试验位进入工作位前，确认断路器处于分闸状态，合上断路器的控制电源，将二次插头插入断路器本体上的插座内（若不接通控制回路而直接将断路器推入工作位置，高压回路发生事故时不能跳闸，事故有扩大的危险），二次插头连接及脱开的方法：按箭头①方向压动控制回路连接插头定位板，将控制回路连接插头向箭头②方向插入并用插座锁扣扣住，此时定位板处于复位状态。拔下控制回路连接插头时首先按动定位板，然后拔下连接插头，见图 10-11。

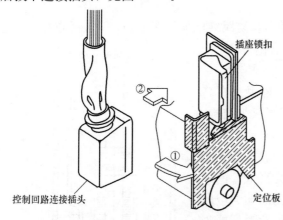

图 10-11　连接脱开控制回路连接插头示意图

定位板在此处有闭锁作用，当未连接控制回路插头时，定位板将卡在开关柜导轨槽外侧，使断路器不能进入；同时断路器在试验位时无法将控制回路插头拔下。

断路器从工作位或试验位向另一位置移动时，首先提起联锁销，使其从位置插孔中脱离，然后将断路器推入或拉至另一位置。

（二）开关柜接地开关装置

开关柜内接地开关结构见图 10-1，在开关柜手车室底板下安装了接地开关传动杆，传动杆上安装有接地开关闭锁块及凸轮，凸轮两侧安装有两个限位开关。在电缆室内传动杆末端安装有换向齿轮，另一换向齿轮安装在换向杆上，两个换向齿轮配合将传动杆左右旋转方向转换为换向杆的前后旋转，同时换向杆上安装有连杆将接地开关装置操作杆沿柜深方向移动，在连杆的另一端有连片同接地开关装置转轴相连使接地开关转轴转动，带动接地开关分合。

（三）开关柜的五防闭锁

1. 防止带负荷拉合隔离开关

防止小车断路器移动过程中被合闸：断路器本体上的联锁销与合闸掣子互相配合，当断路器处于试验位与工作位中间时，联锁销上移，挡住了合闸掣子［见图10-12（a）］，使合闸掣子无法移动与合闸销脱开，从而阻止了合闸的进行，这属于机械闭锁；同时联锁销上移后，其下部连接的断路器位置开关动作，合闸回路中的动断触点断开使合闸回路无法接通，断路器无法电气合闸，这属于电气闭锁。

防止小车断路器在合位时被拉离工作位或由试验位移入工作位：当断路器处于合闸位置时，合闸销将联锁销按住［见图10-12（b）］，使其无法上移，从而使联锁销牢固的插在试验位或工作位插孔中，使断路器无法移动。

(a) (b)

图 10-12　联锁销与合闸掣子、合闸销间的闭锁示意图
（a）联锁销与合闸掣子闭锁；（b）联锁销与合闸销闭锁

接地闭锁块

图 10-13　接地闭锁块示意图

2. 防止带地线合断路器

小车断路器在试验位或柜外时才允许合接地开关，当接地开关合上时，手车室内的接地开关闭锁块处于竖起状态（见图10-13），阻挡了断路器从试验位继续前移进入工作位。

3. 防止带电合接地开关

接地开关处于分闸状态，小车断路器推入工作位，此时，由于小车断路器本体将接地开关闭锁块挡住，使接地开关无法操作。

4. 防止误入带电间隔

打开开关柜后盖板时，应将盖板提起方可将盖板取下，同时只能从下向上将盖板依次取下，这样只要保证最下方盖板在接地开关分闸时打不开，就保证了整个柜后盖板在分闸时打不开。在接地开关主轴上连有闭锁装置（见图10-14），闭锁片与柜后最下盖板的筋板闭锁。当接地开关处于分闸状态，闭锁片压在筋板上使其无法上移取下；当接地开关处于闭合状态时，接地开关主轴驱动闭锁片后缩，解除闭锁，此时可以将盖板打开。

5. 防止误拉合断路器

在开关柜上标有明确的负荷名称及断路器编号，通过操作时的双人操作及确认断路器编号等措施可以防止误拉合断路器。

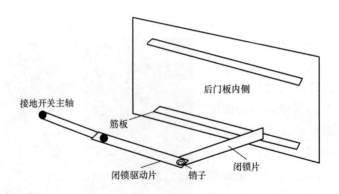

图 10-14　后柜门闭锁装置示意图

四、断路器及开关柜的维护

1. 检查周期

断路器检查周期可以分为巡视检查、定期检查和临时检查三类。

巡视检查指断路器运行中的检查，检查周期为 6 个月。

定期检查是指停电状态下进行的全面检查，其中分为普通检查与精密检查，普通检查周期为 1～2 年，精细检查周期为 4 年或操作 5000 次。

临时检查是在额定短路电流或接近额定短路电流下开断 5～6 次或动作时发现异常情况下进行的检查。

2. 检查内容

巡视检查项目见表 10-12，定期检查项目见表 10-13。

表 10-12　　　　　　　　　　　巡视检查项目

检查部位	检查项目	检查方法	处理方法
合分指示器及弹簧储能指示器	确认指示器位置正确	目视	检查基础上进行适当调整、维修
控制回路	确认联锁销的联锁状态		
动作计数器	确认动作次数		超过 10 000 次更换断路器
其他	确认有无异常声音、气味		临时停电进行检查、维修

表 10-13　　　　　　　　　　　定期检查项目

检查部位		检查项目	检查方法	处理方法	普通	精细
操动机构		弹簧有无生锈、变形、损伤	目视及手动分合闸确认活动是否灵活	在清扫、除尘基础上加入适量的润滑脂，根据需要更换零部件	0	0
		各螺钉处有无异常				
		各活动部位有无异常、磨损			0	
		有无生锈、尘埃及异物混入				
		缓冲器有无漏油			0	
		挡圈有无脱落、变形				
		确认超程	参照超程判定	若需要再调整	—	
控制回路	配线	有无断线、螺钉紧固程度	目视	请勿修改，紧固螺钉	0	0
	辅助开关	连杆的活动及触指接触状态				

续表

检查部位		检查项目	检查方法	处理方法	普通	精细
端子部分		确认端子紧固情况，导电部位有无变色	目视	紧固螺钉	0	0
真空灭弧室	真空度检查	确认真空度是否正常	耐压法	异常时更换真空包	—	0
	真空灭弧室	绝缘子表面是否附着潮气、污秽	目视	清扫擦拭	0	
	确认触头损耗	确认损耗量是否在允许范围内	参照触头损耗法	异常时更换真空包		
附属装置	合分指示器及动作计数器	确认动作是否正常	目视	如有必要请更换部件	0	0
绝缘电阻测试		主导电部分 500MΩ 以上	1000V 绝缘电阻表测试	清扫，有必要时更换零部件	0	0
		控制回路 2MΩ 以上	500V 绝缘电阻表测试			
耐压试验		高压部分的工频耐压 32kV，1min	耐压试验通过无异常放电	清扫，必要时更换零部件	0	0
机械特性及线圈电阻测试		合闸操作试验分闸操作试验测定最低动作电压线圈电阻测量	手动分合操作正常后，进行电动操作及特性测试（时间测试）	如有异常进行检查维修，时间测试在断路器操作5000 次后进行	—	0
主回路接触电阻测试		主回路接触电阻测试	通入 100A 直流电流测试	如有异常更换真空包	0	0
开关柜五防检查		检查开关柜五防闭锁功能	检查五防闭锁正常	如有异常进行调整	0	0
开关柜机构		帘板、连杆机构检查接地开关机构检查	机构动作灵活	如有异常进行调整	0	0
断路器静触头		触头检查	触头表面光洁，无过热、无变色	如有异常进行打磨，严重者更换	0	0

触头损耗及超行程的判定按照图 10-15 方法进行，判断标准见表 10-14。

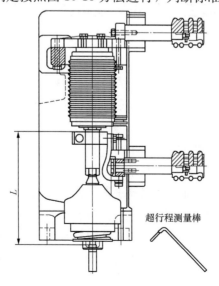

图 10-15 触头损耗及超行程判定图

L—超行程尺寸

表 10-14	触头损耗及超行程的判断标准	
触头损耗的判定	断路器处于合闸状态，如图 10-15 所示的损耗线与真空灭弧室中可动距离（尺寸 $L=0$ 时，表示的是电极损耗的临界）	
超行程的判定	当断路器处于合闸状态，超行程测量棒不能插入图 10-15 所示的间隙时，表示在允许范围内	

机械操作试验及线圈电阻测量判定标准见表 10-15，主回路接触电阻判定标准见表 10-16。

表 10-15　　　　　　　　机械操作试验及线圈电阻测量判定标准

试验项目		判定标准	
合闸弹簧储能时间（额定电压）		$\leqslant 10s$	
合闸时间（额定电压）		$\leqslant 0.1s$	
分闸时间（额定电压）		$\leqslant 0.033s$	
最高动作电压	合闸	1.2 倍额定电压	5 次动作正常
	分闸	1.2 倍额定电压	5 次动作正常
最低动作电压	合闸	75％额定电压	5 次动作正常
	分闸	60％额定电压	5 次动作正常
		30％额定电压	3 次不动作
分、合闸线圈电阻（20℃）		合闸	分闸
		（30±3）Ω	（19.5±1.9）Ω

表 10-16　　　　　　　　　　主回路接触电阻判定标准

额定电流	1250A	3150A
真空包主触头间	$\leqslant 12\mu\Omega$	
端子间	$\leqslant 34\mu\Omega$	$\leqslant 16\mu\Omega$

第三节　6kV 配电装置（二）

一、开关柜结构

8BK86-12（KYN18-12）型开关柜从结构上分断路器室、母线室、电缆室和低压室四个主要功能间隔，开关柜的外壳和隔室间以镀锌钢板相互隔离。三个高压室顶部都装有压力释放板，出现内部故障电弧时，高压室内气压升高，由于柜门已可靠密封，高压气体将冲开压力释放板释放出来。相邻的开关柜由各自的侧板隔开，拼柜后仍有空气缓冲层，可以防止开关柜被故障电弧贯穿熔化，其结构见图 10-16。

断路器室位于开关柜前下部，断路器手车装在有导轨的断路器室内，可以在运行、试验/隔离两个不同位置间移动。当手车从运行位向试验位移动时，活门会自动盖住装有母线室和电缆室内的触头盒内的静触头，防止活门打开。手车室只能在开关柜门关闭的情况下操作，通过门上的观察窗可以看到手车的位置、手车上的合闸、分闸按钮、合分闸指示器、储能/释能状况指示器。

断路器室内的手车分为三类：①真空断路器小车，包括进线、分段和负荷断路器；

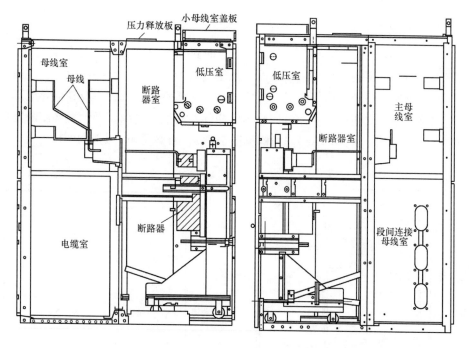

图 10-16 8BK86-12 型开关柜结构图

②母线电压互感器（TV）小车，它仅有上触头，在小车上安装了三相 TV 取 A、B、C 三相电压；③隔离开关小车，它是将上下动触头用母线排连接起来安装在小车上，所有的手车进出机构完全相同。

低压室位于开关柜前上部，仪表柜门上有仪表板，仪表板上安装测量仪器及二次继电保护装置、按钮开关及指示灯等。该室内布置一安装板，安装其他二次元件。该室内左侧线槽用来引入和引出柜间连线，右侧线槽用来附设开关柜内部连线。低压室侧板上有控制线穿越孔，以便控制电源的连接。在低压室顶部设有二次小母线，是整段的控制电源母线。

主母线室位于开关柜后上部，三相主母线经该柜内分支母线与一次上静触头相连，该隔室顶部有散热孔，当该室内发生燃弧故障时，散热顶盖会自动打开，释放内部压力。

电缆室位于开关柜后下部，与主母线室间有镀锌钢板隔开。该室内安装有电流互感器（TA）、接地开关（进线断路器、TV 柜、分段断路器及隔离开关柜内没有）、避雷器等元器件。该室作为负荷柜时通过电缆与外面相连。当接地开关合闸时，开关柜后盖板方可打开，人员才能进入电缆室工作。

某电厂 350MW 机组脱硫 6kV 段接线方式为单母线分段方式，双电源进线（设 6kV 脱硫 1A、1B 段，脱硫 2A、2B 段）。6kV 脱硫 1A、1B 段，脱硫 2A、2B 段之间设置分段断路器及隔离开关，正常工作时分段断路器打开，当某一段进线电源失电或故障时跳开该段进线断路器，可手动闭合分段断路器。6kV 脱硫母线分别由主厂房对应的 6kV 1A、1B 段，2A、2B 段引接电源。6kV 单元负荷及公用负荷分别接于脱硫 1A、1B，2A、2B 段。6kV 系统为中性点中阻接地系统。每台机组两段开关柜母线通过分段断路器及隔离开关连接。

二、真空断路器介绍

某电厂 350MW 机组脱硫 6kV 3AH 型真空断路器分为两种，一种是负荷侧断路器，额定电流为 1250A；另一种是进线断路器，额定电流为 1600A。断路器由真空灭弧室、一次触头、绝缘支架和操动机构等组成。其中，真空灭弧室、一次触头及其他导电部件等构成了导电回路，绝缘支架为一次导电回路提供相间及对地的绝缘，操动机构使断路器能够正常的分合闸。3AH3 型真空断路器结构见图 10-17，断路器触头见图 10-18。

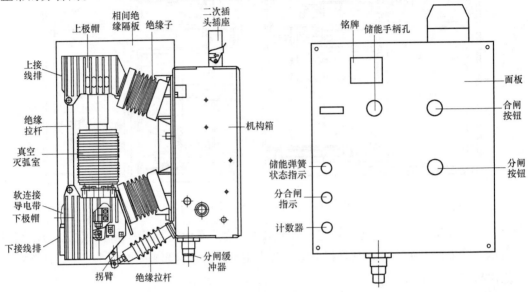

图 10-17　3AH3 型真空断路器结构图

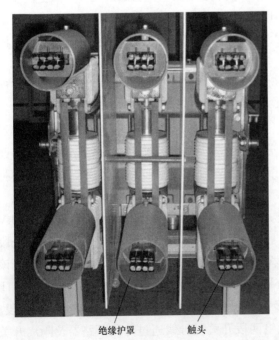

图 10-18　断路器触头实物图

打开断路器面板后，机构箱结构见图 10-19，该机构箱可以电动操作也可手动操作，电动弹簧操动机构由储能机构及操动机构组成（此处储能机构是指合闸弹簧的储能机构）。

（一）储能机构

储能机构内合闸弹簧拐臂、合闸凸轮与合闸销拐臂被同一转轴驱动。接通控制电源，电动机开始转动，通过齿轮箱传动带动合闸弹簧拐臂、合闸弹簧杆将合闸弹簧拉伸进行储能。在合闸弹簧杆过死点后，合闸弹簧已储能，此时合闸弹簧拐臂受顺时针方向（站在断路器左侧）的旋转力矩，该力矩通过合闸销被合闸掣子阻挡，合闸弹簧储能完毕。同时，合闸弹簧旁的凸块使储能限位开关动作，切断电动

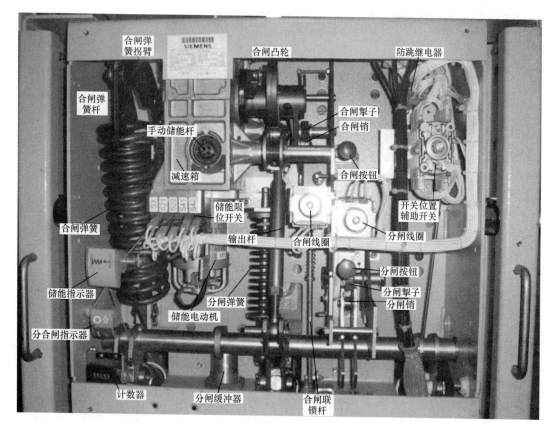

图 10-19　3AH3 型真空断路器机构箱图

机电源，电动机停止转动。

手动储能时确认断路器在分闸状态，断开其控制电源。将手动储能手柄插入储能孔中，顺时针方向旋转，合闸弹簧进行储能。当机构中合闸销被合闸掣子扣住时会有轻微"啪"的一声，表示合闸簧储能到位。

（二）操动机构的分、合闸操作

断路器在分闸位置，合闸弹簧处于释能状态，储能电动机通电后，按照项（一）合闸弹簧储能。

合闸操作：输入合闸命令后，合闸线圈带电，电磁铁动作撞击合闸掣子顺时针方向转动，合闸销与合闸掣子脱开，在合闸弹簧的作用下转轴带动合闸凸轮顺时针方向旋转。保持掣子上的滚轮在合闸凸轮的作用下逆时针方向旋转，通过输出杆使断路器下部的主轴转动，绝缘拉杆带动拐臂顺时针方向转动，拐臂另一端推动触杆上移使灭弧室主触头合闸。这时，分闸销被分闸掣子阻挡，同时主轴转动使分闸弹簧压缩储能结束。合闸凸轮转动时带动合闸弹簧拐臂顺时针转动，脱开储能限位开关，限位开关动作，接通储能电动机电源，合闸弹簧再次储能，同时合闸掣子将合闸销顶住，为下一次合闸做好准备。

手动合闸时，确认断路器在工作位或试验位，合闸联锁销落下，储能手柄已取下。此时按动合闸按钮，断路器合闸，合分指示器由分变合。

分闸操作：输入分闸命令后分闸线圈带电，电磁铁动作撞击分闸掣子顺时针方向旋转，主轴所连的分闸销脱开。主轴在分闸弹簧的作用下逆时针旋转，绝缘拉杆带动拐臂逆时针转动，拐臂另一端拉动动触杆下移使灭弧室主触头分闸。

分闸操作时，直接按动分闸按钮断路器分闸，合分指示器由合变分。

（三）控制回路及操作

断路器控制回路见图 10-20（本断路器采用 DC 220V 控制电源，图中开关处于分闸状态，车处于工作位置，合闸弹簧未储能），图上所有元件在小车断路器本体上，其中 S3、S21、S22、S41、S42 限位开关位于断路器储能电动机前方，断路器试验、工作位置 S8、S9 开关位于合闸联锁杆下方，防跳继电器 K1 位于机构箱右上角，断路器位置辅助开关位于防跳继电器下方，其余合闸线圈、分闸线圈等部件具体位置见图 10-19。

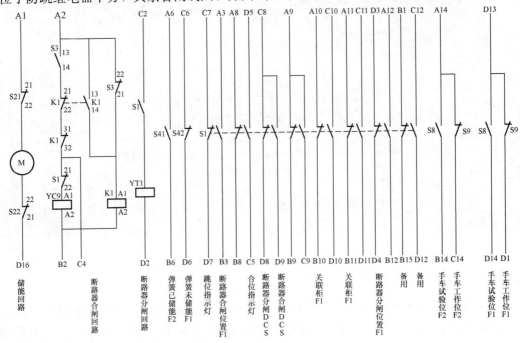

图 10-20　3AH3 型断路器控制回路图

M—储能电动机；S21、S22—储能限位开关；S3—储能限位开关；S41—弹簧储能开关；S42—弹簧未储能开关；
S8—手车试验位置开关；S9—手车试验位置开关；F1—断路器综合保护装置；F2—断路器状态综合指示仪；
K1—防跳继电器；S1—断路器辅助开关

断路器分闸，合闸弹簧处于释能状态，端子 A1、D16 间为储能回路，A2、B2 间为合闸回路，C2、D2 间为分闸回路。

电动合闸操作：合闸弹簧电动储能，限位开关 S21 闭合（合闸弹簧释能），接通电源，储能电动机回路接通，合闸弹簧储能。合闸弹簧储能结束后，限位开关 S21 触点断开，电动机停止工作，同时限位开关 S3 触点闭合，合闸操作回路接通。

接到合闸操作指令，合闸线圈 YC9 带电，电磁铁动作断路器合闸。断路器合闸后限位开关管 S21 触点闭合，电动机回路接通，合闸弹簧进行储能，为下一次合闸做准备。

断路器合闸时弹簧储能辅助触点转换，S3 接通防跳继电器 K1 线圈带电，K1 串在合闸回路中的触点断开，合闸回路闭锁，同时辅助开关转换 S1 动合触点闭合，跳闸回路接通。

电动分闸操作：接到分闸操作指令，分闸线圈 YT1 通电电磁铁动作，断路器分闸，转换开关转换 S1 动合触点断开，动断触点接通，合闸回路接通。

自由脱扣装置：防跳继电器 K1 是为开关自由脱扣而设置，可以有效防止因误操作或合闸于故障点时引起断路器跳跃。

断路器为分闸位置且合闸弹簧处于储能状态：当同时接到合闸、分闸命令或合闸于故障点时，断路器合闸后立即分闸，此时由于合闸弹簧释能，S3 动合触点断开，合闸回路断开，同时 S3 动断触点接通，防跳继电器 K1 吸合，当储能结束 S3 动断触点断开，若合闸命令仍未撤除，自保持回路使防跳继电器 K1 继续吸合，串在合闸回路中的 K1 触点断开，合闸回路断开，断路器保持分闸位置。

只有当合闸命令撤销后，防跳继电器 K1 复位，串联在合闸回路中的 K1 触点接通，合闸回路接通，此时再给合闸命令，断路器才能合闸。

（四）灭弧室

真空断路器灭弧室结构见图 10-21，其触头为杯状结构。

三、断路器与开关柜间配合

（一）断路器的进出

1. 断路器进出机构原理及结构

在断路器手车上安装有小车的推进机构（见图 10-22），该机构工作原理是通过静支架两侧的锁片将静支架固定在开关柜前部，然后通过小车静支架上的丝杠装置将小车顶入开关柜内进入工作位置。断路器推进机构由静支架、丝杠装置、丝杠联锁装置、断路器位置指示装置等部分构成，见图 10-23。

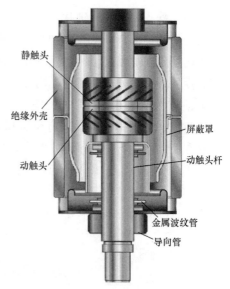

图 10-21 3AH3 型真空断路器
灭弧室结构图

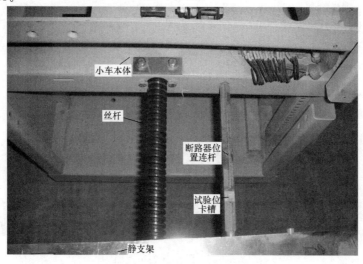

图 10-22 断路器推进机构图

303

图 10-23　丝杠联锁装置右视图及对应开关柜上的装置图

(a) 锁片位置图；(b) 锁片插孔位置图

断路器静支架两侧有锁片，用于将静支架卡在断路器两侧相应的插孔内，使静支架固定在开关柜的前部指定位置，锁片上连有操作手柄。静支架上还安装有丝杠装置，该丝杠操动机构固定在静支架上，小车本体前部有丝孔可供丝杠进入或退出；在静支架上安装有丝杠联锁板装置，通过在解锁孔内插入钥匙打开或关闭丝杠操作孔来允许断路器进出的操作，解锁装置连有闭锁连片（见图 10-24），在解锁钥匙转动时，静支架右侧的闭锁连片伸出或收回；在解锁机构后连有位置指示杆，位置指示杆是一个纵向截面为菱形的长方体，它在断路器运行中处于静止状态，在杆上开有工作、试验位置槽，在断路器操作到试验位或工作位后拔下手车操作摇把逆时针旋转解锁钥匙，断路器本体上的合闸联锁杆即卡入槽中。同时在位置指示杆后部（断路器合闸闭锁杆下）还装有位置开关 S8、S9（见图 10-25），通过位置指示杆上安装的凸片接通位置开关。

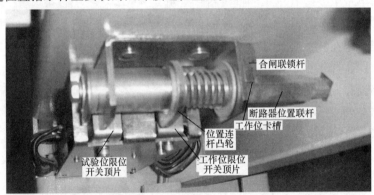

图 10-24　试验、工作位置指示结构图

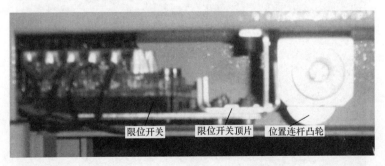

图 10-25　限位开关布置图

2. 断路器的进出操作

断路器由柜外进入试验位的操作：在开关柜前放置手车导轨，将手车沿导轨推入柜内试验位置，在进入开关柜前将左右锁片操作手柄向内侧移动，在断路器到位后松开操作手柄，检查锁片插入相应的槽内。

断路器由试验位进入工作位的操作步骤如下：

（1）检查柜内接地开关处于断开位置后将断路器二次插头插入手车上的插座内，检查手车低压室门上试验位置指示灯亮。

（2）移开手车导轨，关闭断路器柜门。

（3）图 10-26 所示为手动丝杠联锁装置图。将解锁钥匙插入解锁孔内，顺时针转动90°，手车丝杠联锁板向右移动，露出操作孔（若解锁钥匙孔打不开，请检查解锁孔和操作孔间的闭锁销是否按下，该闭锁销被柜门上的顶杆顶住后，解锁孔才能打开）。

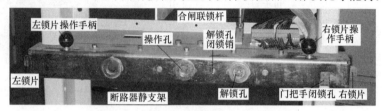

图 10-26 手车丝杠联锁装置图

（4）将手车操作摇把插入操作孔，顺指针转动摇把，推进手车到达工作位置。

（5）取下摇把，逆时针转动解锁钥匙90°，锁定手车，取下解锁钥匙，此时低压室门上工作位置指示灯亮。

断路器由工作位退至试验位：

（1）确认断路器在分闸位置，将解锁钥匙插入解锁孔内顺时针转动90°。

（2）将手车操作摇把插入操作孔内，逆时针转动摇把，将手车摇至试验位。

（3）取下摇把，逆时针转动解锁钥匙90°，锁定抽车，取下解锁钥匙。

（4）拉开手车控制电源，打开柜门，取下二次插头。

（5）放好手车导轨，将锁片操作手柄向内侧移动，检查锁片脱出后拉动手车沿导轨移动至开关柜外。

（二）开关柜接地开关

开关柜内接地开关结构见图 10-27，在开关柜右侧中部安装了接地开关（此处简称开关）传动杆。打开开关柜门后，在柜体右侧中部有断路器操作孔，在手车室内断路器传动杆上连有凸轮并在该处柜体上装有接地限位开关。

接地开关柜前装置见图 10-28。操作时接地开关时，首先检查开关柜后门闭合后向下压滑板，露出接地开关驱动轴的端部，将接地开关操作手柄插入操作孔内，顺时针方向转动手柄大约180°，合上接地开关；逆时针转动手柄大约180°，断开接地开关。操作完成后取下操作手柄，检查柜后开关位置指示正确，同时观察操作孔下状态指示正确。

（三）开关柜的五防闭锁

（1）防止带负荷拉合隔离开关。防止小车断路器移动过程中被合闸：小车移动过程中，断路器静支架上的位置连杆将断路器合闸连杆顶起，断路器无法合闸。

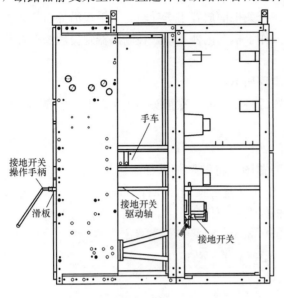 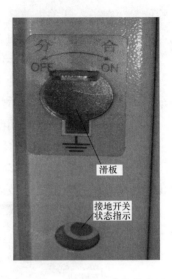

图 10-27　接地开关结构图　　　　　　　　　　　　　图 10-28　接地开关柜前装置图

防止小车断路器在合位时被拉离工作位或由试验位移入工作位：当断路器处于合闸位置时，分闸销连杆将合闸连杆上所连接的闭锁片压住，使合闸连杆无法抬起，合闸连杆卡入位置连杆上槽内将位置连杆压住无法转动。当解锁钥匙插入解锁孔内后，位置连杆动作无法转动，操作孔被闭锁连片挡住，断路器进出操作手柄无法插入操作孔内进行操作，达到闭锁目的。

防止分段断路器在合位操作隔离开关：在隔离开关柜门操作孔处安装有电磁锁（见图 10-29），在闭锁回路中与分段断路器分合位置触点 S1 动断串联，当分段断路器处于断位时电磁锁才能打开，允许隔离开关进入或退出工作位。

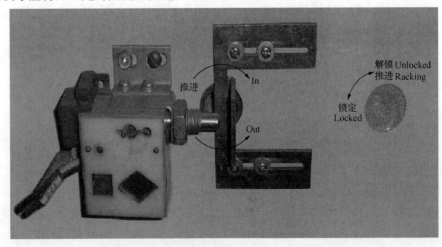

图 10-29　隔离开关柜操作孔电磁闭锁装置图

（2）防止带地线合断路器。当接地开关合上时，其操作孔上的帘板带动接地开关闭锁装置下移（见图 10-30），将闭锁连片插孔堵住，使手车上的操作手孔闭锁连片被阻挡，无法进行断路器进出操作,防止了接地开关合上后将断路器推入工作位置,达到防止带地线合断路器的目的。

图 10-30 接地开关柜前闭锁结构图

(3)防止带电合接地开关。开关柜的柜门闭锁装置示意见图 10-31,关开关柜门时,先将门把手提起,关闭柜门,使门把手闭锁销插入闭锁孔内,然后将门把手放开落下,此时门销进入销座内将柜门与柜体固定牢靠,此时闭锁销位于闭锁孔下方。

图 10-31 开关柜门闭锁装置示意图

手车操作孔闭锁装置见图 10-32。当手车在试验位置且操作孔内闭锁片闭锁时,门把手闭锁片缩回,闭锁孔内为空,开关柜门可以随意移动;用解锁孔钥匙解锁操作孔时,门把手闭锁片右移,挡住了闭锁孔;断路器进至工作位旋转解锁钥匙闭锁操作孔时,门把手闭锁片仍留在闭锁孔内,此时门把手闭锁片将闭锁销挡住,使柜门无法打开。

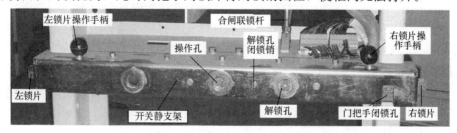

图 10-32 手车操作孔闭锁装置图

如上所述,当手车从试验位开始移至工作位,再从工作位退回至试验位过程中,由于开关柜门始终无法打开,接地开关操作孔无法露出,所以就不可能存在带电合接地开关的可能性。

（4）防止误入带电间隔。带有接地开关的闭锁见图 10-33，当接地开关闭合时，后柜门闭锁片将柜门勾住，使得柜门无法打开；当接地开关闭合时，后柜门闭锁片方向与柜门上闭锁孔方向一致，柜门才能打开。开关柜门打开后，由于闭锁块插入柜体上闭锁孔内，使接地开关无法操作，只有当开关柜门关闭后，柜门将闭锁块压进柜内接触接地开关操作闭锁，才能使接地开关正常操作。这样防止了不合接地开关进入开关柜内或开关柜内工作误拉接地开关，达到防止误入带电间隔的目的。

图 10-33　接地开关后柜门闭锁装置图

无接地开关的闭锁如下：在进线柜、TV 柜、分段开关柜、隔离开关柜后门处安装有电磁锁，该电磁锁与断路器状态综合指示仪电磁闭锁触点相连，当高压带电显示装置监测出断路器带电后，电磁闭锁触点断开，电磁锁回路断开，开关柜后柜门电磁锁不能打开，从而无法打开开关柜后柜门，达到防止误入带电间隔的目的；当带电显示装置监测断路器不带电时，电磁闭锁触点闭合，电磁锁回路接通，开关柜门可以打开。

（5）防止误拉合断路器。在开关柜上标有明确的负荷名称及断路器编号，通过操作时的双人操作及确认断路器编号等措施可以防止误拉合断路器。

四、断路器及开关柜的维护检查

（一）断路器的维护检查

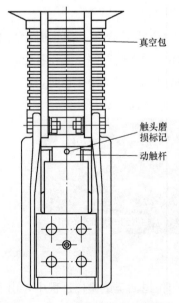

图 10-34　触头磨损检查示意图

正常条件下，3AH3 型真空断路器在 10 000 次内操作是免维护的，但应定期对断路器进行一些维护检查。检查时要注意：若断路器二次电源未切断，严禁触及线圈及二次接线端子。机械操动机构内的分合闸弹簧处于释能状态方可将手或工具伸入进行机构检查。定期维护检查包括断路器触头系统检查、真空度检查。

（1）断路器触头系统检查。触头系统磨损是由于电磨损和触头间压力而造成的，为了检查触头磨损情况，在下极帽上有磨损检查标志，断路器处于合闸状态时能看见磨损标志，则触头磨损程度在允许范围内；反之，则触头磨损严重超标。触头磨损检查示意图见图 10-34。

（2）真空度检查。真空度检查是在断路器灭弧室两端施加 AC 42kV 电压，保持 1min，若加压过程中泄漏电流无变化且除"嗡嗡"的正常电晕声外没有其他异常的放电声、气味等现象，说明断路器真空度在合格范围内。

（二）开关柜的维护检查

根据现场运行环境，应每 2～5 年对开关柜进行一次检查和保养，检查工作应包括以下内容：

（1）检查隔离触头的表面情况：将手车拉至开关柜外，支起活门并用挂锁锁住，目测断路器动静触头；若其表面磨损、表面腐蚀严重、出现损伤或过热（表面变色）痕迹，则更换触头。

（2）对开关柜及手车进行清理，检查其保持干燥和清洁。

（3）检查母线和接地系统的螺栓连接紧固，隔离触头系统的功能正确。

（4）检查断路器的五防闭锁系统正常，五防闭锁机构无变形。

（5）检查手车进出机构（包括帘板动作机构）灵活、无变形。

第四节　6kV 配电装置（三）

一、开关柜结构

UR4 型和 UT4 型开关柜结构基本相同，从结构上都分手车室、仪表室、主母线室和电缆室四个主要功能间隔，最大的区别就是手车室不同，UR4 型手车室位于开关柜前中部，UT4 型手车室位于开关柜前中下部，各隔室均以金属隔板相互隔离。除仪表室外，其他隔室均有自己独立的泄压及通风通道。相邻的开关柜由各自的侧板隔开，拼柜后仍有空气缓冲层，可以防止开关柜被故障电弧贯穿熔化。电缆室位于开关柜后下部。两种开关柜结构分别见图 10-35 和图 10-36。

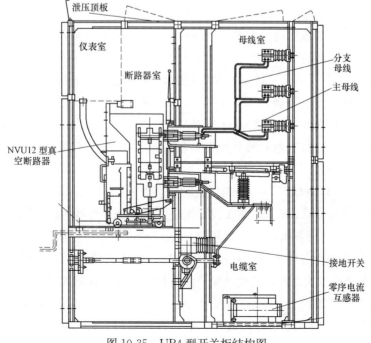

图 10-35　UR4 型开关柜结构图

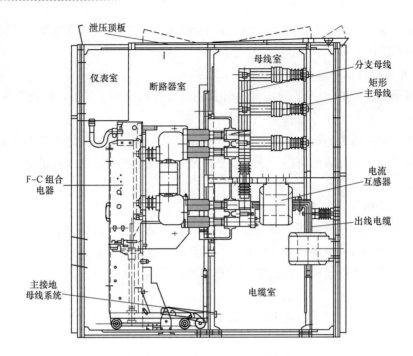

图 10-36　UT4 型开关柜结构图

UR4 型开关柜配备中置式手车，包括 4A 段进线断路器、TV 及部分负荷断路器。

UT4 型开关柜配备的是落地式手车，包括除 4A 段外的进线断路器、部分负荷断路器、进线 TV 小车、母线 TV 小车。

仪表室位于开关柜前上部，仪表柜门上有仪表板，仪表板上安装测量仪器及二次继电保护装置、按钮开关及指示灯等。该室内布置一安装板，安装其他二次元件。该室内左右侧板上有贯通二次电缆的方孔，以利于柜间二次电缆的连接。

主母线室位于开关柜后上部，三相主母线经该柜内分支母线与一次上静触头相连，该隔室顶部有散热孔，当该室内发生燃弧故障时，散热顶盖会自动打开，释放内部压力。

电缆室位于开关柜后下方，安装有电流互感器（TV）、接地开关（进线断路器及 TV 柜内没有）、避雷器等元器件。该室作为负荷柜时通过电缆与外面相连，作为进线柜时可以与隔壁柜电缆室相连。当接地开关合闸时，开关柜后盖板方可打开进入电缆室工作。

某电厂 300MW 机组每台机组设有 6.3kV A、B 两段，位于机房 6.5m 的 6.3kV 配电室。每段一排开关柜，靠东侧的两个开关柜为进线 TV、进线断路器，相邻的为备用进线 TV、备用进线断路器。

6.3kV 3A 段工作进线、6.3kV 3B 段工作进线、6.3kV 4A 段工作进线、6.3kV 4B 段工作进线为下进线方式；6.3kV 3A 段备用进线、6.3kV 3B 段备用进线、6.3kV 4A 段备用进线、6.3kV 4B 段备用进线为上进线方式。

6.3kV 主母线经过备用进线 TV 柜母线室进入工作进线断路器的母线室，备用进线 TV 开关柜为上进线方式，所以备用电源进线母线与主母线在备用进线 TV 柜内母线室交叉，且无隔离装置，不符合中国电力投资集团公司的《电力生产安全工作规程（2009版）》不符合设计规范要求。工作进线 TV 柜处于整段开关柜的最边缘，其母线室内没有工作母线，所以不存在这种情况。目前 4A、4B 段备用进线 TV 柜内进线及主母线间已加装绝缘板隔离，消除了该隐患。三号机组暂时未做隔离措施，3A、3B 段备只有在机组与启动备用变压器同时停电时方可进行安装。

二、真空断路器介绍

某电厂 300MW 机组主机 6kV 断路器有两类，一类是 UR4 型开关柜配置的 NVU12 型真空断路器，另一类是 UT4 型开关柜配置 SL 型 F-C 组合电器。

1. NVU12 型断路器介绍

NVU12 型断路器由真空灭弧室、一次触头、绝缘支架和操动机构等组成。其中，真空灭弧室、一次触头及其他导电部件等构成了导电回路，绝缘支架为一次导电回路提供相间及对地的绝缘，操动机构使断路器能够正常的分、合闸，其结构见图 10-37。

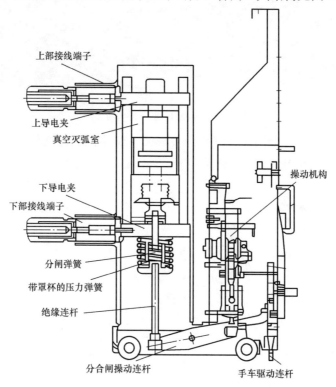

图 10-37　NVU12 型断路器结构图

打开断路器面板后，其操动机构结构见图 10-38。

（1）储能操作。接通控制电源，储能电动机开始转动，储能电动机带动齿轮传动机构、传动机构使传动主轴顺时针旋转、合闸弹簧被拉伸而储能。在传动主轴过死点后，棘爪将被主轴脱扣器阻挡，使弹簧保持在储能状态，同时传动主轴上的凸块触动储能限位开关，切断储能电动机电源，电动机停止转动，储能完成，传动机构的基本结构见图 10-39。

手动储能时确认断路器在分闸状态，断开其控制电源。将手动储能手柄插入储能孔中，顺时针方向旋转，合闸弹簧进行储能。当储能到位时，机构中会有轻微"啪"的一声，表示合闸弹簧储能到位。这时，弹簧储能指示器位置由弹簧释能变为弹簧储能，表示储能完成，取下储能手柄。

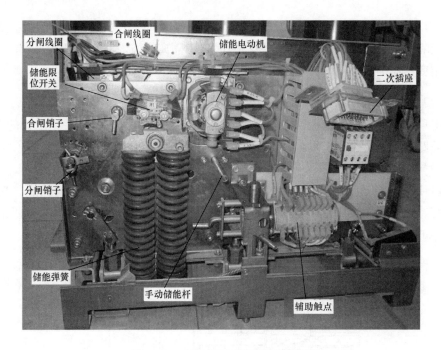

图 10-38　NVU12 型断路器实物图

（2）操动机构的分、合闸操作（见图 10-39）。断路器在分闸位置，合闸弹簧处于释能状态，储能电动机通电后，合闸弹簧储能。

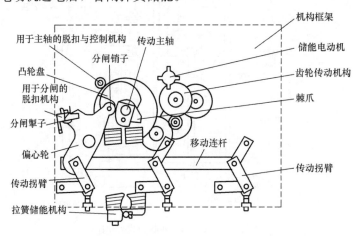

图 10-39　传动机构的基本结构图

合闸操作：当按下手动合闸按钮或启动合闸线圈，主脱扣器动作，传动主轴和凸轮盘在合闸弹簧的作用下顺时针运动，凸轮盘驱动偏心轮做逆时针运动，偏心轮驱动移动连杆向右带动三相传动拐臂做顺时针运动，传动拐臂带动绝缘连杆及断路器动触头向上运动，直至动静触头接触为止。

合闸的同时压力弹簧被压紧，保证了主触头有适当的接触压力，分闸弹簧也完成储能，使偏心轮产生一个顺时针方向的力矩。此时，偏心轮上的分闸销被分闸掣子阻挡，阻止了偏心轮顺时针方向转动。分合闸指示器由分变合。

开始合闸后，传动主轴旋转带动凸块脱开储能限位开关，接通储能电动机电源，合闸弹簧储能。

分闸操作：当按下手动分闸按钮或启动分闸线圈，分闸掣子与分闸销脱开，动触头和绝缘连杆一起在分闸弹簧的作用下向下运动至分闸位置，在这个过程中拐臂逆时针运动，偏心轮顺时针运动。分合闸指示器由合变分，分闸过程结束。

（3）控制回路及电动操作（见图 10-40），断路器处于分闸状态，合闸弹簧处于释能状态，端子 A1、A2 间为储能回路，A3、A4 间为合闸回路，A5、A6 间为分闸回路。

电动合闸操作：合闸弹簧电动储能，储能限位开关 M1 闭合（合闸弹簧释能），接通电源，中间继电器 K1 铁芯动作，储能回路中的 K1 触点闭合，储能电动机回路接通，合闸弹簧开始储能，同时合闸回路中的 K1 触点（21、22 端子间）断开，合闸回路打开。合闸弹簧储能结束后，储能限位开关 M1 断开，电动机停止工作，储能结束。此时合闸回路中的 K1 触点（21、22 端子间）闭合。

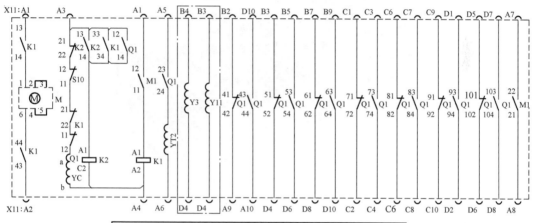

断路器二次元件		手车二次元件
X11 40孔航空插头	M1辅助开关	Y11手车闭锁电磁铁
YT2分闸脱扣线圈	M 储能电动机	K1中间继电器
YC1合闸脱扣线圈	Q1电气分闸信号开关	S10辅助开关
Y3 失电压脱扣线圈	K2 防跳继电器	

图 10-40 NVU12 型手车式电气控制接线图（M1 显示机构处于储能状态）

储能结束后，合闸回路中的 K1 触点（21、22 端子间）闭合、断路器处于工作或试验位置时合闸回路中的 S10 触点闭合、断路器处于分闸位置时合闸回路中的 Q1 闭合。防跳继电器处于复位状态，合闸回路中的 K2 触点闭合。此时，接到合闸操作指令，合闸线圈 YC1 带电，电磁铁动作断路器合闸。断路器合闸后合闸弹簧释能，储能限位开关 M1 触点闭合，储能电动机回路接通，合闸弹簧进行储能，为下一次合闸做准备。

电动分闸操作：断路器合闸后，合闸回路中的 Q1 触点断开，分闸回路中 Q1 触点闭合，接到分闸操作指令，分闸线圈 YT2 电磁铁动作，断路器分闸，合闸回路中 Q1 触点闭合，合闸回路接通。分闸回路中 Q1 触点断开，分闸回路断开。

自由脱扣装置：防跳继电器 K2 是为断路器自由脱扣而设置，可以有效防止因误操作或合闸于故障点时引起断路器跳跃。

断路器为分闸位置且合闸弹簧处于储能状态：当同时接到合闸、分闸命令或合闸于故障点时，断路器合闸后立即分闸，而这时合闸命令没有撤出，但是防跳继电器 K2 继续吸合，合闸回路中 K2 触点断开，合闸回路也断开，断路器保持分闸位置。

断路器为合闸位置且分、合闸弹簧均处于储能状态：当同时接到分闸、合闸命令时，断路器分闸，此时合闸命令也存在，防跳继电器 K2 继续吸合，合闸回路中 K2 触点断开，合闸回路也断开，断路器保持分闸位置。

只有当合闸命令撤销后，防跳继电器 K2 复位，合闸回路中 K2 触点接通，合闸回路接通，再给合闸命令，断路器才能合闸。

（4）真空灭弧室。真空灭弧室结构见图 10-41，采用杯状触头结构。

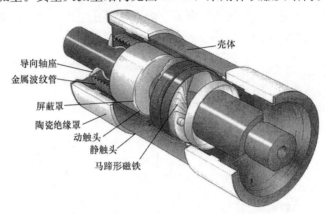

图 10-41　真空灭弧室结构图

2. F-C 组合电器

（1）F-C 组合电器正视图见图 10-42。F-C 组合电器由真空灭弧室（接触器）、高压熔断器、一次触头、绝缘支架、合闸线圈、分闸线圈和操动机构等组成。其中，真空灭弧室、一次触头、高压熔断器及其他导电部件等构成了导电回路，依靠电磁操动机构来完成断路器的操作运动。断路器在合闸位置时的主回路电流路径：从上部接线端子经高压熔断器到灭弧室上导电夹架再到位于真空灭弧室内部的静触头，而后经过动触头至下导电夹架、流经下部接线端子。

（2）控制回路及操作。F-C 组合电器控制回路见图 10-43。图中实线部分为 F-C 组合电器本体电路图，虚线部分为开关柜本体电路图，图中接触器处于分闸位置。

电动合闸操作：当 F-C 组合电器处于工作或试验位置时合闸回路中的 S10 触点闭合，断路器处于分闸状态时合闸回路中的 Q1 触点闭合，只有在这两种情况并存的情况下，按下合闸按钮 S13，中间继电器 K11 带电动作，合闸回路中的 K11 接点闭合，合闸线圈 YC1 带电，电磁铁动作，真空接触器合闸，合闸回路中的 Q1 触点（16－26）打开，合闸回路断开。

电动分闸操作：真空接触器处于合闸状态，分闸回路中的 Q1（11－21）触点闭合，按下分闸按钮 S14，分闸线圈 YT2 电磁铁动作，真空接触器分闸，分闸回路 Q1 触点（11－21）打开，分闸回路断开；合闸回路中的 Q1 触点（16－26）闭合，为再次合闸做好准备。

当熔断器发生熔断时，分闸回路中 P1 触点（3－4）闭合，分闸回路接通，真空接触

图 10-42 F-C 组合电器正视图

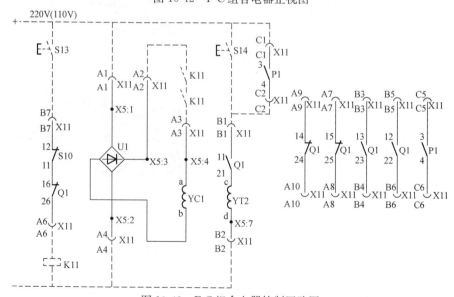

图 10-43 F-C 组合电器控制回路图

K11—合闸中间继电器；P1—熔断器撞针控制的辅助触点（熔断器熔断后闭合）；Q1—接触器辅助触点；S10—手车位置的辅助触点（在工作和试验位置闭合）；S13—合闸按钮；S14—分闸按钮；YC1—合闸线圈；YT2—分闸线圈

器分闸。

该组合电器的防跳功能在保护装置中实现。

三、断路器与开关柜间配合

（一）F-C型断路器、进线断路器和UT4型开关柜的配合

1. F-C型断路器及进线断路器的进出

断路器在开关柜内的位置分为试验位置和工作位置，两位置的确定是通过断路器本体上带试验位及工作位插孔的转盘和联锁销配合确定。

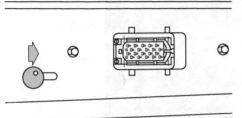

图10-44　F-C型断路器的二次插座示意图

断路器从试验位进入工作位前，确认断路器处于分闸状态，断开断路器的控制电源，将二次插头插入断路器本体上的插座内，二次插头连接时，按箭头方向压动控制回路连接插头定位杆，将控制回路连接插头插入插座，松开定位杆即可。脱开的方法与之相反。插头定位杆和插座见图10-44。

二次插头联板上带有定位销，有闭锁功能。当未连接控制回路插头时，定位销将卡在开关柜门框处，使断路器不能进入。

断路器进出机构见图10-45。断路器从试验位移向工作位置：插入摇把，压一下摇把端部的球体，顺时针驱动摇把，传动主轴会带动拐臂顺时针转动，拐臂的端部在导槽内无法前进，拐臂和传动主轴连接部位就会向工作位置移动，这样就将断路器推入工作位置，见图10-46。

断路器从工作位置移向试验位置：插入摇把，压一下摇把端部的球体，逆时针驱动摇把，传动主轴会带动拐臂逆时针转动，拐臂的端部在导槽内无法后退，拐臂和传动主轴连接部位就会向试验位置移动，这样就将断路器从工作位置退到试验位置，见图10-46。

断路器操作摇把只有在工作位、试验位及断开位才能拔下，在其他位置无法拔下，根据这项功能可判断断路器是否到位。

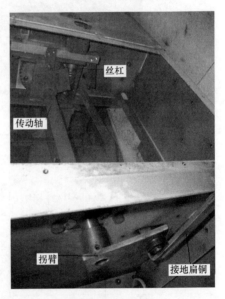

图10-45　断路器进出机构实物图

2. UT4型开关柜接地开关装置

UT4型开关柜进出机构见图10-47。在开关柜手车室左中侧安装了接地开关传动杆，传动杆上安装有接地开关闭锁块，操作接地开关时，首先确认开关柜后门闭合后，打开接地开关驱动轴端部的联板，将断路器操作手柄插入操作孔内，顺时针方向转动手柄大约180°，合上接地开关；逆时针转动手柄大约180°，断开接地开关。操作完成后取下操作手柄，检查柜后接地开关位置指示正确，同时观察操作孔状态指示正确。

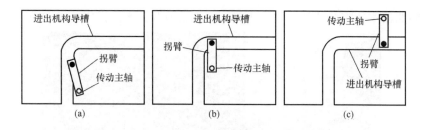

图 10-46 断路器位置与拐臂关系示意图
(a) 间隔外位置；(b) 试验位置；(c) 工作位置

3. 开关柜的五防闭锁

（1）防止带负荷拉合隔离开关。当小车断路器处于合闸位置时，如图 10-48 所示，闭锁相勾连，使下联板无法下移，导致驱进手柄无法插入手车驱动轴上。最终使断路器处于合闸位置时无法移动断路器，从而防止了小车断路器在合位时被拉离工作位或由试验位移入工作位。这属于机械闭锁。

图 10-47 UT4 型开关柜进出机构实物图

为了防止进线断路器处于合闸状态时将进线 TV 推入或退出工作位置，专门为进线断路器和进线 TV 共同设计了一把钥匙，每组进线断路器和其对应的 TV 共同使用一把钥匙。整个 300MW 机组共有 8 把不同的钥匙。当没有钥匙时进线断路器和 TV 均无法推入柜内，TV 推入柜内后钥匙就可以拔下，而断路器推入柜内后钥匙无法拔下。只有先将 TV 送到工作位，拔下钥匙，再将断路器送入工作位就完成整个进线断路器、进线 TV 进入工作位置的操作。退出时与之相反。这样就有效地防止了带负荷拉合隔离开关，这属于机械闭锁。

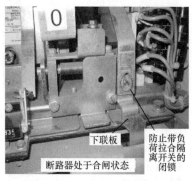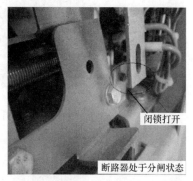

图 10-48 断路器打开面板内部结构图

（2）防止带地线合断路器。小车断路器在试验位或柜外时才允许合接地开关，当接地开关合上时，手车室内的接地开关闭锁块处于竖起状态，阻挡了断路器从试验位继续前移进入工作位；接地开关分闸时，断路器可进可出，见图 10-49。

（3）防止带电合接地开关。接地开关处于分闸状态，小车断路器推入工作位，此时，由于小车断路器本体将接地开关闭锁块挡住，使接地开关无法操作，见图 10-49。

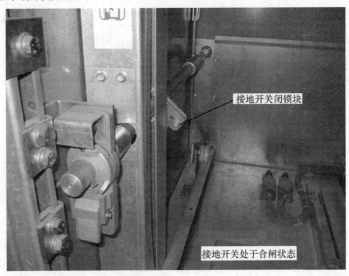

图 10-49　开关柜内部结构图

（4）防止误入带电间隔。当断路器接地开关处于分闸时，电缆室门将无法打开。在接地开关转轴上接有延长杆，它与柜后盖板内侧的小圆孔形成闭锁。当接地开关处于分闸状态，延长杆在小圆孔内，电缆室门无法打开。当接地开关处于闭合状态时，延长杆转动180°，闭锁解除，此时可以将电缆室门打开，见图 10-50。当电缆室门处于开启状态时由于延长杆和凹槽的配合致使接地开关无法操作。这就防止了电缆室门处于开启状态分接地开关。只有当门正常关闭好后，才可对接地开关进行操作，见图 10-51。

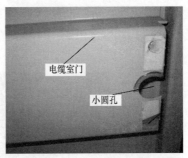

图 10-50　开关柜后门联锁图

图 10-51　开关柜后门内部结构图

（5）防止误拉合断路器。在开关柜上标有明确的负荷名称及断路器编号，通过操作时的双人操作及确认断路器编号等措施可以防止误拉合断路器。

（二）NVU12 型断路器和 UR4 型开关柜的配合

1. NVU12 型断路器的进出

断路器在开关柜内的位置分为试验位置和工作位置，这两个位置是通过开关柜本体限位块的位置来确定的，见图 10-52。

断路器从试验位进入工作位前，确认断路器处于分闸状态，断开断路器的操作控制电源，将二次插头插入断路器本体上的插座内。将传动销下压，使之落入传动块的凹槽内。插入驱动摇把，顺时针为驱进，逆时针为退出。

2. UR4 型开关柜接地开关装置

UR4 型与 UT4 型开关柜接地开关装置相同。

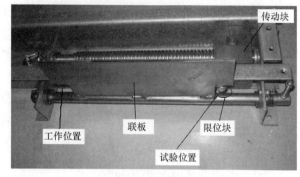

图 10-54　NVU12 型断路器进出机构实物图

3. 开关柜的五防闭锁

（1）防止带负荷拉合隔离开关。当小车断路器在间隔外位置，处于合闸位置时：断路器本体挡板受到本体连杆的阻挡无法左移，致使开关柜本体挡板无法向左移动。这样限位块就无法移动，最终防止了小车断路器在合位时移动，见图 10-53。这属于机械闭锁。

当断路器在试验位置和工作位置之间时，本体连杆受到断路器本体挡板的阻挡无法下移，最终达到断路器无法合闸的目的，这属于机械闭锁。同时，由于开关柜本体挡板无法复位，致使断路器本体的跳位开关动作，使合闸回路无法接通，也就是断路器跳位回不来。从而防止断路器在试验位置和工作位置之间时断路器合闸，这属于电气联锁，见图 10-54。

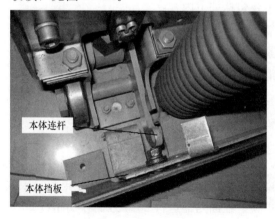

图 10-53　断路器本体联锁（合闸状态）实物图

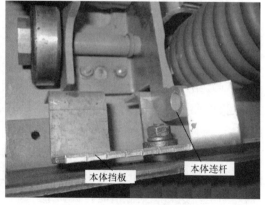

图 10-54　断路器本体联锁（分闸状态）实物图

（2）防止带地线合断路器。小车断路器在试验位或柜外时才允许合接地开关，当接地开关合上时，手车室底部联板会右移，这样推进块下部挡块就受到底部联板横槽阻挡无法向工作位置移动，也就防止了接地开关处于合位时断路器进入工作位置。只有接地开关分开时断路器才允许进入工作位置，这属于机械闭锁，见图10-55。

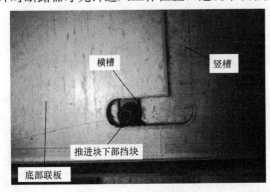

图10-55　手车室底部图

（3）防止带电合接地开关。接地开关处于分闸状态，小车断路器推入工作位，此时，推进块下部挡块处于竖槽中，这样底部联板无法向右移动，进而使接地开关无法合。这属于机械闭锁。

（4）防止误入带电间隔（同F-C型断路器机构）。

（5）防止误拉合断路器。在开关柜上标有明确的负荷名称及断路器编号，通过操作时的双人操作及确认断路器编号等措施可以防止误拉合断路器。

四、断路器及开关柜的维护

1. 开关柜检查周期

根据运行条件和现场环境，每2～5年应对开关柜进行一次检查和保养。检查工作应包括下列内容：

（1）检查断路器装置、控制联锁、保护、信号和其他装置。

（2）检查隔离触头的表面状况、移去手车、支起活门并锁定，目测检查触头。若表面的镀银层磨损到露出铜，或表面严重腐蚀、出现损伤或过热（表面变色）痕迹，则更换触头。

（3）检查断路器的附件和辅助设备，检查绝缘保护板应保持干燥和清洁。

2. 开关柜的保养和检查

开关柜的保养和检查是必要做的工作，主要包括如下内容：

（1）对设备表面进行清扫，严禁使用三氯乙烷、三氯乙烯和四氯化碳。

（2）检查母线和接地系统的螺栓是否拧紧。

（3）手车插入系统的机构和接触点的润滑不足或润滑消失时，应加润滑剂。

（4）给开关柜内的滑动部分和轴承表面（如活门、联锁和导向系统、齿轮传动机构、丝杆机构和手车滚轮等）上油。

3. 断路器本体

带有真空灭弧室的断路器本体无需维修，只有在怀疑断路器上受过外力作用，使真空灭弧室内部发生损坏的情况下，才检查真空度。真空灭弧室的使用寿命取决于电流总限额值。当电流达到总限额值时，灭弧室才予以更换。在断路器运行20年或储存期超过20年后，应抽检灭弧室的真空度。

4. 弹簧储能式操动机构

在运行4年时间或断路器在操作2000次后，应检查齿轮、滚动或滑动轴承表面的润滑脂情况及电气和机械操作时各个元件功能的正确性。

在运行 10 年或断路器在操作 5000 次后，对转轴、棘轮、齿轮、滑动和滚动轴承表面重涂润滑脂。检查螺栓、拐臂、支杆等处安装的开口销情况，检查固定螺栓有无松动现象。

第五节　6kV 配电装置（四）

一、开关柜结构

KYN18C-12 型开关柜（见图 10-56）从结构上分手车室、仪表室、主母线室和电缆室四个主要功能间隔。各隔室均可靠接地，所有主回路的小室都配有压力释放通道。

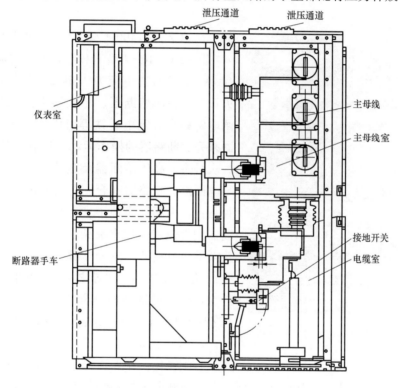

图 10-56　KYN18C-12 型开关柜结构图

仪表室位于开关柜前上部，仪表柜门上有仪表板，仪表板上安装测量仪器及二次继电保护装置、按钮开关及指示灯等。

手车室位于开关柜前下部，手车室内安装了特定的轨道和导向装置供断路器手车在内滑行与定位，在静触头的前端装有活门机构，将带电体和操作人员隔开，保障了人员的安全。活门是一整块，可左右移动。手车室内的手车分为两类，一类为中置式，包括进线断路器及负荷侧断路器；另一类为落地式。

主母线室用于主母线的安装，相邻柜的主母线室之间都用金属隔板隔开并安装有穿墙套管来贯穿主母线。

电缆室可安装电流互感器、具有关合 80kA 短路电流能力的接地开关、避雷器和电缆，电缆连接头的安装高度距地约 700mm。

某电厂 300MW 机组脱硫由 6.3kV 脱硫 C、D 两段组成，为整个机组脱硫提供动力电源。每段只有一排开关柜，同时在配电室最西侧的开关柜为工作电源进线断路器，相邻的为备用进线断路器、母线 TV。

6.3kV 脱硫 C 段工作电源来自主厂房 6.3kV 3A 段。6.3kV 脱硫 C 段备用电源来自主厂房 6.3kV 3B 段。6.3kV 脱硫 D 段工作电源来自主厂房 6.3kV 4A 段。6.3kV 脱硫 D 段备用电源来自主厂房 6.3kV 4B 段。

二、真空断路器介绍

某电厂 300MW 机组 6.3kV 脱硫采用 3AH 型真空断路器和 JCZ2-6J/400-4 型 F-C 组合电器。前文已对 3AH 型真空断路器做过介绍，以下仅对 JCZ2-6J/400-4 型 F-C（组合电器）进行介绍。

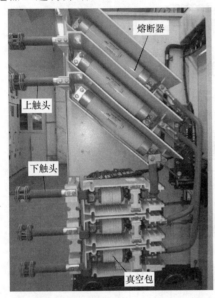

图 10-57　JCZ2-6J/400-4 型 F-C 组合
电器结构图

1. JCZ2-6J/400-4 型 F-C 组合电器的结构

JCZ2-6J/400-4 型 F-C 组合电器的额定电流为 400A，极限开断电流为 4.5kA。组合电器由真空灭弧室、高压熔断器、一次触头、绝缘支架、合闸电磁铁和分闸电磁铁等组成，依靠合、分闸线圈来完成断路器的操作运动。其中，真空灭弧室、一次触头、高压熔断器及其他导电部件等构成了导电回路，断路器在合闸位置时的主回路电流路径是：从上部接线端子（上部动触头）经高压熔断器到灭弧室上导电夹架至真空包动触头、静触头至下导电夹架、流经下部接线端子（下部动触头）。绝缘支架为一次导电回路提供相间及对地的绝缘，操动机构使断路器能够正常的分、合闸，JCZ2-6J/400-4 型 F-C 组合电器结构见图 10-57。

2. 操动机构

合闸操作：输入合闸命令后，合闸线圈带电，电磁铁动作带动合闸联板运动，合闸联板带动动触头向左运动，直至触头接触为止，在合闸过程中分闸弹簧也被压紧而储能，此时合闸联板连同动触头被锁死在合闸位置，合分闸指示器由分变合，合闸结束。

分闸操作：当按下手动分闸按钮或启动分闸线圈，分闸过程便开始。分闸脱扣机构打开。于是动触头和绝缘连杆一起在分闸弹簧的作用下向右运动至分闸位置，合分闸指示器由合变分，分闸操作结束。

3. 控制回路及操作

控制回路及操作见图 10-58。

电动合闸操作：真空接触器处于分闸位置时，SP 动断触点闭合，中间继电器 KM 带电动作，中间继电器 KM 的动合触点闭合，此时给合闸命令，合闸线圈 YC 带电，电磁铁动作，真空接触器合闸。

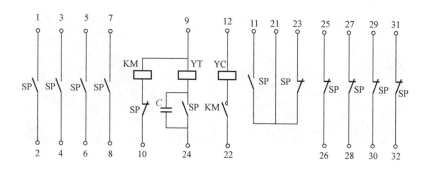

图 10-58 电气控制接线图

YC—合闸线圈；YT—分闸线圈；KM—中间接触器；SP—辅助开关

电动分闸操作：真空接触器合闸后，分闸回路中的 SP 动合触点闭合，接到分闸指令，分闸线圈 YT 带电，电磁铁动作，真空接触器分闸，分闸回路中的 SP 动合触点打开，分闸回路断开。

三、断路器与开关柜间配合

（一）JCZ2-6J/400-4 型 F-C 组合电器进出机构原理及结构

断路器与柜体的配合见图 10-59。断路器手车上安装有小车推进机构，该机构的工作原理是通过静支架两侧的锁杆，将静支架固定在开关柜两侧相应的插孔内，使静支架固定在开关柜的前部指定位置。断路器联锁机构见图 10-60。静支架上还安装有丝杆装置，该丝杆操动机构固定在静支架上，小车本体前部有丝孔可供丝杆进入或退出；在静支架上安装有丝杆联锁板装置，通过在解锁孔内插入钥匙，打开或关闭丝杆操作孔来允许断路器进出的操作，解锁装置连有闭锁连片，在解锁钥匙转动时，紧急分闸连杆动作，使断路器无法合闸。在解锁机构后连有位置指示杆，位置指示杆是一个纵向截面为菱形的长方体，它在断路器运行中处于静止状态，在杆上开有工作、试验位置槽，在断路器操作到试验位或工作位后拔下手车操作摇把逆时针旋转解锁钥匙，断路器本体上的紧急分闸连杆复位。

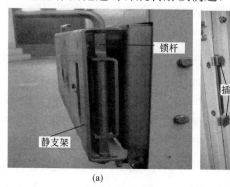

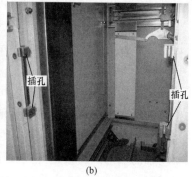

(a)　　　　　　　　　　(b)

图 10-59 断路器与柜体的配合图

（a）断路器本体推进机构；（b）开关柜推进机构

（二）断路器机构的进出

断路器在开关柜内的位置分为试验位置和工作位置，这两个位置是通过断路器本体上的方轴来确定的。

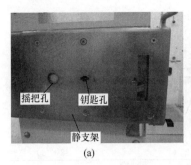
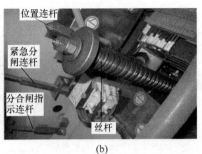

图 10-60　断路器联锁机构实物图

(a) 丝杠联锁板装置；(b) 丝杆装置

　　断路器由柜外进入试验位的操作：在开关柜前放置手车导轨，确认断路器处于分闸状态，将手车沿导轨推入柜内试验位置，在进入开关柜前将左右锁杆操作手柄向内侧转动，使锁杆锁定在柜体两侧的立柱上。检查锁杆插入相应的立柱槽内，将柜门二次插头架上的二次插头取下，插入手车二次插座上并锁定。分开接地开关，打开活门，然后去掉导轨，关上柜门并锁定。此时才可以将断路器从试验位送入工作位。步骤如下：

　　(1) 推进手车时首先用钥匙插入柜门右边的锁孔，顺时针转动 90°。

　　(2) 将摇把从左边孔插入，顺时针摇动摇把使手车从试验位向工作位移动。

　　(3) 当手车到达工作位后，拔下摇把；再顺时针旋转 90°，拔下钥匙，手车就被锁定在工作位。此时摇把孔又被关闭，推进机构被锁定。

　　(4) 手车进入工作位后，断路器分闸锁定状态被破坏，断路器可以进行合闸。

　　从工作位抽出手车应在柜门关好的情况下进行。操作前必须先将断路器分闸。具体步骤如下：

　　(1) 用钥匙插入柜门右边的锁孔顺时针转动 90°。

　　(2) 将摇把从左边孔插入，逆时针摇动摇把使手车从工作位向试验位移动。

　　(3) 当手车到达试验位后，拔下摇把；再顺时针旋转 90°，拔下钥匙，手车就被锁定在试验位。此时摇把孔又被关闭，推进机构被锁定。

　　(4) 手车进入试验位后，断路器分闸锁定状态被破坏，断路器可以进行合闸。

　　(三) 开关柜接地开关及活门的操作

　　开关柜接地开关及活门的操作见图 10-61。在开关柜右侧中部安装了接地开关传动杆。打开开关柜门后，在柜体右侧中部有接地开关操作孔，在手车室内接地开关传动杆上连有接地开关挡块，并在电缆室装有接地限位开关。操作接地开关时，首先向下压滑板，露出接地开关驱动轴的端部，将接地开关操作手柄插入操作孔内，顺时针方向转动手柄大约 90°，合上接地开关；逆时针转动手柄大约 90°，断开接地开关。操作完成后取下操作手柄，检查柜后接地开关位置是否正确，同时观察操作孔下状态指示正确。

　　操作活门时，只有断路器处于间隔外试验位置才可以操作，其他位置时受到活门连杆上挡块的限制将无法操作。断路器从工作位置退至试验位时应闭合活门，其操作是：向下压滑板，露出活门断路器驱动轴的端部，将活门操作手柄插入操作孔内，顺时针方向转动手柄大约 90°，联板将闭合。此时断路器才可以退至间隔外。逆时针转动 90°活门将打开。

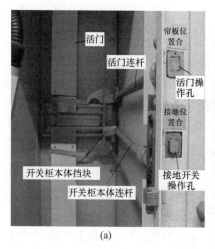 

(a)   (b)

图 10-61 开关柜接地开关及活门的操作实物图
(a) 开关柜本体的闭锁机构；(b) 断路器本体的闭锁机构

若活门闭合时，断路器受到活门联板挡块的阻挡无法向工作位置行进。想要将断路器由试验位送入到工作位置，必须在断路器处于试验位时打开联板，此时活门联板挡块将进入到断路器本体上的导槽内。这样就防止了活门处于开启状态时，断路器由试验位置退出到间隔外位置。

（四）开关柜的五防

1. 防止带负荷拉合隔离开关

断路器无论从试验位进入工作位或者从工作位退到试验位时，断路器必须处于分闸状态，当断路器处于合闸状态时合闸联锁拐臂强制压迫方轴顶杆联锁，使操作钥匙无法打开丝杆操作孔。迫使手车处于当前位置而不能移动。这属于机械闭锁。

防止小车断路器移动过程中合闸：在手车底部装有试验位置及工作位置的转换开关并将转换开关的触点串入分合闸回路，当手车在试验和工作位置之间时，即使误送合闸命令，合闸回路不会接通，断路器不会合闸，只有手车在试验或工作位时，才能转动操作钥匙，带动转换开关，接通断路器合闸回路，断路器才能进行合闸操作，这属于电气闭锁。另外，当转动操作钥匙使丝杆操作孔打开时，顶杆联锁装置上移使分闸脱扣板处于脱扣状态，断路器不能合闸，这属于机械闭锁。断路器闭锁机构见图 10-62。

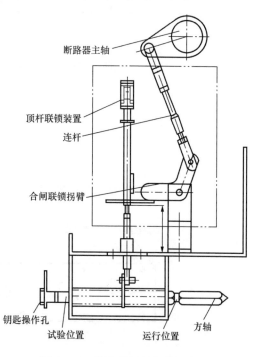

图 10-62 断路器闭锁机构示意图

2. 防止带地线合断路器

小车断路器在试验位或柜外时才允许合接地开关，当接地开关合上时，手车室内的接地开关挡块处于竖起状态，阻挡了断路器从试验位继续前移进入工作位；接地开关分闸时断路器可进可出，这属于机械闭锁。另外，当接地开关处于合闸状态时，联锁板不能动，使操作钥匙无法打开丝杆操作孔，迫使手车处于当前位置不能移动，这属于机械闭锁。

3. 防止带电合接地开关

手车位置与接地开关的联锁见图 10-63。接地开关处于分闸状态，小车断路器推入工作位，此时，由于小车断路器本体将接地开关挡块挡住，使接地开关无法操作。手车位置和门板的联锁见图 10-64。只有手车处于试验位置时，门板联锁板向下移动后，钥匙才能旋转，带动滑板向右移，否则钥匙不能操作，柜门不能打开。如上所述，当手车从试验位开始移至工作位，再从工作位退回至试验位过程中，由于开关柜门始终无法打开，接地开

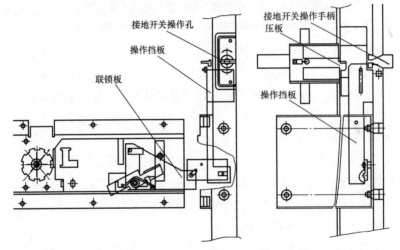

图 10-63　手车位置与接地开关的联锁示意图

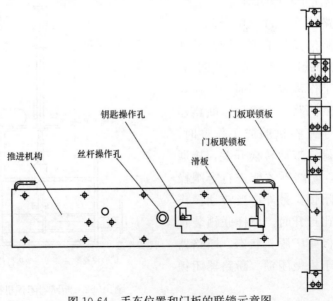

图 10-64　手车位置和门板的联锁示意图

关操作孔无法露出，所以就不可能存在带电合接地开关的可能性。这属于机械闭锁。

4. 防止误入带电间隔

接地开关与电缆室门的闭锁见图 10-65。当接地开关没有合上时，电缆室门将无法打开。在接地开关转轴上接有延长杆，它与电缆室门形成闭锁。当接地开关处于分闸状态，延长杆与门上开孔垂直，电缆室门无法打开。当接地开关处于闭合状态时，延长杆转动 90°，闭锁解除，此时可以将电缆室门打开。

接地开关上的闭锁见图 10-66。当电缆室门处于开启状态时，接地开关闭锁杆将弹出，使接地开关无法操作，防止电缆室门处于开启状态分接地开关。只有当门正常关闭后，才可对接地开关进行分闸操作。

图 10-65　接地开关与电缆室门的闭锁实物图

图 10-66　接地开关上的闭锁
（接地开关合，门开启）实物图

5. 防止误拉合断路器

在开关柜上标有明确的负荷名称及断路器编号，通过操作时的双人操作及确认断路器编号等措施可以防止误拉合断路器。

四、断路器及开关柜的维护检查

断路器及开关柜应定期进行检修，一般为每年一次，其内容如下：

（1）抽出断路器手车，清扫柜内和手车上的灰尘及油污。

（2）对断路器及操动机构进行检修，调试。

（3）检查触头的触片是否灵活，弹簧片有无变形，并用酒精擦洗接触面，然后涂上干净的凡士林。

（4）操动机构和断路器的转动部位及推进机构的转动部位，加适量的润滑油。

（5）检查柜体和手车上的所有螺钉、销钉是否松动。

（6）检查断路器的五防闭锁系统正常，五防闭锁机构无变形。

（7）检查手车进出机构（包括帘板动作机构）是否灵活、无变形。

第六节 真空断路器试验

真空断路器在运行过程中由于振动、过电压等其他一些原因会使断路器的状态变化，为了解真空断路器的状况，使断路器安全运行，需要定期对真空断路器进行试验。根据 DL/T 596—1996 的规定，真空断路器的预防性试验项目包括绝缘电阻的测试，断路器主回路对地、断口及相间交流耐压试验，导电回路电阻测试，辅助回路和控制回路绝缘电阻测试，操动机构分合闸电磁铁的最低动作电压。以上试验的周期均为 3 年。

一、绝缘电阻测量

该试验项目能有效发现断路器的受潮（如拉杆受潮、绝缘子绝缘下降），应分别测量断口绝缘电阻及导电回路对地绝缘电阻。

断口间绝缘电阻测量，检查断路器处于分闸状态，合闸弹簧已释能。将断路器本体接地，用 2500V 绝缘电阻表检查断路器同相导电回路两个触头间的绝缘电阻。

导电回路对地绝缘电阻测量，将断路器 6 个触头用导体连接起来，连接时注意导体对地及对断路器其他部位的距离应尽可能大，随后将断路器本体与大地相连。连接好后，测量导体对地的绝缘电阻。该绝缘电阻值与断口间绝缘电阻值要求一致。

Q/HBW 14701—2008 要求绝缘电阻值应大于 300MΩ，实际测量中一般测量值均大于 2500MΩ，多数可以达到几十或几百吉欧。

二、断路器主回路对地及断口交流耐压试验

该试验项目是检验断路器受潮或真空包真空度下降的有效手段，应分别对断口间、导电回路对地间进行耐压试验，该试验在绝缘电阻合格的情况下进行，在耐压试验结束后应对绝缘电阻值再进行一次测量，检查耐压试验前后绝缘电阻值有无明显变化，防止耐压试验对绝缘造成损坏。

某电厂 6kV 系统采用的断路器及开关柜均为 10kV 电压等级。10kV 断路器断口及导体对地耐压值均为 42kV，各断路器出厂试验耐压值也均为 42kV。由于设备使用电压等级为 6kV，根据试验规程规定，使用电压与额定电压不一致的，按照实际使用电压来确定耐压试验值，所以 6kV 系统的真空断路器预试中的耐压试验值应为 27kV，10kV 系统的真空断路器预试中的耐压试验值应为 38kV。真空接触器和熔断器组合电气 F-C 装置在 Q/HBW 14701—2008 中没有明确规定，参照产品出厂值规定如下：SL 型 F-C 装置应采用 10kV/10min 进行断口耐压试验；JCZ2-6J（D）/400-4 型 F-C 装置采用 27kV/1min 进行耐压试验。

断口间耐压试验：检查断路器处于分闸状态，合闸弹簧已释能，将断路器本体接地，在断口间施加规定的电压，耐压时间 1min。

导电回路对地耐压试验：将断路器 6 个触头用导体连接起来，连接时注意导体对地及对断路器其他部位的距离应尽可能大，随后将断路器本体与大地相连。连接好后，在导体对地间施加规定的电压，耐压时间 1min。在电压逐渐升起到降压断电后该段时间内试验人员要与带电部位保持 1m 以上的距离，仔细倾听、观察断路器除正常的"吱吱"的电晕

声外，无"啪啪"的放电声或除臭氧味外无异常气味，同时升压人员要观察表记指示值是否有变化，若有异常立即降压检查。

在试验过程中将多个断路器一起进行耐压试验，分两次进行。将相同型号的断路器并排放好，用导体将各断路器本体相连接后接地。然后将所有断路器上的触头短接到一起，所有下触头短接到一起。短接时，只要断路器小车并排放置且短接线拉直就不存在导电部位对地距离近的问题。以上工作做完后，检查断路器处于分闸状态，将下触头与地相连，在上触头与地间施加电压，进行断口间耐压试验。断口耐压试验结束后，将下触头与地间的连接打开，将上、下触头连接，在上触头与地间施加电压进行导电回路对地耐压试验。试验时，仪器上显示的一次电流很小，一般为 0.5A 或表针基本不动。

三、导电回路电阻测试

断路器导电回路电阻主要是导电回路的检查（包括断路器的接触电阻的检查），通过测量可发现导电回路各接触面是否存在氧化、螺栓松动等故障，保证运行中不会因接触面过热引起断路器烧毁。

真空断路器的导电回路电阻很小，一般只有十几或几十微欧（见表 10-17），测量方法应采用直流压降法，电流不应小于 100A，具体就是在断路器单相导电回路上通入 100A 的电流，测量真空包两端的电压来计算出回路电阻（现在大多采用一体的直阻测试仪，直接就可将读数显示出来，不用经过换算）。测量时，应将电流线夹在断路器的触头上，电压线夹在电流线内侧，一般尽量夹在靠近真空包的地方，这样可以测量出真空包的接触电阻。

表 10-17　　　　　　　　　　　6kV 真空断路器导电回路技术参数

断路器类型	主触头间	端子间
ZN67-12（10-VPR）3150A	≤12μΩ	≤34μΩ
ZN67-12（10-VPR）1250A		≤16μΩ
3AH3116	≤19μΩ	—
NVU23EB-1231（3150A）	—	≤56μΩ
NVU23EC-1212（1250A）	—	≤50μΩ
SL CO14S5S-554　F-C 回路真空包两端	≤200μΩ	—
JCZ2-6J（D）/400-4　F-C 回路真空包两端	≤200μΩ	—

四、辅助回路与控制回路绝缘电阻

一般控制回路的绝缘损坏均出现在对地绝缘上，所以将控制回路短接起来或分别用 1000V 绝缘电阻表测量各回路的对地绝缘，绝缘电阻值大于 0.5MΩ 即可。一般测量回路绝缘电阻均在几十兆欧到几百兆欧以上，发生绝缘问题后首先检查回路是否整体绝缘脏污或受潮，当排除整体绝缘缺陷后才进行单根线或元器件的检查。

五、操动机构分、合闸电磁铁最低动作电压

断路器分闸、合闸弹簧储能状态下，在合闸回路上施加 80%～110%的额定电压（DC 操动回路）或 85%～110%的额定电压（AC 操动回路），断路器应可靠动作；断路器合闸状态下，在分闸回路上施加 65%～120%的额定电压（DC 操动回路）或 85%～110%的额定电压（AC 操动回路），断路器应可靠动作，当在分闸回路上施加低于 30%额定值的电压，断路器应不动作。

第十一章

封 闭 母 线

第一节 概 述

封闭母线是指将母线用金属外壳包围起来,使其与外界隔离,从而提高母线运行的安全性、可靠性,并便于传输大电流。由于受到绝缘距离、造价,以及其他因素的限制,发电厂中一般仅对发电机至变压器之间的主母线及厂用电母线进行封闭。

封闭母线主要应满足以下要求:

(1) 母线应具备足够的绝缘强度。为了保障安全,母线常常降级使用,即母线的额定电压一般比其工作电压高一个电压等级。例如,发电机定子绕组电压为 23kV,而主母线的额定电压为 36kV;6kV 厂用电系统中母线的额定电压为 12kV。

(2) 母线的载流量应能满足要求。

(3) 母线导体及外壳的温升应不超过允许值。

(4) 母线各部分应能承受短路时的电动力和机械应力。

封闭母线型号的表示方法按照 GB/T 8349—2000《金属封闭母线》的规定如下:

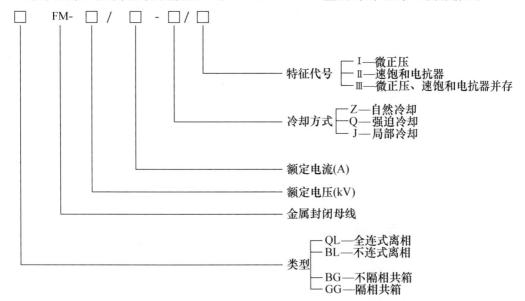

第二节 封闭母线类型及特点

一、封闭母线的类型

（一）不隔相共箱式封闭母线

这种封闭母线的三相母线导体装于同一金属外壳之中，相间没有隔离板，见图 11-1。

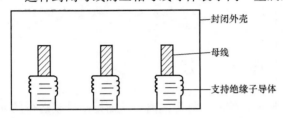

图 11-1 不隔相共箱式封闭母线平面图

（二）隔相式封闭母线

隔相式封闭母线的三相母线导体也置于同一金属外壳之中。但与共箱式的不同之处在于隔相式母线的相间装设有金属隔板，将三相母线导体分隔开，见图 11-2。

（三）分相式封闭母线

这种封闭母线的每一相母线导体由单独的金属外壳封闭，三相母线一般水平排列，外壳之间还具有一定的空间距离，又称离相式封闭母线。

分段式母线根据其外壳的连接方式，又可分为分段绝缘式和全连式两种。

分段绝缘式分相封闭母线平面图见图 11-3。各段母线连接后，外壳各段之间没有电气连接，彼此是绝缘的。每段外壳仅有一点接地，其余部分均对地绝缘，以避免产生环流。

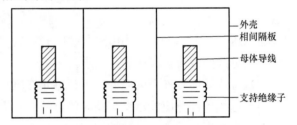

图 11-2 隔相式封闭母线平面图

全连式分相封闭母线结构见图 11-4。母线各段的外壳在现场安装时被焊接在一起，使整条封闭母线外壳具有可靠的电气连接。在母线的两端利用短路板将三相母线外壳焊接在一起，形成完整的电气回路。母线外壳为一点接地。

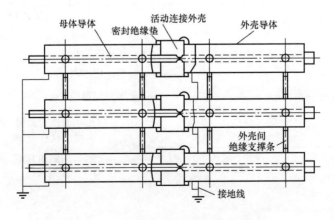

图 11-3 分段绝缘式分相封闭母线平面图

分相式封闭母线在电流低于 16 000A 时一般采用自然冷却方式。当电流在 16 000A 以上时，一般应采用加强冷却方式，如强迫风冷、水冷等。

二、各类封闭母线的特点及应用

（一）共箱式封闭母线

这是最早出现的一种封闭母线。它只能防止母线绝缘子被污染和防止外物造成母线短路，对母线相间短路无防护功能，也不能减小母线间的电动力和改善母线附近钢结构的发热。但是共箱式封闭母线具有结构简单、造价低等优点。因此，当母线电流较小，电压不太高时经常采用。

（二）隔相式封闭母线

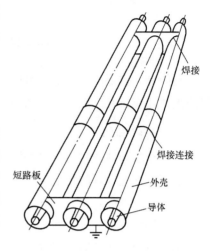

图 11-4　全连式分相封闭母线结构图

这种封闭母线除具有共箱式封闭母线的优点外，还可较好地防止母线相间短路故障，并在一定程度上减小母线间的电动力和改善母线附近钢结构的发热。但其改善程度并不理想，并且在发生单相接地故障时，有可能烧穿相间隔板造成相间短路。因此，这种封闭母线也只是用在电流较小的场合，如作为小型发电机组的主母线、厂用电系统的母线等。

（三）分相式封闭母线

1. 分段绝缘式分相封闭母线

这是一种较早出现的分相式封闭母线。为防止母线短路时在外壳上感应出危险的电压，外壳每段不能太长（一般 4～8m）。每相母线的外壳上由于相邻两相电流的作用产生涡流，此涡流磁场对邻相磁场起去磁（屏蔽）作用，即阻止邻相磁场进入外壳之内。这样，当母线通过短路电流时，由于外壳涡流的屏蔽作用，使母线间的电动力大大减小。但是由于母线外壳上没有环流，对本相母线电流所产生的磁场屏蔽作用较小，因此母线周围钢结构发热减少得不多。另外，由于外壳上有较大的涡流，且外壳间距离较母线间距离小得多，将会使外壳上受到很大的电动力，提高了对母线外壳机械强度的要求。因此，分段绝缘式分相封闭母线目前已很少采用，一般只用于现场焊接有困难和母线电流不太大（10 000A 以下）的场合。

2. 全连式分相封闭母线

全连式分相封闭母线是随着铝的氩弧焊技术的完善而出现的。由于这种母线的外壳形成三相电气回路，使母线外壳上不仅有涡流，而且在三相外壳之间形成了环流（环流值基本上与母线电流相等）。因此，母线电流所产生的磁场被有效地屏蔽在各自外壳之内。其结果使母线通过短路电流时，不仅母线间的电动力大大降低，而且使外壳间的电动力及母线周围钢结构的发热也大大减少。所以，可以说全连式分相封闭母线是截至目前结构最完善的现代母线。它的出现不仅大大提高了母线运行的安全性、可靠性，而且圆满地解决了由于母线电流较大而产生的一系列问题。因此现代化大型发电厂的发动机至主变压器间的主母线基本上都采用全连式分相封闭母线。

第三节 封 闭 母 线 结 构

封闭母线主要由三个部分组成，即母线导体、支撑绝缘子和母线外壳。此外，对封闭母线整体还应具有支撑、固定结构。

一、母线导体

用作母线导体的材料主要是铜和铝。铜由于其电阻率低、机械强度高、抗腐蚀性强、接触连接好，是很好的导电材料。因此，铜母线安全可靠。但铜的储量少、价格贵、密度大。因此综合考虑，在有条件的情况下以及某些特殊场合才使用铜母线。分相式封闭母线导体不使用铜。

铝的电阻率比铜高，因此在同样长度和电阻率的情况下，铝母线导体的截面积比铜大。换句话说，在相同的载流量下，铝导体的截面积比铜大。铝本身的机械性能远不如铜，但增大铝导体的截面积可缩小其间的差距。铝易被腐蚀，其表面易氧化，从而使连接头的接触变坏。但严格掌握处理工艺，在接头处增加镀锌，可较好地提高其接触性能。此外，铝的质量轻、价格便宜，从经济角度出发优于铜。综合比较的结果，铝母线导体的应用更为广泛。对于分相式封闭母线这种大电流母线，一般只用铝作为母线导体。

根据母线传输电流的大小及母线的类别，母线导体的截面形状有多种。

对于电流较小，电压较低的共箱式和隔离式封闭母线，母线导体的截面形状一般为矩形。因为矩形截面的周边长、散热面积大、冷却条件好、允许电流较大。为进一步改善冷却条件，减少集肤效应的影响，矩形导体的厚度应薄些。如母线电流增大，可采用多根矩形导体并联的方式增大载流量。但并联的结果，将使冷却条件变差。因此，一般导体的并联根数不超过 3 根。此外，当母线电压较高时，矩形导体的尖锐处易产生电晕放电。所以说，矩形母线导体多用于电压较低、电流较小的场合。

分相式封闭母线的电流较大，其导体可能采用的形状有圆管形、半圆形、方管形、槽形、菱形及八边形等，其中应用最普遍的是圆管形。比较而言，圆管形母线集肤效应小、散热条件较好、机械强度高，无电场集中现象。如采用三绝缘子支撑结构，圆管形母线安装方便。

圆管形母线应注意其壁厚的选择，即不能太薄，也不能太厚。壁厚一般与以下几个因素有关。

（1）集肤效应系数。集肤效应系数与母线导体的形状、外形尺寸、壁厚、材料的导电性能和电流的频率等因素有关。在其他条件确定的情况下，集肤效应的系数随着壁厚的增大而增大。因此，就会出现这种情况：当壁厚增加时，导体截面积增加，使导体电阻下降。但壁厚增加至一定值后，由于集肤效应系数的增大，反而使导体电阻随壁厚的增加而增大。因此，圆形母线的壁厚不能太厚。

（2）散热条件。导体的壁厚薄些、散热条件就好些，载流量也就大些。因此从散热角度上讲也以壁厚薄些好。

（3）机械强度。当导体的截面积一定时，导体的外形尺寸随壁厚的减少而增大，从而使机械强度也增大。因此壁厚薄些，机械性能也较好。当然壁厚绝不能太薄，否则将物极必反，变成薄壳结构，使机械性能大大降低。

综上所述，大电流圆管形母线的壁厚以稍薄些为好。通常圆管形铝母线的壁厚为 4～18mm，截面小时薄些，截面大时厚些。

二、母线支持绝缘子

母线支持绝缘子一般为瓷质，其主要作用有两个方面：①保证母线与地之间的绝缘；②支撑、固定母线，承受各种机械力（如导体的重量、振动、热膨胀等）及短路产生的电动力的作用。因此，母线支持绝缘子必须具有足够的绝缘强度和机械强度。

对于共箱式和隔相式封闭母线，母线的绝缘子与普通绝缘子相同，一般有外胶装式、内胶装式和联合胶装式三种。外胶装式绝缘子见图 11-5（a）。这种绝缘子金属部件较大，因而较笨重，且金属部件的功耗大，但

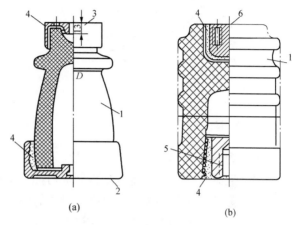

图 11-5　胶装绝缘子结构图

(a) 外胶装式绝缘子；(b) 内胶装式绝缘子

1—瓷体；2—铸铁底座；3—铸铁帽；4—水泥胶合剂；
5—铸铁配件；6—铸铁配件螺孔

其机械性能好、安装方便。内胶装式绝缘子见图 11-5（b），其金属部件少、绝缘子高度低、节省空间，但机械性能稍差，引起安装钢结构的涡流和发热较严重。联合胶装式为上述两种绝缘子的组合，一般靠母线侧为内胶装，底部为外胶装。

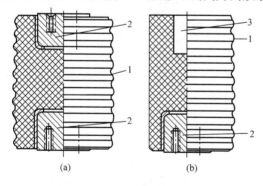

图 11-6　母线支持绝缘子结构图

（a）内胶装结构；（b）带弹性伸缩元件结构

1—瓷体；2—内胶装金属件；3—放置弹性伸缩元件孔

共箱式和隔相式封闭母线的支撑方式既可采用向上支撑式，也可采用向下悬挂式。

分相式封闭母线的母线支持绝缘子一般有两种：一种为内胶装结构见图 11-6（a）；另一种下部为内胶装结构，而上部留有安装弹性伸缩元件的孔，见图 11-6（b）。弹性伸缩元件由橡胶制成，内插带有蘑菇头的金属杆，金属蘑菇头直接与母线导体接触，见图 11-7。

为了现场安装调试的方便及加强母线支撑固定结构的机械强度。分相式封闭线的支持结构一般为弹性缓冲结构。常见结构一般有以下两种。

（1）单个绝缘子弹性板支持型。这种结构见图 11-8，仅用一个绝缘子支撑、固定母线，绝缘子为内胶装型。绝缘子的底座为一弹性钢板，从而使整个支撑结构具有弹性。这种支持结构可用于支持各种形状的母线导体，并且绝缘子用量少。但短路时绝缘子承受弯曲载荷，绝缘子的跨距不能太大。另外，这种结构为检修绝缘子需在附近外壳上开一专用

检修孔，比较麻烦。一般用于 20 万 kW 及以下机组的主母线中。

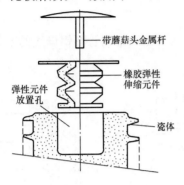

图 11-7 弹性伸缩元件结构图

图 11-8 单个绝缘子弹性板支撑型结构图

（2）三绝缘子支撑型。这种支撑结构采用带有弹性伸缩元件的绝缘子。适用于圆管形母线导体，见图 11-9，三个绝缘子沿圆周对称 120°布置，即可呈 Y 形，也可呈人形。绝缘子主要承受压力，弹性伸缩元件可吸收母线的振动和短路时的电动力峰值。由于绝缘子蘑菇头与母线导体之间为滑动接触，允许母线导体沿其轴向运动，这就大大缓解了母线导体热膨胀对绝缘子的影响。因此，三绝缘子式支持结构稳定、可靠，并且其跨距可以大些。检修、维护时绝缘子可以很方便地从安装孔中抽出，不需要另设检修孔。但这种结构使用的支持绝缘子较多，造价高。目前，在 30 万 kW 及以上的大型发电机组的主母线中均采用这种支撑结构。

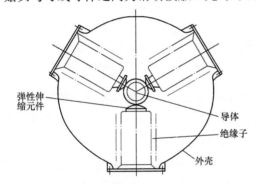

图 11-9 三绝缘子支撑型结构图

三、母线金属外壳

共箱式和隔相式封闭母线的金属外壳作用就是消除或减弱外界因素对母线安全运行的影响。其材质一般为普通金属材料，如钢板。

全连式分相封闭母线的金属外壳除有防护母线免受外界因素的影响外，主要还有对各相母线间以及外界空间的屏蔽保护作用，从而极大地降低了母线间、外壳间的电动力，以及母线附近钢结构的发热。

全连式分相封闭母线的外壳一般由 5~8mm 的铝板制成。各段母线的外壳在现场焊接在一起，这不仅能保证各段外壳之间良好的电接触，还可以保证良好的外壳密封。母线与发电机、变压器或其他设备的连接处可采用橡胶密封件或橡胶伸缩管，其作用除保证母线内的密封外，还可以吸收发电机等设备的振动，适应母线热胀冷缩的变化以及使母线外壳与其他设备外壳绝缘。为便于在运行中观察母线的状况，有的封闭母线外壳上还设有观察窗。

第四节 封闭母线介绍

某电厂 350MW 发电机出口 23kV 主母线采用 QZFM-23/15000 型全连式离相封闭母

线，300MW 发电机出口 20kV 主母线采用 QLFM-20/15000Z 型全连离相自冷式封闭母线；350MW 机组高压厂用变压器、启动备用变压器低压侧 6kV 母线采用 GZFM-10 型共箱自冷式封闭母线，300MW 机组高压厂用变压器、启动备用变压器低压侧 6kV 母线采用 BGFM-10 型不隔相共箱式封闭母线。

350、300MW 发电机出口母线电压不一样，但均为全连式离相封闭母线，冷却方式为自冷。6kV 共箱母线完全一致，均为不隔相共箱式封闭母线。

一、发电机主母线离相式封闭母线

发电机至主变压器间主封闭母线包括发电机至主变压器间的主回路以及由主回路至励磁变压器和 TV 柜的两个分支回路，见图 11-10。

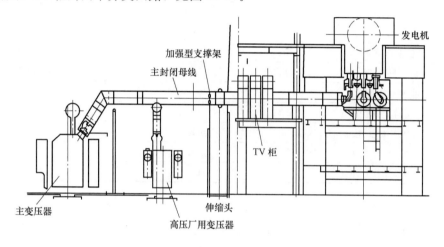

图 11-10　主母线布置图

（一）主要技术参数

主要技术参数见表 11-1、表 11-2。

表 11-1　　　　　　　　　350MW 机组主封闭母线主要技术参数

项目	参数	
型号	QZFM	
基本技术参数	主回路	分支回路
额定电压	24kV	24kV
最高电压	26.5kV	26.5kV
额定电流	15 000A	2500A
额定短时工频耐受电压（有效值）	75kV	75kV
额定频率	50Hz	50Hz
使用环境温度	−40～+40℃	−40～+40℃
海拔	≤2000m	≤2000m
地震烈度	8 度	8 度
母线导体最热点允许温升	50K	50K
外壳最热点允许温升	30K	30K
螺栓连接的导体接触面最热点允许温升	65K	65K

表 11-2   **300MW 机组主封闭母线主要技术参数**

项目	参数	
型号	QLFM-20/15000Z	
基本技术参数	主回路	分支回路
额定电压	20kV	20kV
最高电压	24kV	24kV
额定电流	15 000A	2500A
额定频率	50Hz	50Hz
额定雷电冲击耐受电压（峰值）	138kV	138kV
额定短时工频耐受电压（有效值）	75kV	75kV
动稳定电流	400kA	400kA
4s 热稳定电流	160kA	160kA
泄漏比距（≥）	31mm/kV	31mm/kV
外壳尺寸	$\phi1050\times8$	$\phi700\times5$
铜导体规格	$\phi500\times12$	$\phi150\times10$
导体允许温升	50K	50K
螺栓紧固的导体或外壳的接触面允许温升	65K	65K
外壳允许温升	30K	30K
外壳支持结构允许温升	30K	30K

（二）结构特点

350MW 机组、300MW 机组封闭母线为全连式离相封闭母线。母线布置情况见图 11-10，封闭母线外形为管状。

封闭母线主要由母线导体、外壳、绝缘子、金具、外壳支持件、密封隔断装置、短路板、穿墙板、各种设备柜与发电机、变压器的连接结构等部分构成。

由于封闭母线整体较长，在制造厂做成若干分段，到现场后将各母线分段焊接或螺栓连接而成。三相母线导体分别密封于各自的铝制外壳内，导体同一断面采用三个绝缘子支撑，呈 Y 形。绝缘子上部开有凹孔，内装橡胶弹性块及蘑菇形金具。金具顶端与母线导体接触，导体可在金具上滑动或固定。外壳的支持采用槽钢支持底座。在支持点处先用槽钢抱箍将外壳抱紧，抱箍通过轴与底座连接，底座焊接于固定支撑钢梁上，钢横梁则支持于工地预埋件钢架上。

各段母线间或各段外壳间采用双半圆抱瓦搭接焊接。封闭母线在一定长度范围内，设置有焊接的不可拆伸缩补偿装置，母线导体采用多层薄铝片做成的伸缩节与另一端母线导体搭焊连接，外壳则用外壳抱瓦与两端外壳搭接焊。

封闭母线与设备连接处设置的可伸缩补偿装置，母线导体与设备端子导电接触面皆镀银，其间用带接头的铜编织线作为伸缩连接件，外壳用橡胶伸缩套或活动套筒连接，同时起到密封作用。

封闭母线配套用的 TV、避雷器、变压器等分别装置于设备柜内。

（三）封闭母线的维护检查

350MW 机组封闭母线在投产时设有微正压充气装置，来提高母线绝缘强度。它所充气体为经过干燥处理的压缩空气，压力保持在 300～2500Pa 之间。但是由于封闭母线密封情况较差，所以将微正压装置改造为热风保养装置；300MW 机组封闭母线从投产时就使用热风保养装置。热风保养装置在主母线停运时向封闭母线内吹入干燥的热风来防止母线受潮，提高母线绝缘强度。

为了保证封闭母线运行的安全性、可靠性，必须定期对其进行维护、检查和试验。

母线维护检查的主要内容如下：

（1）检查、清扫母线支持绝缘子。检查清扫时可将绝缘子由母线中拆下。在拆下部支持绝缘子时应注意采取临时措施支撑、固定被拆母线，如可首先拆下上部两个绝缘子，再用绳子通过两个安装孔穿过母线将其绑扎固定住。对于端部，可放置临时垫块，代替下部绝缘子支撑母线。检查中如发现有问题的绝缘子，应立即予以更换。

（2）检查、清扫母线外壳支撑绝缘块，如有问题立即更换。

（3）检查封闭母线外壳各部分的密封件，如有问题立即更换。

（4）检查、清扫封闭母线各端的橡胶伸缩节及母线密封套管，如有问题立即更换。

（5）检查各连接处螺栓是否松动。

（四）试验

封闭母线的绝缘试验是绝缘电阻测量和交流耐压试验。

1. 绝缘电阻

用 2500V 绝缘电阻表，测量母线对外壳间绝缘电阻值不低于 100MΩ。

2. 母线交流耐压试验。

在母线导体与外壳间施加工频电压 53kV/1min（350MW 机组）或 51kV/1min（300MW 机组），应无击穿及闪络等异常现象，试验时应检查母线外壳接地良好。

二、6kV 共箱式封闭母线

6kV 共箱式封闭母线用作高压厂用变压器和启动备用变压器的低压侧与相应的 6kV 配电装置之间的连接。

（一）主要技术参数

350MW 机组 GZFM-10 型共箱封闭母线参数见表 11-3。

表 11-3   **350MW 机组 GZFM-10 型共箱封闭母线参数**

项目	参数
额定电压	10kV
额定电流	2000～4000A
三相短路电流周期分量起始有效值	40kA
短路电流冲击峰值	60～100kA
三相短路电流非周期分量衰减时间常数	0.1s
短时耐热电流（有效值）	40kA
频率	50Hz
正常运行时母线导体的最高允许温度	≤90℃
正常运行时外壳的最高允许温度	≤70℃

项目	参数
正常运行时母线导体镀银头的最高允许温度	≤105℃
工频耐压（1min）	42kV
冲击耐压（1.2/50μs）	75kV
海拔	≤1000m
地震烈度	≤8 度
冷却方式	自然冷却

300MW 机组 BGFM-10 型共箱封闭母线主要技术参数见表 11-4。

表 11-4　　　　300MW 机组 BGFM-10 型共箱封闭母线主要技术参数

项目	参数
额定电压	10kV
额定电流	1000～6300A
动稳定电流（峰值）	40～160kA
热稳定电流 2s（有效值）	16～63kA
频率	50Hz
正常运行时母线导体的最高允许温度	≤90℃
正常运行时外壳的最高允许温度	≤70℃
正常运行时母线导体镀银头的最高允许温度	≤105℃
工频耐压（1min）	42kV
冲击耐压（1.2/50μs）	75kV
海拔	≤1000m
地震烈度	≤8 度
冷却方式	自然冷却

（二）结构特点

共箱封闭母线主要由母线导体、外壳、绝缘子、金具、外壳支吊钢架、伸缩补偿装置、穿墙密封结构与变压器、开关柜的连接结构等部分构成。

共箱封闭母线导体是用电导率较高的矩形铜排制成，采用支柱绝缘子支持，三相导体被封闭在同一金属外壳内，外壳上设有检修孔，检修孔用盖板封闭。

户外的外壳连接部分装有密封垫，检修孔盖做成中间凸起的防水型结构，共箱封闭母线与变压器的连接处设置可拆螺栓连接补偿装置，母线导体与变压器出线端子间用镀锡铜编织线伸缩节进行连接，其螺栓连接导电接触面均镀银，外壳采用铝波纹管伸缩套连接。

（三）维护

共箱母线本身不需要进行定期的维修检查，运行一段时间后，可利用发电机的检修做下列维护检查。

（1）检查共箱封闭母线所有螺栓有无松动，如有松动应进行紧固，特别是导电部分的螺栓连接。

（2）长时间运行后，导致绝缘子及导体等表面积灰脏污，检查时应将母线与其他设备断开，测量母线导体间及对外壳的绝缘电阻，如果所测的电阻值有显著降低时，可能是绝缘子脏污或损伤，需进行清扫或更换再测量，其阻值应与前次测量值接近。

（3）检查密封垫是否老化，漆层是否脱落，接地线是否可靠。

（4）共箱母线停运后，再一次投运前其绝缘阻值可能较低，尤其在潮湿地区，因此在再次投运前，应提前测量其绝缘电阻，如阻值较低应进行处理。

（四）试验

绝缘电阻测量及交流耐压试验，试验工作应在母线与设备断开的情况下进行。

1. 绝缘电阻测量

用 2500V 绝缘电阻表测量母线导体与导体及地的绝缘电阻值应不小于 10MΩ。

2. 交流耐压试验

在母线导体与导体及地间加工频电压 32kV/1min，应无击穿、闪络等异常现象。